数学·统计学系列

U0181096

● [美] 卡尔·B.博耶（Carl B. Boyer） 著

● 李慧 译

解析几何学史

History of Analytic Geometry

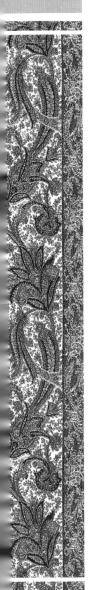

哈尔滨工业大学出版社
HARBIN INSTITUTE OF TECHNOLOGY PRESS

# 内 容 简 介

近代数学本质上可以说是变量数学,而变量数学的第一个里程碑就是解析几何的诞生.17 世纪前,几何与代数是彼此独立的两个分支,解析几何的建立第一次真正实现了几何与代数方法的结合,使得数与形统一起来,这是数学发展史上的一次重大突破,不仅具有划时代的意义,还为数学思想的发展开辟了新的天地.本书以广泛概貌代表主要对象,将解析几何从早期原始阶段到 19 世纪"黄金时代"的历史作为一个整体进行综合考查,深入研究解析几何思想产生的历史背景与发展历程.本书为解析几何学发展历史的研究提供了一个新的视角与参考.

本书适合数学专业学生及数学爱好者参考阅读.

**图书在版编目(CIP)数据**

解析几何学史/(美)卡尔·B. 博耶
(Carl B. Boyer)著;李慧译. —哈尔滨:哈尔滨工
业大学出版社,2022.4
书名原文:History of Analytic Geometry
ISBN 978 - 7 - 5603 - 9871 - 6

Ⅰ.①解… Ⅱ.①卡… ②李… Ⅲ.①解析几何-数
学史-研究 Ⅳ.①O182 -09

中国版本图书馆 CIP 数据核字(2021)第 266049 号

策划编辑 刘培杰 张永芹
责任编辑 王勇钢
出版发行 哈尔滨工业大学出版社
社 址 哈尔滨市南岗区复华四道街 10 号 邮编 150006
传 真 0451-86414749
网 址 http://hitpress.hit.edu.cn
印 刷 哈尔滨市颉升高印刷有限公司
开 本 787 mm×1 092 mm 1/16 印张 16 字数 265 千字
版 次 2022 年 4 月第 1 版 2022 年 4 月第 1 次印刷
书 号 ISBN 978 - 7 - 5603 - 9871 - 6
定 价 58.00 元

(如因印装质量问题影响阅读,我社负责调换)

解析几何的历史绝不是一片未知的海洋.每一部数学史都或多或少涉及它,许多学术论文都致力于研究它的特殊之处.本书主要是将解析几何的历史发展作为一个整体进行综合考查.最接近这一处理方式的是吉诺·洛里亚撰写的两篇文章.一篇于1924年以意大利语刊登在较难发表的期刊(1923年山猫学会的《科学院报告》)上,另一篇在1942—1945年间以法语分期发表在罗马尼亚期刊(《数学》)上,至今仍不容易找到.这两篇文章一起构成了或许是对解析几何史最为广泛和可靠的阐述.在德国人海因里希·维莱特纳(《数学史》第二部分,第二卷,1921)和约翰内斯·特罗普夫克(《初等数学史》第二版,第6卷,1924)的作品中发现了一些不那么全面的处理方法.如果我们手头有上述任意作品的译著,或者J. L. 柯立芝对其著作《几何方法史》(1940)中有关解析几何的部分进行的校勘和扩充,那么本书可能就没有存在的必要了.事实上,似乎应该为解析几何学史编写专著.

显然,鉴于现有材料的数量,必须进行一定的取舍才能使其范围更为合理.因此并非所有细节都能包括在内,H. G.邹腾在《古代圆锥曲线的历史》(1886)中,已经用了500多页的篇幅来描述一个按时间顺序划分的具体方面.因此,现在显然应该只涉及普通大学基础课程中的解析几何部分.此外,由于具有更先进和高度专业化的特性,过去一百年左右的历史发展基本上被忽略了.即使如此,本书的叙述也不打算在细节方面详尽无遗.真实信息在很大程度上是在表现总体的思想发展.忽略传记细节并不是因为缺乏吸引力,而是因为它们通常对概念的发展没有什么影响.出于类似的原因,术语和符号的特殊性亦是如此.与其他数学分支相比,解析几何的地位似乎更引人关注;但更为广泛的舆论影响仅在被认为具有特殊意义时才被提及.在这方面值得注意的是,坐标几何的发展在很大程度上并没有与一般哲学问题联系在一起.尤其是笛卡儿和费马的发现相对而言没有任何形而上学的背景.事实上,《几何学》从很多方面来看是笛卡儿职业生涯中一个由希腊几何的经典问题引起的孤立事件.这其实是历史发展的自然结果;由于费马同时发现了解析几何,即使没有笛卡儿的存在,数学史可能也是大同小异,这一点与哲学形成了鲜明对比.实际上,费马的工作是缺乏哲学兴趣驱动的,他的发现只是对其前辈的成就进行仔细研究的结果.也许没有比费马的例子更能说明历史知识对于数学家的价值了,可以肯定地说,如果他不熟悉阿波罗尼奥斯和韦达的几何方法,那么就不可能发明解析几何.

人们通常认为,当数学与现实世界紧密联系时,就像学者和工匠一起工作,数学能得到最为有效的发展.然而,对于这个一般规则,似乎例外多于实例,解析几何的发现无疑就是例外之一.因此,目前的叙述没有强调其社会学背景.另一方面,为了使读者能够在他感兴趣的方向上进一步研究,本书尤为重视原始文献的参考书目.然而并非脚注中引用的所有作品都包含在卷末的附录中.通过将相关文献限制为与代数几何的历史直接相关,并在每种情况下对材料的性质进行非常简短的总结说明,可以增强相关文献的实用性.

尽管在这方面很少能达到完全准确,但笔者已经尽心尽力地确保所提供的信息在细节上基本正确.然而,本书以广泛概貌代表主要对象.毫无疑问,书中还有读者希望看到的更多内容,但希望他想要删去的部分不多.在灵感和信息方面,笔者在很大程度上受惠于洛里亚和维莱特纳的工作,另外还要特别感谢柯立芝和特罗普夫克的著作.笔者在此向所有为本书提供帮助的学者表示感谢.

本书的手稿大约在六年前完成,其中的大部分内容不时出现在《数学手稿》中,附录包含自手稿完成后出版的一些书目,但在大多数情况下并未出现在本书中.最近几乎没有什么发展会对约六年前的解析几何的历史叙述产生实质性的影响.

　　本书的问世得益于耶希瓦大学耶谷提耳·金斯伯格教授的建议和鼓励,对于他在本书完成过程中不断给予的启发和帮助,谨表示最诚挚的谢意.

**Carl B. Boyer**

**1956 年 1 月 3 日**

目录

# 最初贡献

## 第一章

> 强大的数字与不可抗拒的艺术结合在一起.
>
> ——欧里庇得斯

数学最初是关于数量和大小的科学.起初它仅限于研究自然数和直线结构;但即使是在早期原始阶段,人们想必也会关注解析几何所引发的问题——数与几何量大小的相关性.数字关系与空间结构的联系始于史前,这也是数与时间联系的开始.埃及的"harpedonaptae"("司绳"或测量员)和迦勒底的天文学家最早开始关注数学的此类联系.来自美索不达米亚、埃及、中国和印度的古籍证明了人们对测量问题的关注.古希腊的纸莎草和楔形文字充斥着大量涉及长度、面积和体积概念的复杂问题①.埃及和巴比伦文明在这方面高度发达,以至于除此之外,人们甚至得出了底座为方形的截棱锥的正确体积.

---

① 关于这项工作的完整描述参见 Otto Neugebauer, *Vorlesungen über Geschichte der antiken mathematischen Wissenschaften, v. I, Vorgriechische Mathematik*(Berlin, 1934). 在 A. B. Chace, L. S. Bull, H. P. Manning 和 R. C. Archibald, *The Rhind Mathematical Papyrus*(2 vols., Oberlin, 1927—1929)中可以找到关于埃及和巴比伦数学的优秀参考书目. 一般论述等详见 Archibald, *Outline of the History of Mathematics*(6th ed., Mathematical Association of America, 1949).

的确,只有点和直线的解析几何是可能的,这也是古代测量的指向所在;但从历史上看,这个问题的产生源于对曲线和直线长度的比较. 由此,也是埃及人和巴比伦人在圆几何学中迈出了第一步. 前者给出了圆和以圆的直径为边长的正方形的面积比值相对准确的估计值$\left(1-\dfrac{1}{9}\right)^2$,相当于取 π 值为 3. 16. 巴比伦人则对 π 采用了更粗略的近似值 3(尽管有取该值为 $3\dfrac{1}{8}$ 的例子),但他们对圆几何的研究仍然超过了同时代的埃及人. 例如,他们对半圆内切角的认识比泰勒斯早了一千多年. 与此同时,他们发现了勾股定理. 结合这两个著名的定理,他们发现了半径为 $r$ 的圆的弦长 $c$ 与其弓形高 $s$ 之间的关系. 这一性质可以用公式 $4r^2=c^2+4\,(r-s)^2$ 来表示,在某种意义上可以看作是以 $c$ 和 $s$ 为直角坐标的圆的方程. 但巴比伦人从未以这一角度研究该性质,因为解析几何的一些基本要素,如坐标和曲线方程都是后来才发现的;但由此可以看出,古代数学在某些方面与现代数学非常接近. 早在公元前 1400 年,尼罗河流域的测量员就使用过原始坐标系,或许美索不达米亚的观星者们也使用过[1],但没有明确证据表明埃及或巴比伦的几何学家曾发明出了标准的几何坐标系.

坐标概念处于萌芽状态并不是妨碍解析几何发展的唯一困难,算术方面的缺陷可能同样严重. 尼罗河流域和美索不达米亚河谷所使用的命数系统并不像如今使用的那样便利. 埃及人的僧侣文利用了与十进制相关的计数原理,但是没有使用局部值或位值的概念;另一方面,巴比伦人的六十进制计数法虽然采用了位值原理,但与基数或该类基数结合的计数制是不切实际的. 尽管这些命数系统并不完美,但计算方法的困难是否与其他因素一样严重阻碍了代数的发展,仍然值得怀疑. 毕竟,巴比伦人计算过正方形对角线的六十进制近似值! 其缺陷可能更多在数字的概念而非符号上. 代数比几何更抽象,古希腊数学中似乎一直缺乏这一要素. 数主要是指具体的整数,然而在埃及文献中却没有一般分数的概念. 人们花了很长时间来寻找避免(除单位分数以外)所有分数的方法,这样一来 $\dfrac{2}{43}$ 就可以写成 $\dfrac{1}{24}+\dfrac{1}{258}+\dfrac{1}{1\,032}$ 或者 $\dfrac{1}{42}+\dfrac{1}{86}+\dfrac{1}{129}+\dfrac{1}{301}$ 的形式. 由于对其重要表格的解释含糊不清,巴比伦人是否得出了一般有理数的概念还有待商

---

[1] 参阅 E. W. Woolard, "The Historical Development of Celestial Co-ordinate Systems," *Publications of the Astronomical Society of the Pacific*, v. LIV (1942),P. 54;77-90.

榷. 表格详尽地给出了乘积为 1(或 60 的方幂?)的数对. 正如现今使用的十进制小数一样,或许这些倒数是为了避免使用一般普通分数而构造出来的.

巴比伦人在代数上的显著水平早在几千年前就有所显现. 例如许多二次方程显然是用现在惯用的"配方法"或类似公式(在根式前加正号)来求解的;而三次方程则通过使用立方表来求解. 有些工作指出了对数的粗略估计值,并且也有使用负数的例子. 近期有公开资料①表明,巴比伦人已有一些抽象数论的基础知识,包括毕达哥拉斯三元数组的确定规则. 他们可能还熟悉算术、几何和调和平均数的概念. 能在代数上达到这样的水平本身就非常了不起,但是很难说这些工作从多大程度上最终决定了希腊的发展,毕竟解析几何的进一步发展是以一种完全不同的方式和精神进行的.

古希腊文明给其后继者留下了大量的算术和几何知识,但以数形结合为特征的代数几何是抽象概括的产物,这是埃及人和巴比伦人未能发现的. 数值和空间关系最早源于对实例的实证调查,并通过粗略的归纳过程扩展到其他类似情况. 通过这种方法得出的结论也许可以用一般术语来理解,但他们总是用具体数值项而非一般定理来表述. 此外,现存的证据表明,古希腊人从未使用过正式的演绎推理. 但由于希腊人②强调抽象概括的价值(解析几何就是一个典型例子)及其演绎阐述,他们通常被视为严格意义上的数学奠基人. 这一重大变化是如何或为何发生的一直是人们热议的话题,但至今未得出明确的结论. 然而,值得注意的是,这场早期的知识革命大约发生在文明中心的明显地理转移时期. 以前的中心例如尼罗河、底格里斯河和幼发拉底河等河谷;但到了公元前 8 世纪中叶,这些古老的河流文明遭遇了建立在地中海周围朝气蓬勃的大洋文明.

泰勒斯(约前 640—前 546)和毕达哥拉斯(约前 572—前 501)在很大程度上或至少特别影响了公元前 6 世纪希腊的学术氛围,这正是所谓数学的真正起源;但他们的贡献更多在于抽象视角以及材料的演绎排列,而非任何新颖的主题. 就最初的发现而言,泰勒斯和毕达哥拉斯的定理被错误命名,但根据其他已知关系中对定理的合理推论,这些名称也许是合理的. 这些人的著作没有保存

---

① 参阅 O. Neugebauer, A. Sachs, *Mathematical Cuneiform Texts* (American Oriental Series, v. XXIX), New Haven, Conn. (1945), 或 Neugebauer, *The Exact Sciences in Antiquity*, Princeton University Press, 1952.

② 关于希腊贡献最好的一般说明见 T. L. Heath, *A History of Greek Mathematics*, 2 vols., Oxford, 1921(或后来更简短的 *Manual of Greek Mathematics*, Oxford, 1931), 或见 B. L. van der Waerden, *Science Awakening*(transl. by Arnold Dresden), Groningen, 1954.

下来,但根据后来的记述(尤其是帕普斯和普罗克鲁斯),一致将演绎法的使用归功于"第一位数学家"——米利都学派的泰勒斯;而数学发展为一门独立而抽象的学科(博雅艺术)则是萨摩斯岛和克罗托纳的"数学之父"毕达哥拉斯的功劳.简而言之,这两位最先出名的数学家是论证几何学的创始人.泰勒斯在几何学上的贡献尤为突出.他似乎对算术或古希腊时期代数与几何的结合贡献甚少,而毕达哥拉斯及其门徒却在此方向进一步发展.早期人们把时间和空间与数量联系起来,但毕达哥拉斯学派却试图通过将事物与自然数的性质联系起来用以解释所有现象.其著名的"万物皆数"观点启发了许多数学分支的形成,其中有好有坏,包括解析几何的要素以及数字学.作为该程序的一部分,毕达哥拉斯学派①继续研究古希腊的长度、面积和体积问题,并且坚信数在任何情况下都能与几何量相关联.他们的早期工作中隐含了一个看似合理的假设,即线段之间的关系(面积和体积也是如此)可以通过整数比来表示,因此比率和比例的概念成为所有希腊数学的基础.

简单的比例被应用于古希腊数学的许多方面,尤其是在几何测量问题上.在约公元前 1650 年的阿姆士纸草书中可以清楚地发现比例概念,而在早期的莫斯科纸草书中也有表示直角三角形中较大边与较小边比例的术语.同一时期的巴比伦人在月相表中使用与线性插值相关的比例,并且熟悉简单的几何级数.但在希腊时代之前,似乎没有对比率和比例的纯理论研究.

古代一般分数概念的缺失对科学和数学影响甚深,因为它导致了比例概念而非更一般的函数概念占据了两千年来思想的主导地位.对于现代词"ratio",希腊人有两种表达方式②——"diastema"(字面意思是"间隔")和"logos"(意思是"单词"),尤其是在表达含义或见解的意义上.后者通常用于数学中,指的是毕达哥拉斯以比率表达事物内在本质的思想.比率的语言及理论主要是从音乐理论发展而来,据说,毕达哥拉斯从音乐中发现了最古老的数学物理定律——和声的本质在于振动弦长度之间应该是简单整数的特定比率.希腊语中用"analogia"表示比例或比率相等,其字面意思是具有"相同的比率".这在某种程度上相当于现代使用方程表示函数关系,尽管受到的限制要大得多,但两千

---

① 详见例如 Heinrich Vogt, "Die Geometrie des Pythagoras," *Bibliotheca Mathematica* (3) v. IX (1909), p.15-54.

② 有关这方面的详细学术说明,请参阅 Kurt von Fritz, "The Discovery of Incommensurability by Hippasus of Metapontum," *Ann. Math.*, 2nd series, v. XLVI(1945), p. 242-264.

年来它一直是几何学的主要代数工具.

在泰勒斯和毕达哥拉斯早期时代,数只包括正整数,几何学中唯一认定的曲线仍然是直线和圆.这样一来,解析几何或微积分就几乎没有实际需要了.然而,公元前 5 世纪中叶发生的一场危机动摇了毕达哥拉斯哲学及其数形联系的根基.最终为元素分析铺平了道路的第二次知识革命,以时间集中但广泛分布在地中海世界的人物为中心——埃利亚的芝诺(生于约公元前 496 年),梅塔蓬图姆的希帕索斯(逝于公元前 445 年),阿布德拉的德谟克利特(约前 460—前 357),希俄斯的希波克拉底(生于约公元前 460 年)以及埃利斯的希皮亚斯(生于约公元前 460 年).值得注意的是,这些人在不同情况下所做出的贡献并不是自然科学或技术问题的结果,而是纯粹出于哲学或理论困难的动机.与通常的广泛认知相反,数学的重大发展不一定与世界运作或人类的物质需求有关.

希腊对本质的探索使毕达哥拉斯学派将宇宙描绘成完全遵循数的定律的理想点的集合——这是一种算术几何而非解析几何.与之相对,埃利亚学派的巴门尼德在哲学上主张宇宙本质的"同一性",认为不可能用"多"来分析.其学生芝诺试图通过推翻毕达哥拉斯学派关于数量和大小关联的多重性,辩证地捍卫其老师的学说①.

芝诺提出了关于运动的四个悖论,其中前两个"二分法"和"阿基里斯"是针对时间和空间的无限可分性,后两个"飞矢不动"和"运动场"驳斥了时间和空间可以转化为最终的可数元素、不可分量及单子的有限可分性.正如我们现在看到的,悖论涉及无限序列、极限和连续性等概念,芝诺及其前辈都没有对这些概念进行精确定义.它们代表着当时无法解释的感性和理性的混乱,但其影响却十分深远.希腊人在数学中禁止任何实数连续统或代数变量的思想,而这些思想可能会导致解析几何的产生;同时,他们也拒绝接受产生微积分的"无限"过程.尽管毕达哥拉斯学派已经有了算术与几何结合的构想,但芝诺之后的希腊数学家只看到了两个领域的互不兼容.

与芝诺大致同时代的希帕索斯或许进一步阻碍了分析法的发展.毕达哥拉

---

① 关于芝诺悖论的论述数不胜数,其中最全面(从数学的角度来看也是最合理的)的两个是 Florian Cajori:"History of Zeno's Arguments on Motion," *Am. Math. Monthly*, v. XⅫ (1905), p. 1-6, 39-47, 77-82, 109-115, 143-149, 179-186, 215-220, 253-258, 292-297;以及 "The Purpose of Zeno's Arguments on Motion," *Isis*, v. Ⅲ (1920), p. 7-20, 或见 Adolph Grünbaum, "A Consistent Conception of the Extended Linear Continuum as an Aggregate of Unextended Elements," *Philosophy of Science*, v. XⅨ (1952), p. 288-306.

斯学派延续了古希腊对长度、面积和体积的研究,坚信数可以与几何量大小相关联;但在公元前450年后不久,希帕索斯(或可能是其他人)因为发现①存在线段相互不可公度的单一情况而抨击了这种学说.例如,正方形对角线与其边的比值不能用整数来表示.究竟是如何发现或证明这一点的尚不能确定,可能是由于认识到求最大公约数的等价几何过程无法终止,或者可能起源于亚里士多德给出的方法——证明这样一个比率的存在会导致一个整数既可以是偶数又可以是奇数的矛盾.

希帕索斯因揭露真相而被惩罚死于海难的故事表明,直线不可公度性的发现为希腊思想画下了浓墨重彩的一笔.柏拉图及其学派对无理数理论的重视更加可靠地证实了这一点.在毕达哥拉斯哲学和希腊数学中,这场由不可公度性引发的危机可能已经通过引入无限过程和无理数解决了,但芝诺悖论却阻碍了这条路.因此,在芝诺和希帕索斯的引导下,希腊人放弃了对几何全面算术化的追求,这条道路直到解析几何通过更迂回的方式达到成熟之后才得以恢复.纵观希腊历史,代数分析是不存在的.几何是连续量的域,算术是关于整数的离散集,这两个领域是不可调和的.长度、面积和体积都不是具有给定结构的数,而是未定义的几何概念.希腊语中"algebra"指的是一种线的几何图形,而不是数字算法;经典问题由于缺乏独立的代数公式而需要直线构造,这在分析中相当于现代的存在性定理.例如,希腊数学家总是考虑两条线的比率而非一条线的长度.圆的求积要求构造正方形而非确定数值.

二次方程的经典解法作为一个具有启发性的例子,表明了希腊人对算术和几何的态度.一千年前的巴比伦人就已经像如今一般,将测量中的几何问题简化为二次方程,然后使用代数符号进行数值求解.另一方面,希腊几何学家要从

---

① 关于这次发现的时间和情况有相当大的疑问,关于这一主题已经写了很多文章.最近令人信服的叙述之一来自 von Fritz(同上).另一个关键讨论来自 Heinrich Vogt:"古印度人知道勾股定理和无理数," *Bibliotheca Mathematica* (3), v. Ⅶ(1906—1907), p. 6-23;"根据柏拉图和4世纪的其他资料来源发现无理数的历史,"同上,(3), v. Ⅹ(1910), p. 97-155;和"论无理数的发现史,"同上,(3), v. ⅪⅤ(1914), p. 9-29, 也可参见 Siegmund Guenther, "Die quadratischen irrationalitäten der Alten und deren Entwickelungsmethoden, " *Abhandlungen zur Geschichte der Mathematik*, v. Ⅳ(1882), p. 1-134. 目前似乎还没有令人满意的证据表明这一发现出现在印度. H. G. Zeuthen 曾指出("Sur l' origine historique de la connaissance des quantites irrationelles," *Oversigt over det Kongelige Danske Videnskabernes Selskabs.* Forhandlinger(1915), p. 333-362)在这一发现之前,精确值和近似值之间一定有明确的区别,但这显然不是印度人做出的. Vogt(同上)和 Heath(*Euclid*, v. Ⅰ, p. 364)指出这一发现所暗示的三个阶段:(1)根据直接测量的所有值都必须被认为是不准确的;(2)不可能达到一个精确的算术表达式的值这一信念必须占上风;(3)不可能必须证明. Heath 补充说,没有真正的证据表明,在这一问题时期(《绳法经》时期),印度人甚至已经达到了其中的第一个阶段.

一个领域转换到另一个领域就没那么容易了①. 对他们来说,由几何问题产生的方程表示线、面积或体积相等,因此,二次方程的求解是一种将巴比伦方法转化成几何结构语言的方法②. 该方法称为"面积贴合法",它在欧几里得(约前300)的《几何原本》中系统给出,但也可以追溯到毕达哥拉斯学派. 当相等的面积在作为基底的一条线上时,或者更一般地说,当该面积的一侧沿线放置时,即使该侧超出线或未达线,该面积也被称为"贴合"于这条直线(或线段). 面积贴合法的最简单形式相当于找一条直线,该线与给定直线一起确定一个给定面积的矩形——也就是说,它对应于一个给定的乘积除以它的一个因子. 在更一般的形式中,它相当于求解二次方程的代数分解. 以求解方程 $x^2+c^2=bx$(其中各项为正且 $b>2c$)为例③说明其用法,或者以希腊术语来说,是一个贴合于直线段 $b$ 的给定面积为 $c^2$ 的矩形和一个"亏形贴合"于给定线段的正方形. 如图 1,令 $AB=b$,$C$ 为 $AB$ 的中点,且 $CO=c$,$CO \perp AB$. 以 $O$ 为圆心,$\frac{b}{2}$ 为半径作圆交 $AB$ 于点 $D$,那么 $BD=x$ 即为所求直线($APQD$ 是贴合于线段 $b$ 的矩形,而 $DBRQ$ 是"亏形贴合"于给定线段的正方形). 通过类似的方法,方程 $x^2+bx=c^2$ 及 $x^2=bx+c^2$(另一仅有正根的二次方程)也可用几何方法求解④. 不同于算术和数理逻辑,这种解法表明希腊代数完全依赖于几何. 而希腊未能发展代数几何的主要原因之一在于受到几何代数的约束. 毕竟,一个人不可能靠自己的辅助程序来养活自己.

在芝诺和希皮亚斯为驳斥数学家们而在数据测量方面做出最大努力的关键时期,出现了三个著名的挑战⑤. 假如当时人们意识到这三个经典问题——

———————————

① 例见 Federigo Enriques, *L'evolution des idées géométriques dans la pensée grecque* (Maurice Solovine 译, Paris, 1927), and H. G. Zeuthen, "Sur les rapports entre les anciens et les modernes principes de la géométrie," *Atti del IV Congresso Internasionale dei Mathematici*, v. Ⅲ(1909), p. 422-427.

② Neugebauer, "Zur geometrischen Algebra," *Quellen und Studien zur Geschichte der Mathematik...*, Abt. B, Studien, v. Ⅲ(1934—1936), p. 245-259.

③ 关于这种方法以及欧几里得和前欧几里得数学的其他方面,见 *The Thirteen Books of the Elements of Euclid*, edited by T. L. Heath, 3 vols., Cambridge, 1908.

④ 在方程解法的历史上,以下两篇工作特别有价值:A. Favaro, "Notizie storico-critiche sulla construzione delle equazioni," *Memorie della Regia Accademia di Sciense, Lettere ed Arti in Modena*, v. ⅩⅧ (1878), p. 127-330;和 Ludwig Matthiessen, *Grundzüge der antiken und modernen Algebra der litteralen Gleichungen*(Leipzig, 1878).

⑤ 对这些问题的全面论述见 Felix Klein, *Famous Problems in Geometry*, translated by Beman and Smith with notes by Archibald(2nd ed., New York, 1930), 也可参看 Arthur Mitzcherling, *Das Problem der Kreisteilung. Ein Beitrag zur Geschichte seiner Entwicklung*(Leipzig and Berlin, 1913), 其中也包括对提洛斯问题有价值的评论. 关于这个问题特别见 J. H. Weaver, "The Duplication Problem," *Am. Math. Monthly*, v. ⅩⅩⅢ(1916), p. 106-113.

化圆为方、三等分角和倍立方体问题都是不可解的,那么整个数学史无疑会大不相同. 解析几何尤其如此,因为寻找新的轨迹正是这些问题的直接产物. 这三个问题的起源尚不清楚,据说伯里克利的老师阿那克萨哥拉斯(约前499—前427)在狱中研究了第一个问题,但估计没有成功. 据我们所知,关于曲线测量最早的精确结果是由其同时代的年轻人德谟克利特和希波克拉底得出的.

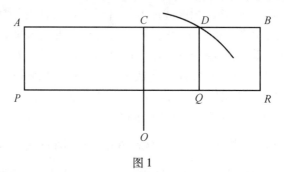

图 1

公元前5世纪中叶出现了有史以来最伟大的科学理论之一——物理原子论. 原子学说的奠基人之一德谟克利特也是一位数学家,阿基米德(前287—前212)将棱锥及圆锥体积的测定和证明归功于他. 这项具有重大意义的工作,不仅是毕达哥拉斯学派三维测量工作的延伸,还大胆使用了无限过程. 德谟克利特撰写了大量几何原理的关键著作,但实际上这些著作都已经遗失了. 因此很难重建他的思想体系,但他似乎很清楚,这很大程度上是由于几何中引入了无穷小概念. 即使是在希腊时代,这种数学原子论也是一种强大的启发式方法,并在17世纪促成了微积分的诞生. 然而,由于没有发展出连续变量的代数概念,古代对无穷小的使用未能系统化. 因此,后来希腊人寻找并发现了一种细致而迂回的几何方法,以此来建立他们关于曲线测量的定理. 这种被称为穷竭法的方法是由尼多斯的欧多克索斯(约前408—前355)明确表述的,但我们有理由相信它可以追溯到与德谟克利特同时代的希俄斯的希波克拉底. 希波克拉底熟悉通过测量来统一算术和几何的方式,有资料表明他曾一度是毕达哥拉斯学派的成员. (据说他因为收取了一位学几何的学生的急需费用而被学校开除.) 穷竭法相当于希腊的积分学,它是基于所谓的阿基米德公理,即假设连续量可以通过连续二等分减少到所求元素. 论证过程与现代极限方法大致相同,只是这种观点是几何而非数字的. 由于长度、面积和体积没有用数字来定义极限,因此要用归谬法论证来进行补充说明.

穷竭法可以证明圆面积之比等于其直径上正方形面积之比. 这个定理是由希波克拉底提出的,并使其成为最早的曲线面积精确求积的基础. 他证明了以圆弧为界的弓形 $APBQ$(图2)与三角形 $ABO$ 的面积完全相等,这使他错误地相信整个圆的精确求积是可能的. 对这三个经典问题的兴趣因此增强了.

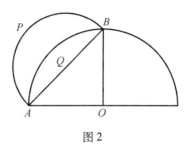

图 2

对于希腊人来说,圆和直线具有一种特殊的魅力,他们试图仅以此为基础来建立所有的科学和数学. 直尺和圆规的神化对数学的发展起了巨大的作用,但它却以牺牲分析为代价来发展综合几何. 然而幸运的是,这三个著名的问题在经典限制下是无法解决的,这一事实促使人们不得不去寻找和发现其他曲线.

据闻,哲学家希皮亚斯(约前425)通过在几何学中引入机械运动的概念,发明了圆和直线以外的第一条曲线. 假设横杆或线段 AB 匀速向下平移到 OC 处,同时等长竖杆或线段 OA 以 O 为圆心旋转至 OC 位置,则这些杆或线段的交点 P 将绘制出一条曲线,称为希皮亚斯割圆曲线(图3). 希腊人曾用这条曲线来解决三个经典问题中的两个. 它轻松"解决"了包括三等分问题在内的所有多分问题. 以 ∠COR 的三等分为例,首先将线段 OQ 由点 Q′ 三等分,然后在割圆曲线上找到对应点 P′,最后延长 OP′ 与圆交于点 R′,该点三等分弧 CR. 此外,后来狄诺斯特拉托斯(约前350)称一旦构造了割圆曲线,就可以通过以下方法化圆为方:正方形的边 AB 的长度是四分之一圆弧 ARC 与线段 OD 长度的比例中项. 如此一来,三个经典问题中只剩倍立方体问题"尚未解决".

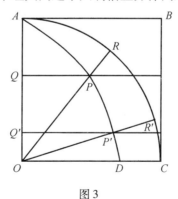

图 3

割圆曲线的重要性不仅在于它是新曲线,更重要的是它预示了解析几何的基本思想之一——轨迹思想. 这一思想隐含在圆的定义中,但之前似乎从未以运动视角来研究. 然而,割圆曲线的绘制仍存在实际困难. 由于没有用连续运动来描述曲线的装置,即使其定义语言是运动学的,逐点构造也必不可少. 几何上定义的曲线和机械上描述的连续运动的曲线之间的区别并不清楚,没有人知道希皮亚斯采用了何种视角. 人们甚至不知道他和狄诺斯特拉托斯是否将曲线视为严格理论意义上的经典问题的解决方案. 不幸的是,希皮亚斯及其同时代人似乎并没有意识到在轨迹概念中定义新曲线的无限可能性.

在三个著名的几何问题中,倍立方体对解析几何的发展影响最大,如果我们相信与它有关的传说,那么它显然激发了古希腊人的想象力. 传说雅典人向提洛斯岛的神谕求助,请求神将他们从一场毁灭性的瘟疫中解救出来. 在被告知要将阿波罗的祭坛翻倍时(大概只使用没有标记的直尺和圆规),雅典人天真地将每个维度增加了两倍. 瘟疫还在继续,神谕再次提醒人们,他们被提醒已经把祭坛的体积增加了八倍,即用几何方法解出了方程 $x^3 = 8$ 而非 $x^3 = 2$. 瘟疫终于消退了,但倍立方体的尝试仍在继续. 直到大约两千年后,人们才明白神谕讽刺地提出了一个无法解决的问题(此后被称为"提洛斯问题").

在按照规则进行倍立方体失败后,希腊人开始尝试其他方法. 提洛斯问题的第一个"解决方案"与其他两个经典问题的解决方案截然不同. 希俄斯的希波克拉底在倍立方体问题上取得的一些进展表明,如果确定两个比例中项 $x$ 和 $y$ 以满足连比例 $a : x = x : y = y : 2a$,那么比例中项 $x$ 为所求立方体的边,即满足方程 $x^3 = 2a^3$. 因此,该问题需要通过几何方法来构建这样的比例. 在这种情况下,第一个解决难题的人似乎是毕达哥拉斯学派的学者阿尔基塔斯(约前428—前347). 据说他通过使用引人注目的构造确定了所需的比例中项,即要求构造三个旋转曲面——圆锥、圆柱和环形圆纹曲面的交点.

他的构造方法现在很容易通过解析法验证:让三个曲面的方程分别为

$$b^2(x^2+y^2+z^2) = a^2 x^2$$

$$x^2+y^2 = ax$$

$$x^2+y^2+z^2 = a\sqrt{x^2+y^2}$$

容易将以上方程写成连比例形式

$$\frac{a}{\sqrt{x^2+y^2+z^2}} = \frac{\sqrt{x^2+y^2+z^2}}{\sqrt{x^2+y^2}} = \frac{\sqrt{x^2+y^2}}{b}$$

当 $a = 2b$ 时,通过这些方程显然可以得出提洛斯问题的解. 但是,现代分析这种不合时宜的应用,并不能充分体现阿尔基塔斯在仅借助综合立体几何发明这种解决方法的机敏. 在他那个时代,曲面是通过已知曲线(例如直线和圆)的旋转而非方程定义的.

伯罗奔尼撒战争之后,数学活动的中心转移到雅典,尽管在那里的顶尖数学家中,只有柏拉图(约前427—前347)是本地人. 阿尔基塔斯的朋友柏拉图在这里建立了著名的学园. 柏拉图对数学的热情使其对数学产生了巨大影响,但他的兴趣并不在解析几何方向. 据说阿尔基塔斯为倍立方体问题设计了一种根本性的解决方案,而柏拉图为此设计了另一种机械轨迹. 但柏拉图似乎谴责在几何中使用机械装置的行为,理由是这些装置倾向于将一个他认为属于永恒和无形观念领域的主题具体化. 他认识到,数学研究的不是诸如绘制图形之类的感觉事物,而是与之类似的理想化事物. 他似乎是最早认识到主体前提的状态是纯粹假设的人之一,由此认识到了仔细陈述所做假设的必要性. 由于直尺和圆规是真正意义上的机械装置,所以很难理解为什么柏拉图认为直线和圆与其他曲线之间存在一条鸿沟. 可能是线和圆的描述很容易,也可能是从对称的角度来看这些曲线很完美,但无论如何,通常认为柏拉图对几何尺规的规范化产生了主要影响①.

柏拉图拒绝除直线和圆以外的曲线,这无疑阻碍了解析几何的发展,然而普罗克鲁斯和第欧根尼·拉尔修认为应将解析几何的一个基本方面——解析法的使用归功于他. 从广义上的初步调查来看,分析不应归功于任何个人,因为它毋庸置疑从数学的诞生之初使用至今. 更专业地说,它早在柏拉图时代之前就已经出现了. 如果不可公度性是后来由亚里士多德用描述的方式(即通过证明如果存在这样的整数比,它必定同时是奇数和偶数)首先证明的,那么大概在柏拉图出生之前就至少存在一种以归谬法论证的分析推理. 然而,柏拉图特别重视数学的原理和方法,因此他很可能形式化并指出了分析过程的局限性. 据普罗克鲁斯在《欧德莫斯概要》中介绍,柏拉图学园的合作者欧多克索斯使用了几何分析的方法. 正如柏拉图使用的术语,分析意味着一种方法,即假定要证明的事物为真,然后据此进行推理直到得出先前确立的命题或公认的原则. 通过颠倒步骤的顺序(如果可能的话)可以获得对已证定理的证明. 这也就是说,分析是一个发现定理成立的必要条件的系统过程,如果这些条件可以通过综合方法被证明是充分的,那么定理就成立了. 然而值得注意的是,坐标几何现在之所以被称为解析几何,主要不是因为推理过程中的这种步骤顺序. 分析这个词的含义随着情况而变化,今天这个词有几个或多或少的不同含义②. 这个

---

① 然而,这一传统说法的正确性可能会受到质疑,参阅 D. A. Steele, "Ueber die Rolle von Zirkel & Lineal in der grieschischen Mathematik," *Quellen und Studien zur Geschichte der Mathematik...*, Abt. B. Studien, v. III(1934—1936), p. 287-369, 因为人们认为,普鲁塔克在这方面的说法被现代历史学家误读了, 也可参阅同一作者的"A Mathematical Reappraisal of the Corpus Platonicum," *Scripta Mathematica*, v. XVII(1951), p. 173-189.

② 参阅 Paul Tannery, "Du sens des mots analyse et synthèse chez les grecs et de leur algèbre géométrique," *Notions historique*, in Jules Tannery, *Notions de mathématiques*(Paris, 1903), p. 327-333.

词近来的应用与最初柏拉图的用法不同,特别是在越来越强调符号技巧的方面. 柏拉图的时代不存在形式代数,但在约两千年后,当柏拉图的解析法被应用于代数几何的基本形式时,解析几何很快随之发明出来.

柏拉图对芝诺悖论和不可公度性的发现在数学上引起的问题十分重视,尽管他并没有解决这些问题,但却提出了一种可能的解决办法. 他认为连续统是由无界无限的抽象流动所产生的,而不是由不可分割的集合所组成. 这种观点有点类似于莱布尼茨和牛顿对生成无穷小和流数的有效启发式使用,但由于缺乏术语的定义,它本质上只是一种"预期理由". 事实上,在遵循柏拉图关于运动和连续性的思想时,他的继任者们持有两种截然相反的观点. 该学园的成员拒绝接受德谟克利特的物理原子论,但却试图在数学中发展不可分或固定无穷小的思想. 这遭到了柏拉图的两个杰出学生——亚里士多德(前384—前322)和欧多克索斯的强烈反对,他们更倾向于自然科学. 亚里士多德关于不可分、无限和连续的判定是由直接常识决定的. 他断然否认不可分割的最小线段和实无穷或完全无限的存在. 他发现连续性的本质是能被无限可整除的可整除物所整除,并强调了希腊时代几何和算术之间的差距,因为数之间没有联系而否认数可以产生连续统. 他对运动的研究关注定性而非定量描述,因此错过了符合要求的动力学科学. 然而,正是对亚里士多德著作的研究,激发了中世纪晚期建立运动和连续统数学理论的尝试,这使得中世纪的数学家非常接近发明解析几何.

在欧多克索斯的著作中,可以看到与亚里士多德的哲学观点相对应的数学观点,但其中大部分只能通过其他来源间接了解. 大概是受到柏拉图提出的一些立体几何问题的启发,它主要涉及早期的积分学. 德谟克利特已经给出了锥体和圆锥体的体积,但证明工作主要是由欧多克索斯完成的. 由于阿基米德将基本公设归功于欧多克索斯,他的证明可能是通过原创的穷竭法完成的,或者采用了希波克拉底的方法. 欧多克索斯的方法在程序类型上与极限的相关方法类似,但在观点上却大不相同. 由于当时没有关于数的连续统的概念,希腊人研究连续量的方法完全是几何的;另一方面,目前求极限的方法本质上是算术的.

通过穷竭法,欧多克索斯(也许还有之前的希波克拉底)能够通过比率和比例理论将曲线与直线的几何大小进行比较. 然而,不可公度性的发现表明,即使是直线图形,比率也不能总是用整数来定义. 因此,特埃特图斯(约前375)时代的希腊人似乎在寻找最大公约数的过程中使用了修正定义(可能是希俄斯的希波克拉底提出的):类似于欧几里得算法中对两个量的最大公因数进行连续除法,即如果量具有相同的连续减法,则其比值相同. 例如,不管两个等高矩形的底是可公度还是不可公度,底的比等于面积的比,因为在互减的情况下直线的连续应用直接对应面积贴合法.但是这个新定义的用处是有限的,因此欧多克索斯(约前370)提出了另一个在其穷举法中需要用到的定义:据说大小相同的比率,从第一个到第二个,第三个到第四个数,对于第一个和第三个中的任意等倍数以及第二个和第四个中的任何等倍数,如果前者均超过、均等于或均低于,则后者按相应顺序分别取相等倍数.这个定义可以作为实数(有理数或无理数)一般定义的基础①.然而,正如希腊人所使用的那样,它避免引用自然数或整数以外的所有数字.正如圆面积的比等于其直径上正方形面积的比,定义中涉及的所有四个对象都可能是几何的.因此,古代的积分学相当于所涉及几何图形(例如圆形和正方形)的比值,而不是连续变量的解析函数(例如 $A = \pi r^2$).这种强调使得很难重新认定或建立曲线的一般分析理论或形成现代分析的基础算法程序.穷竭法的重点是论述的综合形式,它不是发现的分析工具,而是代表了一种传统的论证形式,但希腊人从未将其发展为简洁的、公认的具有特征符号的运算.事实上,他们并没有朝这个方向迈出第一步,即并没有把该方法的原则作为一般性的命题来阐述,尽管这有助于使随后的论证简单化.然而,希腊的比例理论在不可公度引发的危机中幸存下来,甚至以几何形式继续成为希腊数学的主要代数工具.

欧多克索斯无疑是他那一年代最杰出的数学家,但他的学生之一米内克穆斯(约公元前360年,狄诺斯特拉托斯的兄弟、亚历山大大帝的导师)在当时为解析几何的发展做出了最杰出的贡献.这项工作似乎是受到了阿尔基塔斯在提洛斯问题中提出的惊人的曲面三元组的启发.如果阿尔基塔斯用平面仔细研究了圆柱体的截面,他会发现一条具有显著性质的新曲线.椭圆可能确实是先作为圆柱的一部分或者以某种目前不知道的方式进入希腊几何学.在除直线外的所有曲线中,椭圆是日常最常见的一种.斜视轮子等圆形物体时呈椭圆形,圆形投下的阴影一般呈椭圆形.难道早期的数学家没有看到这些吗?众所周知,德谟克利特在他的微积分几何中研究过圆锥体的圆截面,当时他难道没有注意到更一般的椭圆截面吗?似乎没有证据表明他这样做了.据普罗克鲁斯和欧托

---

① 对欧多克索斯作品相关方面的深入研究,请参阅 Oskar Becker, "Eudoxos-Studien," *Quellen und Studien zur Geschichte der Mathematik, Astronomie und Physik, Part B, Studien,* v. Ⅱ(1933), p. 311-333, 369-387; v. Ⅲ(1936), p. 236-244, 370-410. 对欧多克索斯的比例理论在古代和现代思想之间关系的全面的论述,参阅 Coolidge, *A History of Geometrical Methods*(Oxford, 1940), p. 29-34. 贝尔(在 "Sixes and Sevens," SCRIPTA MATHEMATICA, v. Ⅺ(1945), p. 153)指出欧多克索斯的比例理论仍然依赖于无穷,因为"任何等倍数"这一短语暗示着可能的尤穷数;但是希腊人似乎忽略了这一事实.

基奥斯所说,椭圆、双曲线和抛物线都是在公元前 4 世纪中叶由米内克穆斯发现的[①],因此这些曲线最初被称为"米内克穆斯三曲线". 米内克穆斯似乎是遵循阿尔基塔斯提出的方法得出这些曲线的,即试图利用立体几何的截面来解决提洛斯问题. 他使用垂直于一个元素的平面分别截三个(锐角、直角及钝角)直圆锥,这让希腊几何学家们第一次看到了不同于直线、圆和四边形的整个曲线系,它们在形状和大小上都有所不同. 倍立方体问题可以通过这些圆锥曲线,或确定两条抛物线 $x^2 = ay$ 和 $y^2 = 2ax$ 的交点,或通过前一条抛物线与双曲线 $xy = 2a^2$ 的交点轻松解决.

正如记载所言,如果米内克穆斯用这些曲线进行了倍立方体,那么他一定知道等轴双曲线方程对应的几何图像是以其渐近线为坐标轴的. 邹腾、希思和柯立芝[②]猜想将关于顶点的形式 $y^2 = 2ax - x^2$ 经过平移轴得到中心方程 $x^2 - y^2 = a^2$,然后旋转轴 45° 得到 $2xy = a^2$ 可以推导出该方程.

以上是通过分析的方式给出的米内克穆斯的可能成就,因此未能对其独创性做出公正的评价. 他是在所有科学和数学中发现最有用和最有趣的曲线族的开拓者,而这条道路因缺乏代数思想和符号体系而变得窒碍难行. 圆锥曲线现在被定义为平面上的轨迹,即到固定点(焦点)的距离与到固定线(准线)的距离为固定比率(离心率)的点的轨迹. 借助现代代数符号和技巧,将这一定义性质转化为分析性语言变得相对简单. 如今,三角符号和公式使人们能够方便地在轴旋转下转换方程,并很容易将以轴为参考的双曲线方程转换到以其渐近线为参考的方程. 对于米内克穆斯来说,以几何形式构思出这些是需要非凡创造力的,但似乎有证据表明他做到了. 然而其著作几乎完全丢失了[③],甚至连他对曲线的命名都不为人知. 如今只能尽量从后来的评论者们所提供的信息中重建他的思想体系. 首先,即使是发现圆锥曲线的方式也存在一些疑问. 这些新曲线是希腊人偶然发现的还是系统研究的结果?据说[④]米内克穆斯可能是先将它们视为平面轨迹,以一种类似于希皮亚斯构造割圆曲线所采用的运动学方式构

---

① 关于圆锥曲线更为详细的历史,请参阅 H. G. Zeuthen, *Die Lehre von den Kegelschnitten im Altertum*(Kopenhagen, 1886);J. L. Coolidge, *A History of the Conic Sections and Quadric Surfaces*(Oxford, 1945);Charles Taylor, *An Introduction to the Ancient and Modern Geometry of Conics*(Cambridge, 1881)的绪论;对阿波罗尼奥斯(约前 225)的介绍见 *A Treatise on Conics Sections*(translated by T. L. Heath, Cambridge, 1896)和 *Les coniques*(translated by Paul Ver Eecke, Bruges, 1925). 更多历史细节,请参阅 F. Dingeldey 的 *Encyclopédie des Sciences Mathématiques*, v. Ⅲ(3), p. 1-256 中关于"圆锥曲线"的章节.

② 参阅 Coolidge, *History of the Conic Sections*, p. 5.

③ 参阅 M. C. P. Schmidt, "Die Fragmente des Mathematikers Menaechmus," *Philologus*, v. XLⅡ (1884), p. 72-81. 然而,这些用希腊文和德语注释的片段却不足以展现全貌.

④ 例如参阅 Taylor, *Geometry of Conics*, p. XXXI.

造了它们. 这一观点与希波克拉底提出的事实是一致的, 即如果能够构建出 $\frac{a}{x}=\frac{x}{y}=\frac{y}{b}$ 的连比例关系, 那么成倍问题是可以解决的, 通过分析可知所需轨迹的性质是明确的. 只需绘制抛物线 $x^2=ay$, $y^2=bx$ 和双曲线 $xy=ab$ 的图像就能得出这些性质, 之后就不难看出曲线是圆锥的截面了. 事实上, 圆 $x^2+y^2-bx-ay=0$ 与任意一条新曲线的交点都能满足上述连比例. 然而与其相反的观点是, 这一过程违反了希腊惯例. 如果他们在这使用了这样的方法, 那么为什么会在绘制具有其他所需(代数)性质的曲线时犹豫呢? 任何问题都可以通过绘制适当定义的曲线以同样的方式轻松解决. 这种解决难题的方法, 很难与希腊人解决方法的恰当性要求相一致, 事实上, 它也没有用于其他关系中①. 此外, 希腊人也总是采用圆锥曲线确定的问题和轨迹的名称, 有别于由线和圆构成的平面问题及轨迹, 立体问题及轨迹似乎指向了上述圆锥曲线沿线的三维原点.

无论这些圆锥曲线最初是来源于平面还是立体, 米内克穆斯的发现中令人惊奇的一点与其说是曲线本身, 不如说是他实现了曲线的转换. 锥体的截面被证明具有平面轨迹的基本性质, 从这些基本的"几何方程"中可以推导出曲线的其他无数平面性质. 正是由于这些圆锥曲线的早期相关工作, 使得许多历史学家(特别是邹腾②和柯立芝③)宣称是希腊人发明了解析几何. 后者的论点是"希腊人所熟知的解析几何的本质是通过方程研究轨迹, 并且成为他们研究圆锥曲线的基础. 最初的发现者似乎是米内克穆斯".

非常遗憾的是, 米内克穆斯的作品已经丢失, 因此对其作品的重建在很大程度上是推测性的④. 在这种情况下, 最好是等从阿波罗尼奥斯的著作中获得更为坚实的基础之后, 再进一步考虑他可能使用的方法. 阿波罗尼奥斯《圆锥曲线论》的开篇部分很可能代表了米内克穆斯的思想. 然而需要指出的是, 在进入希腊数学成熟期之前, 尽管米内克穆斯可能或多或少地对圆锥曲线进行了分析和研究, 但在希腊代数的几何特性所强加的限制下, 无论是在米内克穆斯或其后的古代著作中, 都没有表明存在曲线与方程相互对应意义上的一般解析几何. 如果希腊人拥有这样的解析几何, 那么圆锥曲线是否会经历仅次于线和

---

① 参阅 Loria, "Aperçu sur le développement historique de la théorie des courbes planes," *Verhandlungen des ersten internationlen Mathematiker-Kongress in Zürich*, 1897(Leipzig, 1898), p. 289-298.

② "Sur l'usage des coordonnées dans l'antiquité," *Kongelige Danske Videnskabernes Selskabs. Forhandlinger*(1888—1890).

③ Coolidge, *History of Geometric Methods*, p. 117-119.

④ 诺伊格鲍尔提出了一个有趣的说法, 即认为圆锥曲线的发现可能是由于对日晷投下的阴影的研究, 参阅 "The Astronomical Origin of the Theory of Conic Sections," *Proceedings of the American Philosophical Society*, v. XCⅡ(1948), p. 136-138.

圆的神化是值得怀疑的. 事实上, 他们从未发展出一般的曲线理论. 在这些庞大的数学活动中, 他们并没有发现超过 6 种新曲线, 并且这些新曲线都没有被系统分类. 直到大约两千年后, 笛卡儿才开始着手排列高次平面曲线, 并在此过程中发明了在某种意义上比米内克穆斯更具一般性的解析几何. 为了实现他的计划, 笛卡儿认为用符号代数来取代命题理论和面积贴合法是很有必要的, 而希腊人甚至没有发展出这些符号代数的雏形. 不可公度性在希腊人的思想中留下了如此深刻的印象, 以至于他们仔细区分了量的有理或无理情况. 只有在现代, 古老的比例学说才不会被方程或比例中的量是有理或无理而限制, 从而获得算术自由.

# 亚历山大时期

马其顿国王亚历山大像个求知者一样开始学习几何学，他想知道他所拥有的土地是多么的贫瘠.

——塞涅卡

第二章

希腊历史通常分为两个时期,希腊时代和希腊化时代.在数学的历史上,前一时期没有数学文献幸存下来,而在后一时期,即便是最早的代表性著作也得以保存,由此显然说明了这种划分.艺术和文学的黄金时代在第一个时期衰落了,但是数学的鼎盛时代属于第二个时期的初期.然而正如在科学领域一样,早期希腊时代因为在数学领域确立了基本态度和原则,可以被称为英雄时代.希腊化时代虽然极大丰富了几何知识,但它是沿着亚历山大时期之前的路线前进的.现存的三部最伟大的古代数学著作都是由欧几里得、阿基米德和阿波罗尼奥斯在亚历山大之后的一百年间创作的,但这些代表作都建立在毕达哥拉斯、欧多克索斯和米内克穆斯的基础之上.

毫无疑问,欧几里得《几何原本》①的影响比其他任何数学著作都更广泛,但它主要不是在解析几何方向上.这项工作代表了早期成就的明确公式化,因此其意义在于其逻辑阐述的特征形式,而不是对方法论未来发展的建议.然而值得注意的是,

---

① 参阅 *The Thirteen Books of Euclid's Elements*, edited by T. L. Heath, 3 vols., Cambridge (1908).

《几何原本》不仅包含了现代中学的初级纯几何课程,而且还包括了现在被称为代数的几何应用的拓展部分. 现在比率和比例是广义算术的主题,但欧几里得以几何的形式系统化了欧多克索斯的理论,这是他那个时代最接近函数和方程思想的方法. 欧几里得也沿用了欧多克索斯的分析方法,用均值和极值比率来划分直线,但是这种对一般观点的暗示被特殊几何结构的强调所掩盖. 例如,欧几里得用一种几何的方法来解二次方程,这与巴比伦人的代数方法形成了鲜明的对比. 由于缺乏负数的一般概念,希腊人将二次方程分为以下三种类型:$x^2+bx=c^2$,$x^2=bx+c^2$ 和 $x^2+c^2=bx$,其中 $b$ 和 $c$ 为正实数. 此类方程的欧几里得几何解法基于面积贴合法,这似乎是毕达哥拉斯学派设计的. 这让现代读者认为,它与解析几何通过在坐标系上绘制多项式的图示解法相距甚远,然而,现代方法其实是在对这种古老几何作图的逐步修改中产生的.

欧几里得通过其他早已失传的论文对解析几何的发展做出了更直接的贡献. 其中之一是关于圆锥曲线的,其中大部分材料后来被纳入阿波罗尼奥斯的《圆锥曲线论》中. 另一篇是关于不定设题的论文,根据后来评论家提供的信息,它被部分重建了十几次乃至更多次. 帕普斯在《数学汇编》(第七卷)中说道,不定设题介于用来证明的定理和用来构造的问题之间. 由此可知希腊人根据证明、构造及发现的要求,将几何命题分为定理、问题和不定设题三种类型. 夏莱参阅西姆森的著作后说道,不定设题是一个由人宣布确定可能性的命题,并且在确定时,与那些固定的、已知的和其他可变的事物具有指示关系的某些事物建立了变化规律. 这一描述涵盖了对轨迹的研究,因此欧几里得《衍论》的丢失更加令人遗憾,因为它在解析几何的历史上留下了一个令人遗憾的空白①. 正如夏莱所说,不定设题在某种意义上是曲线方程,而不定设题的教义是"古代的解析几何",但与现代解析几何不同,它主要缺乏符号和代数过程. 欧几里得因为没有曲线方程的概念,似乎使用了不定设题将一个轨迹的几何表述替换为同一轨迹的另一几何表述,从而与对应的坐标变换,或者相当于现代使用的点、线和圆的公式相关联. 夏莱给出了一个适用于欧几里得的不定设题的例子,即找到一个点,它到两个固定点的距离的平方和是一个给定的常数(面积). 如今要证明结果是一个圆心在给定点之间的圆是很简单的事,但古代由于缺乏统一过程,显然在协调轨迹的条件和圆的定义方面遇到了更大的困难.

《衍论》收录在欧几里得、阿里斯泰奥斯和阿波罗尼奥斯被称为《分析荟

---

①　详尽说明请参阅 Michele Chasles, *Les trois livres de porismes d'Euclide*, Paris(1860);或参阅同作者的 *A percu historique sur l'origine et le développement des méthodes en géométrie*, Paris(1875), p. 12-13, 274-284;或参阅他的优秀论文,"Sur la doctrine des porismes d'Euclide," *Correspondance Mathématique et Physique*, v. X(new series IV, 1838), p. 1-20,其中包括优秀的参考目录.

解析几何学史

萃》的古代作品集中,帕普斯称其为一个特殊的学说体系,经历基本训练后能够获得解决曲线问题的能力. 毫无疑问,《分析荟萃》包含了现在构成解析几何的大部分内容,其中包括欧几里得另一部关于曲面轨迹的遗失著作. 这部著作的内容纯属猜测,它可能是对古希腊人已知曲面(球面、圆锥、圆柱、环形圆纹曲面、旋转椭球面、旋转抛物面,以及双叶旋转双曲面)的研究,或者可能与绘制在这些曲面上的扭曲曲线有关. 夏莱认为它包括了二次旋转曲面①. 塔内里将圆锥和球体的发现归功于阿基米德②,但希思③认为欧几里得的《曲面轨迹》可能包含了这些. 无论如何,如果欧几里得的作品存世,那将成为立体解析几何史上的重要一环.

仅从欧几里得遗失著作的书名就可以看出,古代几何学在兴趣广度上可与 17 世纪的几何学相媲美. 古代几何与现代几何的区别在于表述的方法和方式,而非内容. 对阿波罗尼奥斯《圆锥曲线论》的研究有力地证实了这一点,人们从中发现了古代最接近解析几何的方法. 帕普斯曾说老阿里斯泰奥斯(生活在米内克穆斯和欧几里得之间的时代)的五本著作中有一本题为“立体轨迹”. 这本书也许是关于圆锥曲线的第一本教科书,但连同欧几里得的四本关于圆锥曲线的书一起,可能早已遗失. 然而据推测,阿波罗尼奥斯《圆锥曲线论》④的前四本包含了阿里斯泰奥斯和欧几里得提供的大部分材料. 作者本人认为前四部著作整理并完善了前人的知识,但强调其处理方式的独创性,据推测其他四本(最后一本已失传)在内容上基本都是原创的. 阿波罗尼奥斯在处理圆锥曲线的方法上做了很多改变,尤其是在一般化方向上. 米内克穆斯及其早期追随者只使用了正确的部分. 阿基米德无疑知道(也许欧几里得也知道),通过改变切割平面的角度,具有圆形截面的单个圆锥就足以产生所有三种类型的圆锥曲线,但他似乎没有利用这一点,而是继续使用直锥体的正截面. 因此,阿基米德沿用了帕普斯赋予阿里斯泰奥斯的旧名称——锐角圆锥体的截面、直角圆锥体的截面和钝角圆锥体的截面. 另一方面,阿波罗尼奥斯立即开始研究斜圆锥最一般的截面. (他偶然发现,不仅平行于底面的截面是圆,而且还存在一组次要的圆截面. )他的前辈们似乎注意到了双曲线的相反分支,但阿波罗尼奥斯率先研究

---

① 参阅 Chasles, *Apercu*, p. 273, note Ⅱ.

② Paul Tannery, "Pour l'history des lignes et surfaces courbes dans l'antiquité," *Mémoires scientifiques*, v. Ⅱ(1912), p. 1-47.

③ 参阅 *The Works of Archimedes*(edited by T. L. Heath, Cambridge(1897)), p. lxi ff.

④ Apollonius of Perge, *Treatise on Conic Section*, Cambridge(1896) 的希思英译本十分优秀. 更多信息,尤其是阿波罗尼奥斯手稿的起源请参阅 Paul Ver, Eecke, *Les coniques d'Apollonius de Perge*, Bruges (1923)法语译本.

了双曲线作为双分支的中心二次曲线的一般性质. 此外, 尽管早期的几何学家强调了这三种基本类型之间的差异, 但阿波罗尼奥斯却发展了将曲线视为一个单一的一般整体而非三元组的倾向.

阿波罗尼奥斯赋予圆锥曲线以椭圆、抛物线、双曲线等名称, 这是处理方法上的另一个重大变化. 阿基米德则更喜欢用欧几里得的比例理论来描述曲线. 因此, 抛物线具有这样的性质, 即从顶点开始沿轴测量的横坐标为对应纵坐标的平方. 另一方面, 阿波罗尼奥斯利用了毕达哥拉斯的思想和面积贴合法的术语, 使得抛物线的基本名称属性将通过以下事实来描述(以抛物线顶点为原点, 中轴为横坐标轴)——以任意横坐标参数构成的矩形等于该横坐标对应的纵坐标上的正方形. 椭圆和双曲线的名称是指这两条曲线(以一个顶点为原点, 长轴或横截轴为横坐标轴)纵坐标上的正方形分别低于或超过由相应的横坐标和参数构成的矩形①, 这一性质可能在阿波罗尼奥斯时期就广为世人所知, 但也正是他使其成为基本性质. 阿基米德式比例等式更适用于中世纪和近代早期的比例理论, 而阿波罗尼奥斯式面积等式则更适用于后来方程的符号代数以及解析几何中曲线和方程的联系. 把关于椭圆、抛物线和双曲线名称属性的阿波罗尼奥斯式命题, 转换成关于顶点的相应代数方程并不难, 因此, 例如

$y^2 = lx - \dfrac{lx^2}{t}, y^2 = lx$ 及 $y^2 = lx + \dfrac{lx^2}{t}$ (其中 $l$ 为正焦弦, $t$ 为长轴或横轴)的方程在 17, 18 世纪被广泛使用.

阿波罗尼奥斯对圆锥曲线的处理在强调平面研究方面也同样接近于现代观点. 他的前辈们已经在这个方向上取得了进展, 但阿波罗尼奥斯走得更远, 他仅在必要时才使用曲线的立体原点来推导出它们的基本平面性质. 因此, 对于抛物线, 阿波罗尼奥斯从一个以 $A$ 为顶点, $BC$ 为圆底直径的斜圆锥开始, 过 $AB$ 上任一点 $P$ 的平面交底面于垂直于 $BC$ 的弦 $ED$(图 4), 该平面所截圆锥的截面即为抛物线 $EPD$. 为了推导曲线的基本性质, 先取其上任一点 $Q$, 过点 $Q$ 且平行于底面的平面交圆锥为圆 $HQK$. 在该圆中有 $QV^2 = HV \cdot VK$, 且存在相似三角形比

$$HV = \frac{PV \cdot BC}{AC} \text{ 和 } VK = \frac{PA \cdot BC}{BA}$$

因此

---

① 欧托基奥斯说, 圆锥曲线的名称是根据圆锥的顶角小于、等于或大于直角; 或者截平面远离、沿着或切于圆锥的第二叶而定. 这些看似很有道理的说明经常被反复提及; 但是, 阿波罗尼奥斯明确指出, 这些名字的真正由来是面积贴合法.

$$QV^2 = PV\left(\frac{PA \cdot BC^2}{AC \cdot BA}\right)$$

即纵坐标 $QV$ 的平方与横坐标 $PV$ 成定比. 对于椭圆,阿波罗尼奥斯同样推导出了基本性质

$$QV^2 = PV \cdot VP'\left(\frac{BF \cdot CF}{AF^2}\right)$$

即纵坐标的平方与轴上线段 $PV$ 与 $VP'$ 的乘积成定比. 双曲线也有类似的性质. 根据这种平面关系,阿波罗尼奥斯继续推导出包括焦点、渐近线、切线和法线等无数曲线的性质. 椭圆的焦点提供了面积贴合法(或抛物线)的另一实例,他将这些点称为由"贴合"确定,即作为将长轴一分为二的点,其上矩阵的面积与短半轴上的正方形面积相等. 由于这种方法不适用于抛物线,阿波罗尼奥斯在此忽略了焦点.

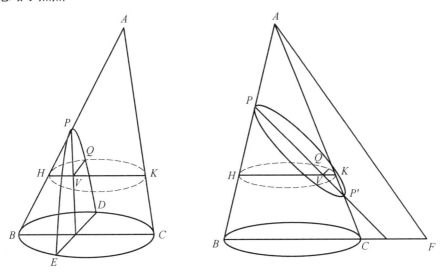

图 4

阿波罗尼奥斯所做的工作在许多方面都很接近现代的处理方式,以致这些工作经常被认为相当于解析几何. 但这取决于坐标和方程等术语的精确定义以及对解析几何本质特征的理解. 正如之前阿基米德(或许还有米内克穆斯)所做的工作那样,阿波罗尼奥斯对参考线的使用确实类似于现代直角坐标系和斜坐标系的应用. 圆锥曲线的直径相当于横坐标轴,由于横坐标是从与圆锥的交点开始测量的,此时圆锥曲线在该点的切线可作为第二条轴. 那么平行于第二轴(或与第一轴共轭)的纵坐标由从横坐标轴上的点到圆锥上的点组成的线段来表示. 简而言之这些纵坐标和相应横坐标之间的关系就等同于曲线的方程.

然而,希腊人对参考线的使用在几个细节上与现代坐标有所不同①. 首先,古代的几何代数没有提供负数或直线. 然而更重要的是,参考线系统在任何情况下都只是一个在给定曲线上叠加后验以研究其性质的辅助构造. 因此曲线总是经过现在被称为原点的地方. 在古代几何学中,似乎没有出于图形表示或为了解决给定问题而先验地构建参考坐标系的情况.

在现代解析几何的课程中,椭圆和双曲线的方程几乎总是用坐标系描述,在该坐标系中,原点与圆锥曲线的中心重合,坐标轴通常与圆锥曲线的轴线重合;但在古代,人们更多的是参照其他参考线来研究曲线,特别是曲线的切线和终点为切点的圆锥曲线的通径. 这意味着希腊的参考线系统通常相当于构成了一个斜坐标系,古代的偏好在这方面与许多世纪后笛卡儿的偏好是一致的. 古代参考线几何中缺乏严格的规定,这就意味着不存在坐标轴转换的公式,但古典几何学家仍然擅长处理相当于坐标变换的问题. 阿波罗尼奥斯的《圆锥曲线论》中有许多命题的例子,其中一个证明了给定切线和相关直径推导出的性质也适用于任何切线和相应直径. 阿波罗尼奥斯通常先假设正切和直径成直角,然后将其简化为更一般的斜角的情况.

广义上的坐标使用无疑源于史前. 坐标仅是与研究对象有关的大小,以此构成以其他对象作为定位研究对象的参考系. 从这个意义上来说,用给出的指示或绘制的图表来表明相对位置就是坐标原理的应用. 原始迦勒底星图就是坐标使用的系统化实例. 这种意义上的坐标系统也用于早期埃及的地籍勘察,后

---

① 关于这一点的广泛讨论请参阅 Siegmund Günther, "Le origini ed i gradi di sviluppo del principio delle coordinate," *Bullettino di Bibliografia e di Storia delle Scienze Matematiche e Fisiche*, X (1877), p. 363-406. 这篇文章最初题为 "Die Anfange und Entwickelungsstadien des Coordinatenprincipies," *Abhandlungen der Naturforschenden Gesellschaft zu Nürnberg*, v. 6. 希腊的研究工作与现代坐标的使用非常相似,以至于两位杰出的数学史家西格蒙德·冈瑟和邹腾都表示强烈反对,前者坚持差异,后者强调相似,参见 H. G. Zeuthen, "Sur l'usage des coordonnées dans l'antiquité", *Kongelige Danske Videnskabernes Selskabs*, *Forhandlinger*(1888), p. 127-144. 大多数历史学家都倾向于同意冈瑟的观点,尽管希思和柯立芝都赞同邹腾的观点. 希思认为,"他(阿波罗尼奥斯)的方法与现代解析几何的方法没有本质上的区别,只是在阿波罗尼奥斯的方法中,几何运算取代了代数计算."(参阅他的 *Apollonius*, p. xcvi f.) L. C. Karpinski 在 "Is There Progress in Mathematical Discovery and Did the Greeks Have Analytic Geometry," *Isis*, v. XXVII(1937), p. 46-52 中否定了这一观点. 吉诺·洛里亚对该情况做了一个很好的总结:"事实上,凡是仔细研究过阿波罗尼奥斯《圆锥曲线论》的人,都必须承认它与用笛卡儿坐标来说明二次曲线的性质有着不少的相似之处;不仅在于希腊几何学家用以区分三种分别转换为以笛卡儿方法的标准方程的曲线的基本性质,而且在翻译成一般的代数语言时,结果是消元、方程的解坐标变换,等等. 然而,我们在希腊几何学中寻找坐标概念是徒劳的,它是先验的,独立于要研究的图形."("Sketch of the Origin and Development of Geometry Prior to 1850," translated by G. B. Halsted, *Monist*, v. XIII(1902—1903), p. 80-102, 218-234. 特别见第 94 页, 注.)

来又用于希腊天文学和地理,但直到中世纪,变量的图示才与坐标联系起来. 例如,希帕克斯使用的坐标系是否直接影响了希腊或中世纪几何学或近代早期的解析几何,这是值得怀疑的. 希腊几何学家并没有像在天文学或平面笛卡儿坐标系中那样,试图将图形中的未知量或线的数量减少到几个,而是尽可能地简化面积之间的关系. 例如,在现代符号体系中,椭圆关于顶点的方程为

$$\frac{(x-a)^2}{a^2} + \frac{y^2}{b^2} = 1$$

其中 $x$ 和 $y$ 分别表示未知线 $OQ$ 和 $PQ$(图5). 阿波罗尼奥斯用文辞语言表述了相同的性质,相当于

$$\frac{PQ^2}{CD^2} = \frac{OQ \cdot QV}{OC \cdot CV} \quad (\text{其中 } C \text{ 为中心}, OV \text{ 为主轴})$$

这种形式涉及了第三条未知线 $QV$. 也就是说,他的椭圆和双曲线方程是以一个纵坐标和两个横坐标表示的.

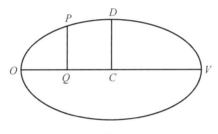

图 5

希腊人使用直线作为坐标的一个重要作用是利用它们的基本平面性质来研究圆锥曲线. 这一性质在阿波罗尼奥斯的《圆锥曲线论》中被称为"symptomae",它所起的作用与现代解析几何中的曲线方程大致相同[1]. 由于希腊人缺乏符号代数,阿波罗尼奥斯关于某一特定性质的陈述可能长达半页,这与简洁的现代术语相比是不利的. 这一事实使得塔内里认为,与其说希腊人所缺乏的是解析几何的方法,不如说是适合这些方法的公式. 这在很大程度上是正确的,但并非完全正确. 事实上,方程的本质并不在于它的简洁性,但另一方面,由于符号表示法的缺乏,代数变量和曲线方程的概念出现得晚得多. 哲学上的困难阻碍了希腊人接受前一个概念,但可能是符号代数的缺陷阻止了阿波罗尼奥斯发展后一个概念. 在希腊几何学中,有人可能会说方程是由曲线决定的,而非曲线是由方程定义的. 坐标、变量和方程是由给定的几何情境衍生出来的附属概念. 仅仅把曲线抽象地定义为满足某些给定条件的点的轨迹是不够的.

---

① 参阅 H. G. Zeuthen, "Sur l'origine de l'algèbre," *Det Kongelige Danske Videnskabernes Selskab. Mathematisk-fysiske Meddelelser*, v. II, p. 4.

由此可知,阿波罗尼奥斯是将圆锥曲线定位于圆锥中,或是找到截面为所需曲线的圆锥. 为了保证轨迹为一条曲线,希腊几何学家不得不将它形象地表现为一个立体的截面,或者用机械构造的方法进行运动学描述. 也许阿波罗尼奥斯与现代解析几何之间的差距最明显的地方在于,他从来没有从一个坐标系、两个未知数或变量以及变量之间的关系或方程开始,然后将方程对应的曲线绘制为坐标满足给定方程变量值的点的轨迹. 然而,阿波罗尼奥斯对圆锥曲线的研究是如此彻底,以至于他认识到几何关系 $xy+ax+by+c=0$ 表示等轴双曲线. 这相当于现代的坐标变换,区别更多在于重点和观点而非本质. 阿波罗尼奥斯还已知圆锥曲线方程的其他形式,包括椭圆或双曲线的焦半径之和或差的恒定性. 他利用调和分割的性质构造了切线和极线,并且证明了法线是圆锥曲线的最短线,而抛物线的次法线是常数. 他发现,通常从一个定点到圆锥曲线可以绘制多达四条法线,通过观察可以构造更少法线的点的轨迹,还发现并研究了圆锥曲线的渐屈线,尽管他并不认为这样的轨迹是定义在严格意义上的曲线. 对此,他研究了含两个未知量的六次方程对应的几何图形. 可以说希腊人有圆锥曲线的解析几何,但这不是一般意义上的解析几何. 解析几何的基本原理包含两个方面:一是对于平面内的任意坐标系,给定的已知平面曲线对应含两个未知量的方程. 由此,阿波罗尼奥斯的研究至少对于圆锥曲线来说是彻底的. 反之,含两个未知量的方程确定平面直角坐标系中的一条曲线. 除了某些特例外,希腊人并不知道这一点. 然而,它们之间的区别与其说是在本质上,不如说是在重点和观点上①.

阿波罗尼奥斯《圆锥曲线论》的内容十分丰富,其中包括许多众所周知的曲线性质. 据推测,他(或许还有阿里斯泰奥斯和欧几里得)已经得出了这些曲线的焦半径定义,但这在他的《圆锥曲线论》中甚至没有提及. 其中也没有提到抛物线的焦点,但从许多定理中可以看出他知道这个重要的点(虽然不一定是准线)②. 他似乎已经知道如何通过五个点来确定圆锥曲线,但这也许是因为它出现在阿波罗尼奥斯的许多遗失作品之中,所以在《圆锥曲线论》中也被省略了.《圆锥曲线论》的后半部分包括接近现代渐屈线理论的法线研究,圆锥曲线与其线段的相似性研究,以及共轭直径的性质等超出现代初等解析几何课程范畴的内容.

---

① H. G. Zeuthen, *Historie des mathématiques dans l'antiquité et le moyen âge* ( translated by Jean Mascart, Paris( 1902 ))用现代计数法来处理阿波罗尼奥斯的《圆锥曲线论》,因此他说这种处理方法与我们的完全一致,参阅例如 p. 177.

② 参阅 Neugebauer, "Apollonius-Studien," *Quellen und Studien zur Geschichte der Mathematik...*, Abt. B, Studien, v. Ⅱ(1932—1933), p. 215-254.

　　《圆锥曲线论》并不是阿波罗尼奥斯对解析几何的唯一贡献. 事实上,他的轨迹研究很可能在很久以后对费马发明解析几何产生了主要影响. 不幸的是,阿波罗尼奥斯的《平面轨迹》已经丢失了,其内容性质在某种程度上是从帕普斯、欧托基奥斯及其他人的评论中得知的. 其中有两条综合几何中常见的轨迹:到两个固定点距离的平方之差为常数的点的轨迹是一条垂直于两点连线的直线;与两个固定点的距离之比为常数的点的轨迹是圆或直线①. 后者现在被称为"阿波罗尼奥斯圆",但这是一个误称,因为亚里士多德早已知晓并用它为彩虹的半圆形式提供了数学证明. 到了近代,为恢复《平面轨迹》所做的大量尝试也对解析几何的发展产生了影响. 也有人尝试恢复他的著作《论确定截点(或截线、截面)》,这本著作似乎是一种代数分析.

　　阿基米德对于圆锥曲线的研究比阿波罗尼奥斯稍早一些,但由于他的重点在于微积分而非解析几何问题,因此没有详细研究. 阿基米德可能没有单独写过关于圆锥曲线的书,但他的论著包括了对圆锥曲线的广泛研究,特别是关于测量法的研究②. 在他之前已经有人尝试过化椭圆为方,但第一个成功的圆锥曲线求积是阿基米德对抛物线的一段给出的. 随后是求其他圆锥曲线、圆锥(通过绕其轴旋转抛物线的一部分或双曲线的分支而获得的立体图形)和球体(旋转椭球面)的面积和体积,以及确定重心. 对此他表明可以用两个同心圆和偏心角来构造椭圆③. 阿基米德的惊人成就似乎已盖过了阿波罗尼奥斯. 在近代早期,当这两位伟大的几何学家的著作再次被热切地研究时,人们对无穷量求积的兴趣超过了所谓的纯几何学,因此解析几何最初的进展比微积分缓慢. 然而,这两个领域的主题关系是如此密切,以至于一个领域的进展与另一个领域的成就直接相关.

　　阿基米德不仅发明了无穷小法,并且还通过引入一条新曲线间接为解析几何做出了贡献. 阿基米德螺线被定义为沿着一条射线以均匀速率移动的点的轨迹,该射线围绕其端点均匀旋转,并且始终位于同一平面内. 随着希腊人对圆锥曲线的研究接近于直角坐标的现代应用,对螺线的研究也类似于极坐标的使用. 实际上,该定义等价于极坐标方程 $r = k\theta$. 如果包含阿基米德极坐标的概念可以进一步涵盖圆的古希腊几何,因为由圆的定义可以直接推导出方程 $r = k$. 确切地说,无论是极坐标还是直角坐标,坐标概念的起源很大程度上是一个兴

---

①　参阅笔记 R. C. Archibald in *American Mathematical Monthly*, v. XXII(1916), p. 159-161.

②　参阅希思的 *The Works of Archimedes*, 或同作者的 *History* 和 *Manual*; J. L. Heiberg, "Die Kentnisses des Archimedes über Kegelschnitte," *Zeitschrift für Mathematik und Physik*, v. XXV (1880); Zeuthen, *Geschichte der Kegelschnitte*, Coolodge, *History of Conic Sections*.

③　参阅 Dingeldey, *op. cit.*, and *Works of Archimedes*, "On Conoids and Spheroids," V.

趣和见地问题,但值得注意的是,直到近代,极坐标或笛卡儿方程代表的曲线才可在坐标系上绘制出来. 古希腊几何学家把曲线分为三类:第一类是被称为平面轨迹的唯一完美的曲线——直线和圆;第二类是米内克穆斯圆锥曲线,可能因其最初的定义方式而被称为立体轨迹①;其余无论是代数还是超越曲线都归为线性轨迹. 帕普斯认为最后一类曲线"比平面和立体轨迹的起源更为复杂和烦琐,因为它们是从更不规则的曲线和复杂的运动中产生的". 在这一描述中,我们看到了希腊人所认识的两种曲线定义——运动学定义和立体定义.

希腊线性轨迹中最重要的是希皮亚斯割圆曲线和阿基米德螺线,两者都是超越的. 尽管帕普斯后来将其作为双曲率曲线在曲面上的投影来研究,但这些定义最初都是运动学的. 在运动学上定义的其他曲线是蔓叶线(三次曲线)和尼科梅德斯蚌线(四次曲线),两者都是在公元前 2 世纪早期引入的. 这四种曲线以及圆锥曲线都为三个著名问题提供了解决方案. 几个世纪后,普罗克鲁斯(约 412—485)将运动学方法应用于圆锥曲线,表明如果一条线段移动使其末端沿两条垂直直线滑动,那么该线段的每一点都可绘制出一个椭圆. 在 17,18 世纪,当圆锥曲线的"机械描述"作为解析几何的一部分赫然耸现时,类似的构造法得到了复兴和变化.

除了圆锥曲线的研究之外,古代最复杂的以立体定义法来增加曲线次数的尝试是由欧几里得和阿波罗尼奥斯之间时期的珀尔修斯做出的②. 他首先确定了称为尖顶的立体图形是由圆围绕轴线旋转生成的,因此圆所在的平面经过轴线. 根据圆的半径小于、等于或大于圆心到旋转轴的距离可以分为三种情况. 然后,珀尔修斯用平面切割这些曲面得到了一种四次椭圆形曲线(其中伯努利双纽线是特例),他称之为螺旋截面. 他似乎是以一种类似于阿波罗尼奥斯研究圆锥曲线的方式来研究这些图形的.

有证据表明,希腊人还进一步发现了一些曲线,但并非都是平面的. 阿波罗尼奥斯可能通过柱面螺旋线实现了化圆为方,这条曲线后来也为杰米纽斯、帕普斯和普罗克鲁斯所熟知. 显然,欧多克索斯试图用所谓的"hippopede"(一种 8 字曲线)来描述行星的运动,这条曲线可能是由阿尔基塔斯从球体与圆柱体的交而得出. 然而不久以后,阿波罗尼奥斯等人就以经典方式把行星的运动表示为圆周运动的组合. 这种表述相当于构造周转曲线,但希腊天文学家和几何学

---

① Heath, *Works of Archimedes*, p. cxl-cxli,提出最初用"平面轨迹"和"立体轨迹"来表示前者足以解二次方程(即涉及面积比较的问题)的事实,而后者在三次方程(即关于体积之间关系的问题中)的解中是必要的. 后来笛卡儿给出的更广泛的分类只是对这一思想的一般化.

② 然而,D. E. Smith 认为珀尔修斯是在 2 世纪中叶做出的,参阅 *History of Mathematics*, v. I, p. 118.

家的兴趣似乎集中在匀速圆周运动上,而不是这些由叠加运动产生的几何曲线.伊安布利霍斯指出,即使是安提俄克的卡尔皮斯为了化圆为方创造的摆线,似乎也没有引起古代几何学家的注意,尽管这可能是"双动线".

将希腊人对曲线的定义和研究与现代处理曲线的灵活性和范围进行比较,可以看出古代观点惊人地狭隘.受到毕达哥拉斯学派的启发,他们发现自然界到处都是数字,但他们却忽略了自然现象中蕴含的许多几何美.作为有史以来最具美学天赋的人,他们在世界上发现的唯一曲线是圆和直线.即使在理论几何学中,他们也大多局限于柏拉图的二元组和米内克穆斯的三元组.希腊人甚至未能有效地利用所拥有的两种定义方式.运动学定义法和曲面的截面方法可以进一步一般化,而古人所熟悉的曲线却仅有十几条.希腊数学家很可能是由于缺乏曲线理论而未能发展出解析几何.当问题总是涉及有限次数的特定曲线之一时,一般方法是不必要的.

除了螺旋截面之外,曲线本身并没有被寻找和研究,而只有当它们的性质对解决其他关系中出现的问题有帮助时才被研究.例如,通过测定球截形的体积,阿基米德得出了对应的三次方程 $x^3+a^2b=cx^2$,而欧托基奥斯(约520)是通过求抛物线 $cx^2=a^2y$ 和双曲线 $cy=xy+bc$ 的交点得出这个方程的.希腊人习惯通过将问题简化为确定曲线交点的几何方法来求解代数方程(例如 $x^3=2$),而现在则是通过代数消元解法来寻找曲线的交点.也就是说,希腊人利用曲线(尤其是圆锥曲线)作为一种代数学的"代替"来解某些方程.欧几里得和毕达哥拉斯学派的面积贴合法表明,直线和圆对于二次方程来说是足够的,但希波克拉底和阿基米德的三次方程需要使用圆锥曲线[1].值得注意的是,在帕普斯问题中有一个重要的例外,希腊几何学中一般不会有超过三次的方程,但笛卡儿在很久以后试图通过二次以上曲线的交点来扩展和系统化四次以上方程的传统几何解法,这在很大程度上促成了解析几何的发明.

紧接欧几里得、阿基米德和阿波罗尼奥斯之后的几个世纪对解析几何的历史贡献甚少.从希帕克斯(前150)到托勒密(150)的这段时期,很大程度上因为应用数学的兴起,人们发现坐标在天文学和地理学中被广泛使用.事实上,在城市规划中使用直角坐标是罗马人采用的为数不多的几何学方法之一.海伦的《度量论》清楚地说明了亚历山大时代后期在测量中使用的坐标方法(平面和球面),他的一些方法相当于使用了三维坐标[2].然而,坐标法在天文学、地理学

---

[1] 参阅 H. G. Zeuthen, "Note sur la resolution géométrique d'une equation de 3$^e$ degrépar Archimède", *Bibliotheca Mathematica*(2), v. Ⅶ(1893), p. 97-104.

[2] 参阅 Max Behn, "Historische Übersicht," in A. Schoenflies and M. Dehn, *Einführung in die analytische Geometrie der Ebene und des Raumes*(2nd ed., Berlin(1931)), p. 379-393.

和科技上的使用似乎并没有对后来解析几何的兴起产生任何明确影响. 矛盾的是,海伦认为将算术和代数与几何分离开来更为重要. 欧几里得和阿波罗尼奥斯会拒绝将直线与面积联系起来,而海伦偶尔会这样做. 这种做法很可能是受到巴比伦人的影响,他们在许多问题中增加了不等维的量①. 一个世纪后,丢番图(约250)的《算术》中出现了这种早期数学算术化更显著的实例. 在他的著作中,方程的经典图示解法被更古老的巴比伦非几何方法所取代. 丢番图使用字母和缩写来代表未知幂,他的符号不再被看作是线条,而是数字. 因此,他很容易超越三次方程考虑高达六次的未知幂,并称之为"cube-cube"②. 他对数论的浓厚兴趣加剧了代数和几何之间差距扩大的趋势. 芝诺悖论给希腊思想留下了深刻的印象,致使变化和可变性的思想被归入形而上学中. 几何量是静态和连续的,代数量则是离散常数. 因此,丢番图《算术》中的不定量符号代表的是未知数,而不是解析几何意义上的变量. 现代高等分析强调变量的魏尔斯特拉斯静态性和集合论,但历史上解析几何和微积分都起源于变化性的思想. 从这个角度来看,可以认为丢番图的分析阻碍了解析几何的发展,从另一方面来说,这是向前迈进了一步. 希腊数学的主要缺陷是缺乏独立的符号代数,而丢番图的工作构成了从巴比伦人到笛卡儿的代数链中的一环.

丢番图和帕普斯(约3世纪)的世纪代表了数学兴趣的充分复兴,因此可以称为希腊数学的白银时代. 然而,前者的工作脱离了强大的巴比伦-埃及的影响,而后者的工作代表了黄金时代古典兴趣的回归. 帕普斯在方法上并没有取得什么显著的新进展,他的角色更像是一个组织者和评论员. 在这个方面,他可以与古代知识的评注者欧几里得、保存者普罗克鲁斯相媲美. 大多数关于高等几何的古代论著都已丢失. 仅就阿波罗尼奥斯而言,丢失的作品包括《论比例截点(或截线、截面)》《论确定截点(或截线、截面)》《论相切》《倾斜》及《平面轨迹》. 在许多情况下,帕普斯的《数学汇编》成了如今研究这些失传著作的主要资料来源. 例如,《数学汇编》首次给出了包括抛物线在内的圆锥曲线的焦点-准线-离心率的性质,尽管这是阿波罗尼奥斯早已知晓的中心二次曲线的一般焦点性质③. 令人惊讶的是,这个性质经常被忽视. 据说即使在现代,一些几何学家在牛顿的《原理》(全称为《自然哲学之数学原理》,第一章,14)中第一次读到它时仍然感到陌生. 帕普斯解决了通过五个点来寻找圆锥曲线的问题,

① 参阅例如 O. Neugebauer and A. Sachs, "Mathematical Cuneiform Texts"(*American Oriental Series*, v. XXIX), New Haven, Conn. (1945), *passim*.

② 参阅 T. L. Heath, *Diophantus of Alexandria*, Cambridge(1910), p. 129.

③ J. H. Weaver, "On Foci of Conics," *Bulletin*, *American Mathematical Society*, v. XXIII (1916—1917), p. 357-365.

阿波罗尼奥斯显然也知道这一解法,但其论著后来却丢失了.如上所述,帕普斯给出了希腊将曲线或轨迹分为三类的明确表述,并且清楚地说明了适用于解决给定问题的曲线的经典思路,即可用平面轨迹时不应该使用立体和线性轨迹,可用立体轨迹解决问题时不应该使用线性轨迹.这个关于解的适当性的重要概念(等同于后来出现的方程不可约性思想)是柏拉图对线和圆的赞美的自然延伸,但可能早在帕普斯时代之前就出现了.例如,阿基米德在仅使用算术平均值(通过平面轨迹找到)就足够的情况下,通常避免使用两个几何平均值(确定哪一个是立体问题),尽管后者不够便利①.很久以后,笛卡儿及其后继者坚定强调在解析几何中应坚持使用适合给定几何问题的最简单的合理方法.

帕普斯也对分析的古代性质做出了最明确的说明.希腊几何分为三个部分:基本原理(如欧几里得原理)、实用几何学或大地测量学(以海伦为代表)以及高等几何(由阿波罗尼奥斯和阿基米德说明).第三类中许多古代著作的遗失使帕普斯的《数学汇编》(本身保存不完整)成为研究高等几何基本原理必不可少的著作.帕普斯曾在最后一节中使用了两种方法——综合(合成)以及分析(分解).这些词指的是论证的顺序而非使用的方法.很久之后,当康德将前者称为"进步的",而后者则称为"倒退的"时就已经想到了这一点.也就是说,帕普斯所使用的分析是建立在柏拉图对已知的东西可以被发现或证明的假设之上的.我们可以从欧几里得的间接法证明中发现一点,即将未知量视为已知,并在阿基米德的著作《论球和圆柱》中进一步了解,丢番图对未知数的使用就是分析的一个明显例子,但这显然与几何无关.

笛卡儿正是通过帕普斯认识到了三线和四线轨迹问题,这启发他发明了解析几何.帕普斯问题②需要求出满足要求的点的轨迹,即从该点出发的线段以给定角度与给定的三或四条线相交,那么这些线段中两条线的乘积应与另外两条线(如果有四条线)的乘积或第三条线(如果有三条线)的平方成定比.欧几里得显然只为某些特殊情况构建了轨迹,但有证据表明阿波罗尼奥斯在其已丢失的作品中可能已经给出了该问题的完整解决方案③.然而,帕普斯给人留下的印象是,希腊几何学家试图求得通解的努力失败了,是他第一个证明了所有

---

① 参阅 *The Works of Archimedes*(Heath), p. IX VII.

② "帕普斯问题"一词在整本书中将以这个意义使用.然而需要指出的是,这个词通常用于另一个问题——通过给定的角平分线上一点作一条长度给定的线段,该线段的两个端点分别位于角的两条边上,参阅 A. Maroger, *Le problème de Pappus et ses cent premières solutions*, Paris(1925).

③ 参阅 J. J. Milne, *An Elementary Treatise on Cross-Ratio Geometry, with Historical Notes*, Cambridge(1911), p. 146-149,从几何学的历史角度很好地阐释了这个问题.

情况下的轨迹都是圆锥曲线. 帕普斯接着考虑了四条线以上的情况①. 对于六条直线,他认识到曲线的确定使得曲线上任一点到其中三条直线的距离的立方与到另外三条直线的距离的立方成比例. 帕普斯犹豫是否要继续研究六条线以上的情况,因为"三维以上不包含任何东西",但他接着说"当涉及这些线的平方或乘积的含义时,古人早已允许自行解读这些难以理解的事物. 不过,这些一般可以用复合比例来表示说明"②. 显然,帕普斯的这些不知名的前辈们试图在解析几何中迈出至关重要的一步——不直接考虑线本身,而只从数值角度来考虑线条的长度,这将通向真正的代数法. 如果帕普斯进一步研究这个问题,他可能会成为解析几何的发明者,因为他观察指出了曲线和轨迹的一般分类和理论的实用性,远远超出了平面、立体和线性轨迹的古典划分范畴. 帕普斯认识到,无论该问题中有多少条线,总有一条特定的曲线是确定的,这是对所有古代几何学中关于轨迹最具普遍性的结论. 希腊几何代数作为发展高次平面曲线理论的工具已经足够,但却不够理想. 但是帕普斯要么没有意识到这个方向的可能性,要么认为轨迹问题不足以定义新的曲线,因此,他没有遵循这里提出的富有成效的指示. 他满意地指出,对于三四条线轨迹的讨论可以推广到任意数量(无论是奇数还是偶数)的线,而点都将位于给定位置的曲线上. 这相当于用以下方程定义曲线(其中 $x$ 是以给定角度在固定线上绘制的可变线段,$a$ 是给定线段,$k$ 是给定常数)

$$\frac{x_1 \cdot x_3 \cdot \cdots \cdot x_{n-1}}{x_2 \cdot x_4 \cdot \cdots \cdot x_n} = k \text{ 和} \frac{x_1 \cdot x_3 \cdot \cdots \cdot x_n}{x_2 \cdot x_4 \cdot \cdots \cdot a} = k$$

在近代之前,再也没有人如此接近地预料到解析几何的发明. 帕普斯惊讶地评论,没有人对该问题中四条线以上的任何情况进行综合研究,因此无法识别出轨迹,但他本人没有进一步研究这些"没有更多了解,仅仅称为曲线"的轨迹③.

人们通常认为,希腊代数由于其几何关系只能局限于前三次幂或维度,但丢番图和帕普斯的著作质疑了这种观点. 然而,应该指出的是,笛卡儿正是研究了帕普斯在这里提到但没有进一步研究的问题——四条线以上情况中被确定为轨迹的高次平面曲线,最终发明了他的几何学. 长期以来,帕普斯问题一直是自傲的笛卡儿超越古代最大成就的挑战. 笛卡儿的努力取得了如此大的成功,

---

① 帕普斯《数学汇编》的最终版本是由胡尔奇编写的拉丁版本(3 卷,柏林(1876—1878)). 韦埃克的法语译本(2 卷,布鲁日(1933))也非常有用.

② 引用自 Charles Taylor, *An Introduction to the Ancient and Modern Geometry of Conics*, p. XIVI, 也可参阅 Ivor Thomas, *Selections Illustrating the History of Greek Mathematics* (2 vols., Cambridge, Mass. (1939—1941)), v. II, p. 601f.

③ *La collection mathematique* (edited by Ver Eecke), v. II, p. 508-510.

以至于他有理由扬言其方法适用于古代几何学,就像西塞罗的修辞适用于儿童的基础知识一样.然而,帕普斯和笛卡儿之间有大约一千三百年的间隔期.这一间隔时期见证了许多与解析几何历史有关的重大成就的发展,其中最重要的是符号代数的兴起,这也是阿波罗尼奥斯和帕普斯最需要的工具.

# 中世纪

第
三
章

忽视数学的后果不堪设想,因为不懂数学的人不可能了解其他科学或世界上的事物.

——罗杰·培根

　　就数学史而言,中世纪很容易被分为早期和晚期. 早期涵盖了波伊提乌(约逝于 524 年)到斐波那契(约 1170—1250)之间的漫长间隔时期,在这段时间里,对数学的兴趣主要出现在印度、拜占庭和阿拉伯文明中. 在印度,这一主题的计算方面盖过了逻辑和思辨,所以人们在那里几乎找不到与解析几何学兴起相关的材料. 正如大卫·尤金·史密斯(David Eugene Smith)所写:"在东方,我们可以看到代数、三角学的早期进展,以及卓越的计数制的创造,但在相对近代之前,没有发现任何几何学内容. [①]" 例如,印度人很少关注曲线理论,甚至几乎不研究圆锥曲线. 几何中的算术应用主要限于测量问题. 的确,印度人使用负数,这可能对后来的坐标包括负值的普遍化产生了一些影响,但考虑到 18 世纪之前很少使用负坐标,这种猜想是值得怀疑的. 印度人对零和无理数的接受似乎对解析几何中数

---

　　① "The Geometry of the Hindus," Isis, v. Ⅰ(1913), p. 197-204, 或参阅 F. W. Kokomoor, "The Status of Mathematics in India and Arabia during the 'Dark Ages' of Europe," *Mathematics Teacher*, v. ⅩⅪⅩ(1936), p. 224-231.

形结合的笛卡儿思想没有任何显著影响. 人们经常会看到, 印度人开始用字母代替量的大小, 用文字符号来运算, 这在代数几何学中非常重要. 但这种观点从根本上说是错误的, 例如亚里士多德在《物理学》中对字母符号论的研究就表明了这一点. 但印度的算术确实进一步发展到了丢番图使用符号和字母的简便计算阶段, 因此它代表了从希腊人到韦达 (1540—1603) 的一步. 此外, 所谓印度数字的引入 (然而, 这些数字可能是由希腊人、埃及人或其他人发明的) 进一步简化了代数计算, 从而使后来用算法替代几何构造变得有吸引力. 然而, 总的来说, 印度人对基本原理和逻辑顺序漠不关心, 对数学方法也不予理会①.

在拜占庭帝国, 从帕普斯和普罗克鲁斯一直到"文艺复兴"初期, 数学著作仍是用希腊语写成的, 但它们的水平还没有超过普通的评注. 6 世纪, 圣索菲亚大教堂的建筑师, 特拉勒斯的安提莫斯 (约 534) 描述了抛物线在燃烧镜中的用途, 他还给出了椭圆形布局的"加德纳式结构", 但阿波罗尼奥斯早已经知道这两个基本性质. 其合作者——米利都的伊西多尔似乎已经知道抛物线的弦尺构图, 但这仅仅是帕普斯熟悉的一种机械化性质. 在同一时期, 伊西多尔的学生欧托基奥斯 (约 560) 在阿波罗尼奥斯和阿基米德的作品评注里保留了一些早期作品的相关内容, 否则这些知识可能会丢失, 辛普里丘 (529) 对亚里士多德《物理学》的评论引发了后来的讨论, 这些讨论更多地与微积分而不是解析几何有关.

阿拉伯数学以印度算术和拜占庭几何学的折中为一般特征, 再加上希腊、巴比伦和埃及的元素, 保留了无理数但删除了负数. 代数主要遵循巴比伦和印度的模式, 并仍在很大程度上独立于几何学, 但花拉子米的二次方程解法却暴露了希腊人的影响, 因为完全平方的过程是用几何面积来说明的. 然而, 值得注意的是, 尽管这种解法具有几何背景, 但就解析几何的发展而言表现出了古典希腊工作的大步倒退. 它不需要按照特定的假设进行严格的构造 (如毕达哥拉斯–欧几里得解法), 也没有利用新曲线的交点 (如米内克穆斯和阿基米德的三次方程解法), 而这些正是笛卡儿后来的工作所依据的原则.

丢番图有时被称为"代数之父", 但这个头衔更适合花拉子米 (约 825), 因为后者的工作强调的是给定方程的巴比伦解法, 而不是作为高等算术特征的丢番图分析. 印度人被丢番图的问题所吸引, 进一步发展了表达式的简字形式. 然而不幸的是, 阿拉伯人并没有将印度的简字形式用于方程求解, 而是转而使用文辞形式. 符号的具体表现形式本身并不总是具有重大意义, 但符号的使用往往会对概念的后续发展产生决定性的影响. 代数与解析几何的关系恰如其分地

---

① G. R. Kaye, "Some Notes on Hindu Mathematical Methods," *Bibliotheca Mathematica* (3), v. XI (1911), p. 289-299.

说明了这一点.通常认为代数的发展有三个阶段:文辞阶段、简字阶段和符号阶段.丢番图已经上升到第二阶段,但花拉子米倒退回了第一阶段.代数变量和曲线方程的概念是在最后阶段之后才出现的,因此,作为现代代数几何的基础,阿拉伯代数早期无疑是在16,17世纪进一步发展的.

伊斯兰数学家对希腊黄金时代的几何学非常感兴趣,他们把欧几里得、阿基米德和阿波罗尼奥斯的著作翻译成阿拉伯语.如果没有他们的翻译,阿基米德著作的某些部分(特别是他的三角学)现在将不为人所知,阿波罗尼奥斯的最后四本书将全部丢失,而不仅仅是最后一本.被印度人忽视的圆锥曲线确实吸引了阿拉伯人,而后者在这方面做出了进一步的贡献,突出了抛物线的光学性质.阿基米德曾研究了抛物线绕其轴线旋转所得到的立体图形,而阿尔哈曾(也作Al-Haitham,约1000)通过将抛物线的一段绕任意直径和纵坐标(包括垂直和倾斜角度)旋转确定各种图形的体积①.然而,这些工作与微积分的关系比与解析几何的关系更密切,因为当时的曲面被视为立体的边界,而并没有用坐标进行研究.同样的,"阿尔哈曾问题"(在给定的圆上找到一个点,以这一给定点为光源发出的光将被反射到第二个固定点)直到17世纪才与解析几何学联系起来.

阿拉伯数学的一大亮点是以米内克穆斯的传统方式求解三次方程的几何解法.阿尔哈曾也遵循阿基米德的方法,通过 $x^2=ay$ 和 $y(c-x)=ab$ 的交点求解三次方程 $x^3+a^2b=cx^2$.然而奥马尔·海亚姆断言,通过圆锥曲线的交点可以给出每种类型的解②,尽管阿尔哈曾相信一般三次方程的数字解法是不可能的,但他的工作是对奥马尔·海亚姆的工作的进一步推广.该断言针对各种情况进行了说明:形如 $x^3+b^2x=b^2c$ 的方程可以通过抛物线 $x^2=by$ 和圆 $x^2+y^2=cx$ 求解;形如 $x^3+ax^2=c^3$ 的方程可以通过双曲线 $xy=c^2$ 和抛物线 $y^2=cx+ac$ 求解;形如 $x^3\pm ax^2+b^2x=b^2c$ 的方程可以通过双曲线 $x(b\pm y)=bc$ 和圆 $y^2=(x\pm a)(c-x)$ 求解.类似于二次方程的情况,没有正根的三次方程不予考虑.重要的是,奥马尔认为即使代数解是可能的,也有必要通过几何作图来补充和验证这些解,这一观点使他成为连接希腊人和笛卡儿几何学的重要纽带.

当印度人、拜占庭人和阿拉伯人对数学保持着浓厚的兴趣时,欧洲国家的拉丁语族却在黑暗时代中苦苦挣扎.除非人们通过黄道星座粗略地图示行星的

---

① 参阅"Die Abhandlung über die Ausmessung des Paraboloides von el-Hasan b. el Hasan b. el-Haitham," translated with commentary by Heinrich Suter, *Bibliotheca Mathematica*(3), v. XII (1911—1912), p. 289-332.

② 参阅 D. S. Kasir, *The Algebra of Omar Khayyam* ( New York, 1931 ), chaps. IV-VIII 或 Matthiessen, 同上.

运行轨迹,解析几何学的历史几乎没有任何影响. 正如普林尼在《自然史》中所说,行星的路径是在 10 世纪或 11 世纪用 30 个经度细分和 12 个纬度细分的粗略的直角坐标系来描绘的①.

拉丁地区大多不熟悉古代数学论著,直到 12 世纪,阿拉伯语、希伯来语、叙利亚语和希腊文的手稿被翻译成拉丁文. 即使在希腊几何学经典和阿拉伯代数著作问世后,西欧的学者们一开始也对它们不感兴趣,因为他们专注于神学和形而上学的问题. 尽管如此,13 世纪还是以斐波那契(比萨的莱昂纳多,约 1170—1250)的代数和几何著作为序幕顺利拉开. 斐波那契在 1202 年出版的《计算之书》不仅普及了印度-阿拉伯数字,还强调了算术和几何的相互关系. 书中首先断言,如果不考虑几何就无法呈现完整的数量原则,因为许多演示都是依据几何图形进行的. 相反,在 1220 年出版的《几何实践》中,他解决了许多"依据代数"的问题②. 代数与几何的这种联系本身并不构成解析几何,但三四个世纪后,人们对类似工作的重现及其迅速传播为解析几何学铺平了道路.

从斐波那契到丘凯(1477)的时期被称为中世纪后期,这段时期中更值得注意的是某些在新方向上失败的努力,而不是在传统主题上的成就. 在曲线应用于动力学研究时尤其如此. 希腊人建立了一套复杂的数学理论,但他们只将其中最基本的部分应用于科学;另一方面,14 世纪的经院哲学家拥有最基础的数学工具,但却雄心勃勃地试图对科学进行详尽的定量研究. 阿基米德虽然掌握了微积分的基本知识,但他还没有解决简单的动力学问题. 希腊的天文学、光学和机械静力学都是以几何方式阐述的,但对各种各样的物理现象却没有这样的表述. 然而,经院哲学家们试图用他们所谓的形式纬度,对物理变化进行广泛研究. "形式"一词是指任何允许变化的性质,而"形式纬度"是指拥有这种性质的程度. 一般来说,讨论集中在质的"增强"或"减弱"形式或变化率上. 亚里士多德区分了匀速和非匀速,但牛津和巴黎的学者们走得更远. 他们将这些想法应用于加速度、光照强度或热含量以及密度,不仅区分了均匀变化率和非均匀变化率,还根据变化率的变化率是否恒定对后者进行了细分.

形式纬度研究的起源并不明确. 邓斯·司各特似乎是最早考虑形式增减的人之一,此后不久,弗利的詹姆斯、沃尔特·伯利,萨克森的阿尔伯特和理查

---

① 参阅 Harriet Lattin, "The Eleventh Century MS Munich 14436: its contribution to the history of co-ordinates, of logic, of German studies in France," *Isis*, v. ⅩⅩⅩⅧ (1948), p. 205-225, 及 H. G. Funkhouser, "Historical Development of the Graphical Representation of Statistical Data," *Osiris*, v. Ⅲ (1937), p. 269-404, 或同作者"A Note on a Tenth Century Graph," 同上, V. Ⅰ (1936), p. 260-262.

② 参阅 Ettore Bortolotti, *Lezioni di geometria analitica* (2 vols., Bologna, 1923), "Introduzione storica," v. Ⅰ, p. Ⅸ-ⅩⅩⅩⅨ.

德·苏依塞思(约1345)都撰写了有关形式纬度的论文. 最后提到的工作(更为人所知的是"计算大师")是几个世纪以来产生广泛影响的领先模型. 作者在文章中详细讨论了表示热强度形式的平均强度,并得出结论:如果一段时间内的变化率是均匀的,那么平均强度就是最先强度和最后强度的平均值. 严格的证明需要使用极限概念,但"计算大师"是基于对变化率的粗略经验的推理. 他详细论证了如果允许较大的强度均匀地降低到这个平均值,而较小的强度以相同的速率增加到这个平均值,那么整体既不增加也不减少. 例如,如果一个形式的强度从4均匀增加到8,或者如果前半段时间是4,后半段时间是8,那么效果就是在整个时间内均匀运行强度6.

形式纬度比任何早期的数学工作都更清楚地说明了一个量作为另一个量的函数而变化的概念,这一概念也不限于正比例的情况. 苏依塞思的《论计算》包括如下问题:在给定时间间隔的一半时间里,一个变量具有一定的恒定强度,如果它在间隔的下一个四分之一时间内继续以初始强度的两倍,在间隔的下一个八分之一时间内以初始强度的三倍……依此类推直至无穷,那么整个间隔的平均强度将是变量在第二个子间隔期间的强度. 这相当于说无穷级数的 $\frac{1}{2}+\frac{2}{4}+\frac{3}{8}+\frac{4}{16}+\cdots+\frac{n}{2^n}+\cdots$ 的和为2. 无穷级数的研究对于微积分来说意义非凡,但"计算大师"的例子作为语言定义的函数关系的另一个实例——具有不连续性并且其中的因变量无限增加,对于解析几何来说也是至关是重要的.

苏依塞思给出的证明冗长乏味,因为除了使用字母表示数量和书写中的习惯缩写之外,完全没有代数或几何符号的存在. 然而,随着新数学科学的中心从牛津的逻辑学家转移到巴黎的奥卡姆派,惊人的变化发生了. 在巴黎的大学,尼科尔·奥雷斯姆(约1323—1382)认为可以通过参考几何图形来阐明形式纬度研究. 尽管他的作品显然是早期经院哲学的产物,但奥雷斯姆似乎在图解表示法方面没有前辈[①].《论质和运动的构形》[②](*Tractatus de Figuratione potentiarum et mensurarum*,可能写于1361年之前)中详细描述了实现这一目标的方式,并出现在简明的出版作品《论形式的纬度》中. 他遵循希腊传统,认为数字是离散

---

① 参阅 Adolf Krazer, *Zur Geschichte ger graphischen Darstellung von Funktionen*(Karlsruhe, 1915). 这本长达31页的纪念文集对奥雷斯姆的作品进行了合理的总结.

② 这部作品还有其他标题,如《论均匀与非均匀的强度》和《质的构型》. 关于这项工作的详细说明,请参阅 Heinrich Wieleitner, "Uber den Funktionsbegriff und die graphische Darstellung bei Oresme," *Bibliotheca Mathematica*(3), v. XIV(1914), p. 193-243.《论形式的纬度》通常被认为是奥雷斯姆的另一部较短的著作,这可能是一个学生对奥雷斯姆较长论文的笔记. Wieleitner 对这一较短作品的完整描述参阅 "Der Tractatus de latitudinibus formarum' des Oresme," *Bibliotheca Mathematica*(3), v. XIII(1912—1913), p. 115-145.

解析几何学史

的,几何量是连续的,并认为"除了数字以外",可测量可以用点、线和面来表示. 为了实现这一点,强度应该用垂直于所研究的区间或区域的线来表示. 例如,如果一个物体的速度被表示为时间的函数,那么时间是沿着水平直线(奥雷斯姆称之为"经度")测量的,速度的强度用垂直于它的直线(作为"纬度")表示. 这并不是坐标的第一次使用,但它似乎是坐标系统里最早使用图形来表示函数的例子. 阿波罗尼奥斯的工作可以理解为坐标的数学发展的第一阶段,在这一阶段,引入了一些由先前给定的图形或曲线所确定的辅助线作为坐标轴. 奥雷斯姆的工作代表了第二阶段,即首先确定坐标系,然后根据语言表达的给定条件确定曲线上的点.

甘特①认为坐标思想的发展可分为三个阶段:(1)在所要研究的平面上引入两条坐标轴;(2)通过为给定的横坐标构造纵坐标,然后连接端点来绘制曲线;(3)使用方程联系横、纵坐标,反之亦然. 他明确指出奥雷斯姆显然属于第二阶段,但这个阶段是否是第三步的必要预备阶段似乎有待商榷. 这三个阶段从历史顺序上看很容易辨别,然而第三阶段似乎不受中间阶段的影响,直接从第一阶段发展而来.

奥雷斯姆的图示方法简单地证明了"计算大师"关于平均强度的速度变化率是均匀的这一命题. 如果一个物体从静止状态开始匀加速运动,表示强度或速度的线将构成一个平面三角形的面积. 如图 6,现在三角形 $ABC$ 的面积正好与矩形 $ABGF$ 的面积相等(其中 $F$ 为 $AC$ 的中点),该矩形是相同时间间隔内匀速运动的图示,其速度等于前者的初始速度与最终速度的平均值. 奥雷斯姆没有明确说明,也没有用积分证明面积 $ABGF$ 和 $ABC$ 在任意情况下都代表所走过的距离,但从三角形 $CFE$ 和 $EBG$ 全等似乎可以得出该结论.

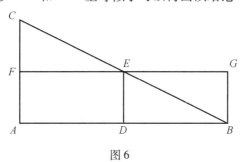

图 6

奥雷斯姆以图示法研究了函数关系的其他实例,包括上述"计算大师"的不连续函数. 然后他以各种方式进行了修改,例如:让物体在时间间隔的前半段以给定速度运动,然后在接下来的四分之一时间内,让速度从给定速度均匀地

---

① 同上.

增加到原速度的两倍,在接下来的八分之一间隔内,在前一个子间隔结束时达到匀速,在接下来的十六分之一间隔内匀加速直到速度再次加倍,依此类推. 奥雷斯姆发现,在这种情况下,所走过的总距离与前半段时间的总距离之比为七比二.

一些历史学家称赞奥雷斯姆的工作可与笛卡儿几何学媲美. 作为有能力但过于热情的权威,迪昂曾宣称奥雷斯姆"给出了正确的直线方程,因此在解析几何的发明上领先笛卡儿①". 的确,奥雷斯姆知道恒定变化率或与时间成比例的变化率可以在坐标系上用直线结构表示出来,而其他类型的变化率则与因果分析图有关. 然而,尽管奥雷斯姆对后者的讨论包括某些重要的观察结果,但他在处理线型和折线图时所使用的工具不能扩展到其他曲线图形. 至于用半圆表示的图形形式,他指出强度(如速度)的变化率在与最大强度相对应的点上最小. 然而,由于缺乏几何知识和代数工具,奥雷斯姆无法充分利用其新思想. 因此,奥雷斯姆用含两个变量的方程确定特定曲线的工作中缺少代数和几何的系统联系,反之亦然. 事实上,他的图形表示(物理)变量与几何表述之间的联系,其中数字被明确排除在外. 他的论文《论强度的连续性》以这样的陈述开头:"除了数字,任何可测量都可以以连续数量的方式构造." 希腊的两个几何量大小之比的概念仍然占主导地位.

除了缺乏代数和几何可以关联的基本原理之外,奥雷斯姆的图示与其后的观点在几个方面有所不同. 维莱特纳强调,奥雷斯姆的坐标系中缺乏明确的原点概念,他的纵轴是一个有限的时间间隔而非无限范围,但这些差异不那么重要,重要的是没有提到负坐标. 更重要的是,他把纬线构成的图形看作平面图形,并且主要关注平面图形的面积. 强度均匀的形式不是一条水平线而是一个矩形,或者正如奥雷斯姆所说"任何以零强度终止的均匀差异质量都被设想为一个直角三角形"而非一条直线②. 上边界线只起次要作用,而在解析几何中,它被视为与方程或变化规律有关的纬度线的端点的轨迹. 匀速增加问题中的"形式"或函数不是速度而是距离,其纬度是代表距离随时间变化率强度的垂线. 奥雷斯姆指出了与这些图(图6)有关的等斜率性质 $CF:ED=AD:DB$,迪昂的论点主要基于"二维解析几何是由奥雷斯姆创建的",因其引入了直线的

---

① 参阅其论文"Oresme," in the *Catholic Encyclopedia*. 迪昂在此同样夸大了奥雷斯姆作为哥白尼先驱的作用:"他支持地球运动的整个论证比哥白尼给出的更明确、清晰." 对奥雷斯姆关于地球运动的观点更为可靠的评价见 Lynn Thorndike, *History of Magic and Experimental Science* (6 vols., New York, 1923—1941).

② 参阅 krazer, 同上.

两点式方程①. 然而应该注意的是,这条线的斜率表示关于自变量的函数的变化率(二阶导数而非一阶导数)的变化率. 也就是说,现在被视为速度-时间图的东西对于奥雷斯姆来说是距离-时间图. 同一观点支配了他对立体解析几何的构想,即在平面质(两个自变量)的情况下,强度或函数不是由曲面表示,而是由所有垂直于参考平面的纵坐标组成的体积表示. 顺便说一句,即使在笛卡儿时代之后的很长一段时间里,曲面也通常被视为边界体积而不是由含三个变量的方程表示的轨迹. 奥雷斯姆大胆地试图将他的图形概念延伸到四维空间. 对于立体质(涉及三个自变量),不采用参考线或平面,而是采用参考体或体积. 该体积的每个点都有一条指示强度程度的相关线,这些线的(四维)总和表示质或形式的强度(即函数)②. 很明显,图示法在这种情况下失败了. 这里需要的是奥雷斯姆所不具备的代数几何.

奥雷斯姆的图示法使得用一个或两个其他变量来图示任何类型的变量变化成为可能. 也就是说,由于他的工作预示了非常重要的变量、函数和变化率概念,曲线和曲面可能是用解析法或相当于微分方程来定义的. 史密斯③写道:"笛卡儿首先清晰而公开地表达了使用坐标表示的函数性的真正思想." 因此,将函数(有别于代数表达式)的图示归功于奥雷斯姆,而使用坐标联系代数曲线和方程归功于笛卡儿(和费马)似乎更为合适.

由于未能使用经验方法而阻碍了中世纪科学的发展,因此,数学技术的薄弱也阻碍了当时有影响的解析几何的发展或曲线和曲面理论的构建. 事实上,14 世纪的人几乎不认识圆锥曲线或直线和圆以外的其他曲线. 据说早在艾蒂安·帕斯卡重新发现之前的四百年,约翰尼斯·坎伯努斯(约1260)和内莫拉里乌斯早已发现了蚶线(或四次曲线),但这一发现与形式纬度或解析几何无关. 此外,奥雷斯姆的图形更多的是根据物理变化而非几何定义和重要性来讨论的.

形式纬度与解析几何后期发展之间的关系很难确定. 苏依塞思和奥雷斯姆的著作深受 15,16 世纪人们的赞赏,1477 年到 1520 年间更是出现了《论计算》和《论形式的纬度》的几个版本及其评论. 在某些情况下,形式纬度是大学里的必修课程. 出于阿威罗伊学派对定量科学的兴趣④,在牛津和巴黎发展起来的

① Pierre Duhem, *Études sur Léonard de Vinci*(3 vols. , Paris, 1906—1913), v. Ⅲ, p. 386.

② Wieleitner, "Zur Frühgeschichte der Räume von mehr als drei Dimensionen," *Isis*, v. Ⅶ(1925), p. 486-489. 有关此主题的后续历史,请参阅 Cajori, "Origins of Fourth Dimension Concepts," *American Mathematical Monthly*, v. XXXⅢ (1926), p. 397-406.

③ *History of Mathematics*, v. Ⅰ, p. 376.

④ 关于这种思想潮流的良好解释请参阅 J. H. Randall, Jr. , "The Development of Science Method in the School of Padua," *Journal of the History of Ideas*, v. Ⅰ(1940), p. 177-206. 欲知当时物理科学史的更广泛而不那么准确的历史,请参阅 Pierre Duhem, *Études sur Léonard de Vinci*.

传统得以在帕多瓦和其他意大利大学延续. 毫无疑问,伽利略对动力学方面的经院学说非常熟悉. 认为是伽利略创造了加速度概念的普遍说法完全是错误的,因为亚里士多德发现了加速度的一般概念,而距离随时间变化率的匀速变化率这一具体想法至少可以追溯到"计算大师"(即伽利略在其早期工作中特别提到的一位学者). 在 1638 年的《两门新科学》一书中,伽利略以惊人的精确度再现了上文所述的奥雷斯姆关于匀加速运动的图解和论证. 奥雷斯姆对现代动力学的影响显而易见,但几何学的情况就不那么确定了. 笛卡儿早期对数学的兴趣与落体定律有关,并在此使用了类似奥雷斯姆和伽利略的图表①. 笛卡儿谨慎避免提及他的前辈,因此不能肯定地说他熟悉奥雷斯姆的工作,尽管这很有可能. 然而稍后将会看到,他的解析几何与形式纬度的图示(在动机、目的以及本质方面)之间的差异是如此之大,以至于奥雷斯姆对笛卡儿任何决定性的影响都值得怀疑②. 对费马来说也是如此,但由于他的兴趣更局限于古典主义,所以不太可能对中世纪发展产生重大影响. 更有可能的是,大约在笛卡儿几何学第一次出现时,奥雷斯姆的图形和学术上对不可分的使用就已经通过微积分和函数概念的媒介间接出现在几何中了. 然而,无论奥雷斯姆的图示法产生了怎样的影响,值得注意的是尽管解析几何的后期发明者的工作有其前辈(特别是阿波罗尼奥斯和帕普斯)的基础,但奥雷斯姆在此仍是一位没有明显数学背景的开拓者. 如果他以希腊几何学为指导,数学史可能会发生根本性的变化.

中世纪对数学的另一个贡献可能是通过形式代数学的发展间接影响了解析几何. 尽管 14 世纪的欧洲忽视了希腊古典几何学的大部分内容,但当时人们对毕达哥拉斯乐理中流传下来的比例理论产生了广泛兴趣. 欧几里得的第五本书在几何理论的应用方面仍然是一座丰碑,但古人实际上并没有试图将其思想

---

① 直到 1654 年,人们才在惠更斯的著作中发现了关于匀加速运动的奥雷斯姆图解的再现. (*Oeuvres complètes*, v. XVI, p. 114-115.)

② 在这个问题上有很大的意见分歧. C. R. Wallner, "Entwickelungsgeschichtliche Momente bei Entstehung der Infinitesimalrechnung,"*Bibliotheca Mathematica* (3), v. V(1904), 113-124, especially p. 120, 其中完全没有看到奥雷斯姆对笛卡儿的影响; Edward Stamm, "Tractatus de continuo von Thomas Bradwardina. Eine Handschrift aus dem XIV. Jahrhundert," *Isis*, v. XXVI(1936), p. 13-32, especially p. 24, 认为奥雷斯姆的形式纬度问题无疑是对笛卡儿影响最大的问题; 重新发现奥雷斯姆作品的 Curtze 和康托在他的 *Geschichte der Mathematik* 中表明了奥雷斯姆与笛卡儿的几何学之间的强烈相似之处; Weileitner 在其文章"Uber den Funktionsbegriff"(同上), p. 242 中说,笛卡儿无疑是知道奥雷斯姆的形式纬度的,但他倾向于怀疑笛卡儿是否认识到他们作品的共同元素. Dingeldey(同上)甚至怀疑中世纪的图解表示法在解析几何学的最终引入中扮演了一个次要的角色. Hankel 对奥雷斯姆的作品评价不高,但 Gelcich 却称其为"划时代的作品". (E. Gelcich, "Eine Studie über die Entdeckung der analytischen Geometrie mit Berücksichtigung eines Werkes des Marino Ghetaldi," *Abhandlungen zur Geschichte der Mathematik*, v. IV(1882), p. 191-231.)

引入物理科学. 通过波伊提乌的原始著作和欧几里得的阿拉伯语译本, 中世纪的拉丁地区至少在坎伯努斯时代就已经对比例理论有所了解, 大约一个世纪后出现了专门研究这一主题的专著, 例如托马斯·布拉德华在 1328 年出版的《论比例》. 在这本书中可以看到欧几里得、伊安布利霍斯和波伊提乌对分数比例概念的拓展, 例如, 在分数比例中一个量随另一个量平方根的立方而变化. 随后, 奥雷斯姆在《比例算法》中自由使用了分数"幂". 由于奥雷斯姆偶然引入了比例的符号表示(即笛卡儿指数符号的先驱①), 人们再次发现中世纪的进步可能影响深远. 奥雷斯姆使用了诸如 $\dfrac{1p}{1 \cdot 2 \cdot 4}$ 和 $\dfrac{3p}{2 \cdot 4}$ 的表达式来表示 $4^{3/2}$. 然而, 他并没有进行这样的系统缩写, 而且他对"指数"规则(相当于诸如 $(a^m)^{p/q} = (a^{mp})^{1/q}$ 或 $a^m \cdot a^{1/n} = a^{m+(1/n)}$ 的表达式)通常用语言而非符号进行表述. 如果他和他的后继者们在简字的方向上更进一步, 代数的历史将会大不相同, 因为这就是近代早期的重点所在. 不幸的是, 由于代数知识和使用上的薄弱, 其在中世纪的发展被中断了. 定量科学的精神是强大的, 但缺乏必要的数学工具.

因为将坐标系应用于透视和建筑学, 艺术家莱昂·巴蒂斯塔·阿尔伯蒂(1404—1472)也被认为是笛卡儿的先驱. 我们得知②他似乎在一篇论文(现已遗失)中关注于解析几何问题, 但即使如此, 也不能说是他的工作影响了该学科后来的发明者. 在透视理论的早期著作中, 同心圆和辐射线在形变(歪像)问题上的使用预示了极坐标概念的出现, 就像天文学和地理学中的经纬度被认为是直角坐标系的前身一样. 然而, 这一体系与曲线分析理论之间没有相关性. 在此, 实用技艺和科学在解析几何历史中所起的作用似乎比人们预期的要小.

中世纪的形式纬度和比例理论持续占据主导思想. 到了 15 世纪, 人们发现物理学家马尔利安尼使用它们来研究动力学问题, 但因为未能掌握布拉德华的比例原理, 他几乎没有取得任何进展. 出于数学理论的进步, 当时的科学发展并未取得显著进步. 因为那个时期的学者们没能先掌握从古希腊和中世纪阿拉伯继承来的背景知识, 所以也没能把比例理论转化为代数, 或者把形式纬度转化为代数几何. 随着对几何和代数经典成果的兴趣重燃和系统协调, 这种情况主要在 16 世纪得到了改变.

---

① 更多细节和参考文献请参阅我的论文, "Fractional Indices, Exponents, and Powers," *National Mathematics Magazine*, XⅧ(1943), p. 81-86.

② Georg Wolff, "Leone Battista Alberti als Mathematiker," *Scientia*, v. LX(1936), p. 353-359, supp., p. 142-147.

# 近代早期序幕

第
四
章

数学没有什么不足之处,除非是人们没有充分理解纯数学的卓越用途.

——弗朗西斯·培根

通常对中世纪和文艺复兴时期的区分十分便捷,但也具有欺骗性. 一方面,首先,艺术和文学领域的显著复兴初期,数学和科学似乎停滞不前. 其次,在代数和几何方面,中世纪与近代密切关联. 例如,在彼特拉克(1304—1374)和列奥纳多·达·芬奇(1452—1519)之间的时代没有发现可与艺术相媲美的数学上的杰出新贡献. 另一方面,15 世纪末和 16 世纪初出现了布拉德华和奥雷斯姆作品的许多版本,比例理论的相关论文在接下来的一百年里继续显露出中世纪的影响. 15 世纪末出现了两部著名的作品——丘凯的《算术三编》(简称《三编》,1484)和帕乔利的《算术、几何与比例概要》(简称《概要》,1494),它们虽然都以早期资料为基础,却在某种程度上预测了未来的发展路线,也许是为了方便起见,这两本书用于标志中世纪数学和现代数学之间合理且清晰的界线.

从丘凯(约 1500)和帕乔利(约 1509)著作的标题可以清楚地看出现代时期开始强调代数这一新方向.《三编》代表了奥雷斯姆保守的符号化的显著扩展. 这是第一次明确用指数表示未知数的整数次幂. 从中可以找到诸如 $.5., .6^2.$ 和 $.10^3.$ 的表达式(即现在的 $5x, 6x^2$ 和 $10x^3$). 在这项卓越工作中, 负整数和零也被视为指数,例如 $9x^0$ 记为 $.9^0.$ ,而 $.72^1.$ 除以 $.8^3.$ 的正确记法为 $.9^{2\cdot m}$ (即 $72x \div 8x^3 = 9x^{-2}$). 丘凯还创造了一个简单的根符号,例如 $R^2$ $.7.$ 是 7 的平方根,$R^4$ $.10.$ 是 10 的四次方根,相当于我们现在的 $\sqrt[2]{7}$ 和 $\sqrt[4]{10}$ 形式. 这种缩写的特殊形式并不像它们所代表的符号代数的整体趋势那么重要. 这种趋势使数学更容易超越几何可视化的限制,并使用三次以上的幂. 丘凯自己使用了一个相当于"平方–平方"(square-square)的短语表示四次,这不禁让人联想到丢番图的术语.

探究丘凯作品的灵感来源是件有趣的事,比如它是否受到希腊的影响? 是否直接或间接来源于奥雷斯姆? 如果有的话,谁是中间人? 意大利似乎对《三编》有一定的影响,作者或许悉知斐波那契的《计算之书》(1202),但是丘凯只提到了生活时代相隔七百年的两位作家——波伊提乌和坎伯努斯. 也许将来会有进一步证据可以证明代数主要是由印度人和阿拉伯人的工作发展而来. 或许,这一独创性赞誉更应属于欧洲中世纪晚期的学者们.

不幸的是,《三编》在将近四百年的时间里一直没有公开出版①,但它的部分内容早在 1520 年(又在 1538 年)就出现在埃斯蒂安·德·拉罗什(生于约 1480 年)的《算术》一书中. 丘凯的符号方法很可能也为其他人所熟知,因此,可能是他们为笛卡儿的符号铺平了道路,但欧洲代数的主要发源地似乎是意大利而非法国. 对此,经院哲学家(如布拉德华和奥雷斯姆)的影响在帕维亚、博洛尼亚和帕多瓦的大学中继续存在,而在非学术界存在一种强烈的商业算术趋势,这在近三个世纪前的《计算之书》中就很明显了. 印度和阿拉伯代数倾向于强调该学科的应用方面,从而忽略了逻辑基础问题,但在列奥纳多·达·芬奇时代的意大利,这种东方倾向被两股相反的力量——挥之不去的经院哲学思想和对希腊古典几何日益浓厚的兴趣②所平衡. 卢卡·帕乔利继承了这三种倾向,他对记账做出了贡献,记述了黄金分割的相关内容,并且引用了中世纪数学家的著作. 他在《概要》中提到的代数并没有比《计算之书》里的先进多少,但却表现出了与《三编》一样明显的符号化倾向③. 此外,由于《概要》把低地国家的

---

① 由 Aristide Marre 编辑出版,收录于 Boncompagni's *Bullettino di Bibliografia e di Storia delle Scienze Matematiche e Fisiche*, v. XIII (1880), p. 555-659, 693-814; v. XIV (1881), p. 413-460. Cf. Ch. Lambo, "Une algèbre française de 1484. Nicolas Chuquet," *Revue des Questions Scientifiques* (3), v. II (1902), p. 442-472.

② 参阅 E. W. Strong, *Procedures and Metaphysics. A Study in the Philosophy of Mathematical-Physical Science in the Sixteenth and Seventeenth Centuries* (Berkeley, Cal., 1936).

③ 代数在这一时期的发展参阅 H. G. Zeuthen, "Sur l'origine de l'algèbre," *Det Kongelige Danske Videnskabernes Selskab. Mathematisk-fysiske meddlelser*, v. II, p. 4; Ettore Bortolotti, *Studi e ricerche sulla storia della matematica in Italia nei secoli XVI e XVII* (Bologna, 1928).

数学家和技术人员与意大利的拉丁化学习联系在一起,产生了广泛影响. 再则,《概要》引发了一场持续近 150 年的运动,并最终以笛卡儿几何学告终. 该书其中一节是关于"用代数法求解矩形四边形等图形的各种情况的方法". 这种代数在几何中的应用,在 16 世纪最伟大的数学家韦达的工作中变得司空见惯. 但帕乔利及其早期继任者却因为所使用的代数本身并没有脱离几何而受到阻碍. 就像在希腊几何代数中一样,他以几何形式构造方程的习惯延续了三个世纪.

解析几何的重要影响之一是意大利的一项发现,这是帕乔利没有预料到的. 帕乔利在《概要》中呼应了奥马尔·海亚姆的悲观主义,将三次方程的代数解与化圆为方二者的不可能性进行了比较. 他一点也没有意识到,几年后那些看似不可能的事情也由他的同胞们完成了. 三次方程的解似乎是由德尔·费罗(1465—1526)在大约 1515 年发现的,但却是之后由于卡丹(1501—1576)和塔尔塔利亚(1506—1557)之间不愉快的争论而公布的. 三次方程的解法在数学史上具有重要的地位,其原因之一在于它推动了一般代数特别是方程理论的发展. 这种发展对分析方法的兴起是必不可少的,但从某种意义上说,它在大约一个世纪的时间里将人们的注意力从解析几何上转移开. 米内克穆斯早在很久之前就几乎发明了解析几何,他在解决提洛斯问题时给出了三次方程的第一个平面几何解. 诚然,因为希腊数学家试图通过几何方法规避这些问题,他没有把这看成是一个定方程问题. 尽管如此,从那时起,定三次方程和不定二次方程给定的曲线就紧密地联系在一起了. 费罗、卡丹和塔尔塔利亚在三次方程上的工作,以及费拉里(1522—约 1560)在四次方程上的工作暂时打破了这种联系,并致使含两个未知数的不定方程的研究归入了丢番图数论. 三次和四次方程现在可以通过计算而不是圆锥曲线相交来求解. 大约一个世纪以来,代数和几何之间的关系仅仅是解决确定问题时的互助约定,而不是曲线和不定方程的联系. 但这种关系不再像希腊那样是片面的,因为现在人们对代数运算产生了一种更大的信心,这种信心不受任何几何意义的影响. 正如斯蒂文(1548—1620)所说,几何学可以做的事情也可以通过算术来完成. 对 16 世纪的解析几何历史贡献最大的可能是算术和代数中运算、符号和概念的发展. 古希腊人有一种几何形式的代数分析,即通过将问题简化为寻找已知曲线的交点,从而避免求解定方程. 阿拉伯人在三次方程上延续了这一点. 但近代早期在用代数方法求解三次和四次方程时取得的惊人成功导致了方程基本理论的发展①. 卡丹熟悉方程的根和系数之间的一些简单关系,但这些关系的一般化需要代数量的形式化以运算. 将近一个世纪前由丘凯开始了系统地使用字母和缩写来表示运算和关系的趋势,邦贝利(生于约 1530 年)的《代数学》在 1572 年和 1579 年对此做出了巨大贡献. 用字母表示数当然不是一个新想法②,因为它不仅出现在印度和希腊,甚至至少可以追溯到亚里士多德. 然而,将运算中的特殊符号和缩写应用于数量的文字符号似乎主要是邦贝利的功劳. 此外,他以某种类似于丘凯的方式表示多项式中的幂,使得 $x^2+2x-3$ 可以写成 $1^2p.2^1m.3$ 的形式. 然而需要注意的是,这些字母只是它们所取代的单词的缩写. 在此,他的符号的特殊形式③不如符号代数的思想重要,但形式和思想似乎都产生了广泛的影响. 斯蒂文的十进制小数和多项式符号(他用 $6789\overset{0\,1\,2\,3}{}$ 表示 6. 789,用 $1⓪+2①+3②+4③$ 表示 $1+2x+3x^2+4x^3$)很可能是受到邦贝利的启发.

邦贝利的《代数学》对于后来的一些观点也很重要,例如代数证明的使用与几何证明无关;暗示应用直角坐标来定位平面上的点以及几何作图中任意长度单位的使用等,但这些想法大多被他的继任者忽视了. 然而,卡丹和邦贝利关于虚数的工作具有直接意义,因为它表明即使缺乏几何解释,也有必要在实际情况中认真考虑虚数. 我们可以用一个简单的陈述来排除实二次方程的虚根,即该方程不可解,但在这个所谓的"不可约的情况"里,虚数的作用就与立方大不相同了,因为它们最终会产生实数根.

邦贝利在一份手稿中以类似于笛卡儿《几何学》④核心的方式研究了确定性问题的作图或图解,这份手稿并未收录于他的《代数学》,也从未出版过. 大

---

① 马蒂生在 *Grundzüge der antiken und modernen Algebra* 中以超过 300 页的篇幅专门介绍了求解这两个方程的方法. 这并非严格意义上的历史,但其良好索引和丰富参考书目很有价值. 另见 A. Favaro 有价值的作品 "Notizie storico-critiche sulla costruzione delle equazioni," *Memorie della Regia Accademia di Scienze*, *Lettere ed Arti in Modena*, v. ⅩⅧ(1878), p. 127-330, 其中包括有价值的参考书目.

② J. M. Peirce, "References in Analytic Geometry," *Harvard University*(*Library*) *Bulletin*, v. Ⅰ (1875—1879), p. 157,158, 246-250, 289,290, 广泛且良好地阐述了韦达的作品(甚至对笛卡儿的作品作了更好的描述),但他重复了一个错误的想法,即韦达是第一个用字母来表示已知量的人.

③ 对符号兴起的最好叙述见 Florian Cajori, *A History of Mathematical Notations*(2 vols., Chicago, 1928—1929).

④ 参阅 Bortolotti, *Lezioni di geometria analitica*, v. Ⅰ, p. ⅩⅩⅩⅤ.

约在同一时间(至少到 1587 年),保罗·博纳索尼写了一部名为《代数几何》的类似著作.他在书中试图通过将代数建立在几何上来为代数提供逻辑基础,这一想法最早可以追溯到斐波那契.博纳索尼指出,所有可以化简为二次方程的问题都可以用直尺和圆规来作图.对于这类问题,他给出了包括面积贴合法在内的各种图形结构.他没有使用运算符号或邦贝利的指数记号,但他用字母表示了已知量和未知量[1].这代表了韦达符号的重要预示,但不幸的是邦贝利的作品从未发表过,因此其影响是值得怀疑的.

意大利代数学家的工作[2]激励了人们对整类方程的研究,但当时还没有令人满意的符号(可能博纳索尼的符号除外)来表示现在所谓的参数.在数量是已知数字的情况下可以使用印度–阿拉伯形式,而在未知数字的情况下发明了合适的缩写.通常出现的问题是导致具有特定数值系数方程的特殊情况.在这方面,意大利的代数学家与德国的"未知数计算家"没有本质上的区别.多项式和多项式方程普遍存在,但多项式本身的概念似乎还没有出现.或许进一步的历史研究(尤其是德国"解未知物"作品的研究)能够解释这种情况,但目前,引入参数概念的功劳似乎主要归功于韦达.他所做贡献的重要性已经得到了广泛认可,E.T.贝尔评价韦达是"他那个时代第一个偶尔像现在的数学家那样习惯性思考的数学家"是毫不夸张的[3].但他的成就与其说是在符号上,不如说是在代数思想上.在他之前,代数通常与特定的数值方程有关,例如三次方程"cubus p.6 rebus aequalis 20"(即 $x^3+6x=20$)是由卡丹给出的.另一方面,韦达在《论方程的识别与订正》中研究了"A cub. - B planum in A aequatur B plano in Z"型(即 $x^3-b^2x=b^2c$)方程的性质.韦达用元音字母表示未知量,辅音字母表示假定已知的量,这使得代数中的量(特别是给定的数字、参数和变量)的类型由两种变为三种.韦达本人并没有提及参数或变量,但他的工作为这些想法铺平了

---

① 参阅 Ettore Bortolotti, " Primordi della geometria analitica: l'algebra geometrica di Paolo Bonasoni," *Rend. Della Sessioni della R. Accademia delle Scienze dell' Istituto di Bologna 1924—1925*, *Classe di Secienze Fisiche*, *Sezione di Scienze Fisiche e Matematiche*. 转载于他的 *Studi e ricerche sulla storia della matematica in Italia nei secoli XVI e XVII* (Bologna, 1928).

② 参阅 Ettore Bortolotti, "L'algebra nella storia e nella preistoria della scienza," *Osiris*, v. I (1936), p. 184-230.

③ *The Development of Mathematics* (New York, 1940), p. 99.

道路. 由于在邦贝利的工作①中发现了文字代数的萌芽,虽然他不是第一个在方程中使用符号的人,但他似乎开创了在方程中使用字母作为各项系数的先河,即考虑"受影响"的方程. 这使得建立方程的一般理论成为可能,即不研究三次方程,而是研究三次方程类. 韦达意识到了这一观点的重要性②,因为他将普通的"数的运算"和他的新"类的运算"进行了对比. 前者用于数字计算,后者则与"类"或"事物的形式"有关,他认为后者是通过他的"字母元素"实现的. 这些"事物"可能是不可公度的几何元素,即它们之间的关系无法用整数表示. 在此,韦达已接近了实代数变量的概念,一般来说,它是数学发展(尤其是解析几何发展)中最重要的概念之一. 事实上,这些变量的发明通常归功于韦达. 然而必须记住的是:一方面,这一思想曾有过几何预示,特别是在中世纪的形式纬度上;另一方面,韦达的元音字母严格来说并不代表符号意义上任何一类值的变量. 当应用于确定方程时,元音与辅音字母之间的区别,与其说是在变量与定量之间,不如说是在那些被认为是未知的常量与假定已知的常量之间. 只有当这种传统符号后来应用于不定方程的图示时,元音才被视为变量而不是固定的未知数. 但这种观点的转变是韦达文字符号的自然产物,也正是这种转变标志着严格意义上解析几何的开始. 正如 L. C. 卡宾斯基(Louis Charles Karpinski)所说,正是韦达的代数文字符号"为笛卡儿的解析几何提供了一种语言"③.

韦达只研究了含单一未知数的方程,也因此未能发明解析几何,但他的工作具有预示意义,超越了发展代数思想. 韦达是系统地将代数应用于解决几何问题的人之一. 事实上,他的元音和辅音字母正如它们被指定的名称所暗示的那样,通常是指几何大小. 他的参数和未知数之间的区别体现在这一术语以及元音与辅音的使用惯例中,即一个给定常量的前九次幂是已知的,分别被称为 longitudo 或 latitudo(回顾奥雷斯姆的著作),planum,solidum,plano-planum,……solido-solido-solidum,一个未知量的相应幂分别被称为 latus 或

---

① 参阅 Ettore Bortolotti, *L'algebra*, *opera di Rafael Bombelli da Bologna*(Bologna, 1929). 我没有看过这本书,但根据 *Scripta Mathematica*, v. Ⅳ(1936), p. 166-169 上的一篇评论引用了它.

② 这个观点的重要性似乎被至少一个同时代的人 Adriaen Roomen(或 Adrianus Romanus, 1561—1615)所认识到,他在 1598 年宣称自己得出了"数"的方程和"几何"方程的区别. 然而,韦达似乎在这方面早有预示. 参阅 H. Bosmans, " Le fragment du commentaire d'Adrien Romain sur l'algèbre de Mahumed ben Musa El-chowârezmi," *Annales de la Société Scientifique de Bruxelles*, v. XXX(1906), part 2, p. 266.

③ 参阅"The Origin of the Mathematics as Taught to Freshmen," SCRIPTA MATHEMATICA, v. Ⅵ(1939), p. 133-140. 关于这一点,还可以参考他的论文"Is There Progress in Mathematical Discovery and Did the Greeks Have Analytic Geometry?" *Isis*, v. XXⅦ(1937), p. 46-52.

radix,quadratum,cubus,quadrato-quadratum,……cubo-cubo-cubus①. 值得一提的是,尽管韦达继续使用几何命名法(让人联想到丢番图和丘凯)来表示数量的幂,但他的代数显然超越了三维.

在韦达已知和未知量的术语中可以看出代数运算和几何可视化之间的密切联系,但这种联系并预示笛卡儿的几何. 事实上,因为倾向于用体积测量而非二维图示来形象化三次方程(很久之前帕普斯也是如此),因此可以说它在某一方面阻碍了坐标使用的发展,而这在代数几何中是必要的. 也就是说,最好将 $A^3$ 或 $B^3$ 视为数值量,或者更好地视为线性量,而不是几何上的立方体,因为这样就更容易将这些量与坐标图像上的线联系起来. 这一事实表明,认为解析几何只不过是代数与几何的简单结合的想法是一种谬论. 韦达意义上几何与代数的联系显然要求所有方程在变量和系数上必须齐次. 这就意味着给定表达式中的常数或参数以及未知量都具有几何维度. 例如,方程 $x^2+bx=c^2$ 可以看作是直线之间的比例 $x:c=c:(x+b)$. 费马的工作表明这种齐次量之间的比例概念并没有阻碍解析几何后来的发展,但正如笛卡儿在某种程度上意识到的那样,它确实误导了人们.

为笛卡儿铺平道路的与其说是韦达代数中的几何术语,不如说是另一相近方向与其形成的更为直接的联系——即简字代数在解决几何问题中的系统应用. 16 世纪,随着算术过程的简化和代数的进步显著,人们对古代经典问题的兴趣日益浓厚. 最终促使人们通过数值法找到了一条通往几何的捷径. 韦达在这方面既不是第一个也不是唯一一个,但他却比前辈们更深入地贯彻了这一理念. 元音字母代替了需要构造的未知几何线条,辅音字母代替了已知的线条,然后对这些字母进行适当的代数运算. 这并不是未知数在几何学中的最早使用,因为古代数学主要是由未知数的文辞几何代数组成. 它的新颖之处在于将文字符号应用于几何问题,随后进行机械计算,这一方法使得问题从几何领域转化到代数领域. 这为根据算法规则对相关代数表达式进行自由操作和化简奠定了基础. 在几何问题确定的情况下,化简的结果总是一个含未知数的(不可约)代数方程,其根表示原始未知线的可能大小.

韦达关于代数应用于几何的重要著作《论类的运算》已经遗失,但可以用《分析五篇》中的一个简单例子来说明其程序的一般方法:假设矩形面积和边的比例为一定值,求出矩形的边. 韦达取面积为 $B$,边之比为 $\dfrac{S}{R}$,其中较大的边为 $A$,则 $\dfrac{S}{R}$ 等于 $A$ 比 $\dfrac{R \cdot A}{S}$. 因此较小的边为 $\dfrac{R \cdot A}{S}$,即有 $B$ 等于 $\dfrac{R \cdot A^2}{S}$,乘以 $S$ 可

① 参阅 Viète, *Opera mathematica*(ed. By van Schooten, Lugduni batavorum, 1646).

得最终方程 $R \cdot A^2 = S \cdot B$. 如此容易给出 $A$ 的几何作图. 韦达重复此过程以寻找较小的未知边 $E$[①].

以上例子很好地说明了韦达的文字符号在量及简单几何问题中的应用. 通过在算术运算和关系中应用元音和辅音字母符号, 也表明了进一步缩写的强烈需求. 韦达的确使用了+和−的符号, 但也仅此而已. 从简字到符号代数, 从使用比例运算到方程形式的变化主要发生在韦达和笛卡儿之间的时期. 另一个选自韦达《发现五篇》(法语版, 1630 年) 的例子表现出了过渡时期的渐进性: 将给定的线分成两段, 使得两段所占比例相加得到给定总和. 设直线为 $B$, 前一段的给定比例为 $\dfrac{D}{B}$, 后一段的给定比例为 $\dfrac{F}{B}$, 给定总和为 $H$. 令直线 $B$ 前一段的所需部分为 $A$, 那么后一段的所需部分为 $H-A$. 那么第一段将为 $\dfrac{BA}{D}$, 第二段为 $\dfrac{BH-BA}{F}$, 两段总和 $\dfrac{BA}{D} + \dfrac{BH-BA}{F}$ 等于整条直线 $B$. 将此等式与 $DF$ 相乘得 $FBA + DBH - DBA = BDF$. 除以 $B$ 可得 $FA + DH - DA = DF$. 移项 (假设 $D > F$) 后可得 $DH - FD = DA - FA$. 除以 $D-F$ 得 $\dfrac{DH-FD}{D-F} = A$. 那么有 $\dfrac{D-F}{H-F} = \dfrac{D}{A}$, 由此比例 $A$ 得以确定并构造出[②].

几何问题通常要求构造某些直线. 在这种情况下, 有必要说明如何用几何方法构造所得代数方程的根. 欧几里得的几何代数适用于一次和二次方程, 但不适用于高次方程. 近代早期, 三次和四次方程的代数解并没有解决古代的经典问题, 因为这些方法没有说明根的几何可构性. 通过使用圆锥曲线相交, 米内克穆斯、阿基米德和奥马尔·海亚姆将作图问题与轨迹研究联系起来, 而韦达对这一方向的延续显然使他通向了解析几何. 一如半个世纪以后笛卡儿所做的那样. 然而结果却是, 韦达对笛卡儿的预示仅限于表明代数可以在可构造性问题中引入一些规则, 相反地, 通过构造根可以赋予确定方程的代数解以几何意义.

解析几何经常被描述为代数应用于几何的一门学科, 反之亦然. 当意识到韦达的工作显然满足这种描述但又不是解析几何时, 这种描述的不足显而易见. 不仅是因为它并非坐标几何. 已经有人指出, 韦达并未在轨迹问题中采用代数应用于几何这一方法. 相反地, 他将代数应用于几何的方法中, 并没有采取在坐标系上绘图的形式来表示方程或函数. 反而只是古希腊代数几何化的一种延

---

① *Opera mathematic*, p. 50.

② 参阅 *Les cinq livres des zetetiques de François Viète* (transl. by Vaulezard, Paris, 1630), p. 37-38.

续,这种模式不仅被韦达的直接继承者所继承,而且在解析几何学发明后的一个多世纪里也为大多数几何学家沿用. 在一篇关于代数运算的几何作图的经典评论(1593 年的《几何补篇》)中,韦达指出,一个不可约的三次或四次方程的根的表示相当于三等分角或倍立方体问题,从而使这些问题比以前更具广泛意义. 为了解决这些问题,韦达建议推广欧几里得假设,使得可以使用包括古代埃拉托色尼的"mesolabe"(古代的一种工具,用于在两条给定线之间找到两个平均比例)等在内的构造工具. 笛卡儿的工作主要是努力将这种系统性推广到高次方程,并建议对一般假设进行大胆自由化. 笛卡儿感受到了韦达的分析艺术作为代数工具的力量,而不拘泥于几何方面的局限性. 为了弥补后者的缺点,笛卡儿不得不寻找新的曲线来实现作图,也正是出于这个原因,是他而非韦达发明了解析几何.

有人指出,在韦达的著作中没有所谓的解析几何. 由于代数在其中只是几何的辅助工具,因此这是一种代数几何而非解析几何①. 米内克穆斯和阿波罗尼奥斯使用了类似于坐标系的工具,但缺乏符号代数;而韦达拥有后者却忽视了前者. 韦达的疏忽或许是因为当时的兴趣主要集中于确定性几何问题. 在那种情况下,使用坐标系可能没有什么必要. 另一方面,涉及轨迹的问题暗示或招致了参考轴的使用. 然而,当用代数符号表示时,后一类问题通常涉及含两个未知数的方程,其中一个被认为是另一个的函数. 这种函数关系在当时没有得到充分考虑,因为中世纪的"形式"或函数的图形表示还没有与代数几何相关联.

韦达对解析几何历史的进一步贡献取决于其工作中"分析"一词的使用. 他广义地把分析定义为"数学中发明的好教义". 更具体地说,韦达认为"分析的艺术"是由三个部分组成的:zetetic(即从给定事物中确定事物所需的性质);poristic(分析或证明)以及 exegetic(命题证明). 在此可以看到"分析"这一术语的新应用. 正如柏拉图和帕普斯所用,这个词主要指的是证明中的思维顺序. 分析是考察的路径,而综合是阐述的路径. 另一方面,韦达将这个词特别应用于数学分析的一种新形式——代数几何上②. 韦达对这一术语的使用在某种程度上与旧法类似,因为他认为 zetetic 或代数攻击通常间接地来自于将要被证明或构造的假设,将未知量当成已知的一样运算. 也就是说,代数似乎是适合于几何学

---

① G. Eneström 反驳了韦达通过给出直线上点的坐标之间的关系预示了解析几何的说法,"Auf welche Weise hat Viète die analytische Geometrie vorbereitet?" *Bibliotheca Mathematica*(3), v. XIV(1914), p. 354.

② 参阅 *Introduction en l'art analytic, ou nouvelle algebra de François Viète*(transl. by Vaulezard, Paris, 1630)或 *Algebre de Viète* by James Hume(Paris, 1636). 也可参阅韦达部分工作的法语译本 *Bullettino di Bibliografia e di Storia delle Scienze Matematiche e Fisice*, v. I(1868), p. 223-276.

中分析路径的工具. 但他更强调的是"类的运算"的使用,而非证明的顺序. 遵循这一趋势,他的继任者们越来越忽视柏拉图式的意义,开始将分析甚至是代数本身视为符号技巧的使用①.

作为连接早期与解析几何发明之间的重要纽带,韦达的贡献受到了相当大的重视. 夏莱将几何史划分为五个时代,韦达正是标志第一个时代向第二个时代过渡的人物. 然而必须牢记的是,他绝不是一个孤立的人物. 韦达可能比他同时代人更充分地认识到其分析艺术的基本特征,但无论是代数在几何中的应用,还是代数方程解的几何解释方面,他都有无数的竞争对手和继任者. 此外,他的作品在其有生之年只出版了一小部分,而且一般都是私人发行的少量版本,这种情况限制了他的直接影响. 幸运的是,他有一位杰出的学生盖塔尔迪(Marino Ghetaldi,1566—1627),继承了他的老师的一些手稿材料,并延续了韦达代数几何的兴趣.

盖塔尔迪在巴黎师从韦达,并在那里积极地参加了 17 世纪修复阿波罗尼奥斯失传作品的运动. 中世纪时期,古典几何学在很大程度上已经被遗忘,但到了 16 世纪却出现了伟大几何学家现存作品的许多版本. 之后又出现了一系列恢复论文丢失部分的尝试. 这一趋势体现在韦达的 *Apollonius gallus*(巴黎,1600),斯涅尔(1581—1626)的 *Apollonius batavus*(莱顿,1607,1608),盖塔尔迪的《阿波罗尼奥斯著作的现代阐释》(威尼斯,1607,1613)中. 这些作品的出现频率②体现出了 17 世纪早期几何学兴趣的显著复苏. 在 19 世纪,初等几何的工作主要分为两个分支,一个以欧几里得《原本》为中心,另一个则强调实用几何③. 维尔纳(J. Werner,1468—1528)对曲线的兴趣主要体现在更高层次上,特别是与阿基米德的论文有关的方面,因此他于 1522 年撰写的圆锥曲线相关论文没有直系继承者. 一般来说,这些作品没有使用较新的代数或分析的观点.

到了 16 世纪末,实用几何和理论几何之间也是如此,初等几何和高等几何之间也是如此. 当时的显著特征之一是符号的广泛使用与代数和几何的协调并行. 欧几里得的面积贴合法继续受到重视,因为即使在 17 世纪早期,它仍然是二次方程根的几何作图的基础. 算术和代数问题的作图或几何解法——例如贝内代蒂(1530—1590)的《不同推测》(1585),或卡塔尔迪(1548—1626)的《数

---

① 例如, Raimarus Ursus(or Reymers) in 1601 used it in this sense in his *Arithmetica analytica vulgo cosa*.

② 正如 Alexander Anderson 的 *Supplementum Apollonii redivivi*, 盖塔尔迪的工作也在 1612 年出现了一个巴黎版本. 此后这一趋势略有下降,但恢复工作持续了近两个世纪之久,例如范·舒滕(莱顿,1656—1657),Halley(牛津,1706),Simson(格拉斯哥,1749),以及韦达(伦敦,1771),Gotha(1795)和斯涅尔(伦敦,1772)的进一步版本.

③ 参阅 F. W. Kokomoor, "The Teaching of Elementary Geometry in the Seventeeth Century," *Isis*, v. X(1928), p. 21-32.

论与二元散列代数》(1618),被利布里①誉为解析几何的先驱.这种说法完全是没有根据的②."方程的构造"已经构成了古代几何代数的一个传统部分,因此贝内代蒂、卡塔尔迪和韦达同时代的其他人在这方面的创新,在很大程度上是继承了从几何文辞方程到代数符号方程的欧几里得传统.在某种不同的意义上,卡丹和塔尔塔利亚也将几何思想应用于方程求解.然而,在所有这些工作中都没有提到解析几何的基本要素——以代数方法联系轨迹与坐标系.这在贝内代蒂和卡塔尔迪的工作中是缺失的,而韦达及其弟子盖塔尔迪也忽略了这一点③.

遵循韦达的方式,盖塔尔迪顺应时代潮流,在《阿波罗尼奥斯著作的现代阐释》一书中专门研究将确定几何问题简化为代数这一系统主题.相反地,他给出了诸如 $a^2-b^2=(a+b)(a-b)$ 等代数规则的几何证明,并从几何上构造了定代数方程的根.1630年,在他去世后出版的《数学的分析和综合》一书对这一主题进行了广泛讨论,因此该书被称为代数几何的第一本教科书.然而,其材料和观点与之前出现的没有太大区别.然而,盖塔尔迪近乎偶然地发现了解析几何,因为他从代数上考虑了几个不定几何问题.例如,其中之一要求构造一个给定底边的三角形,使得其他两条边的差是底边的一半.令底边为 $2B$,$A$ 为高,将底边划分的未知差值,盖塔尔迪得出了一个"无用的方程式" $A^2-B^2=A^2-B^2$.根据这个恒等式,他正确推导出了满足给定条件的三角形的数量是无限的;但不幸的是,他没有注意到这个例子中的第三个顶点画出了一条双曲线.他把这个问题归入"徒劳或过度"之中④.就像杰出的前辈那样,他回避用代数方法处理曲线和轨迹问题.解析几何是在一代人之后由两个人发明的,他们发现不定方程远非"徒劳无功",因为在圆锥曲线等曲线中应用时,它们在代数和几何之间起到了比韦达、卡塔尔迪、贝内代蒂和盖塔尔迪的代数几何更有效的桥梁作用.

现代早期对圆锥曲线理论的最初贡献本质上主要是综合的或运动学的.维尔纳尽管在总体上回到了与圆锥曲线相关的立体测量重点上,但还是利用直线

---

① G. Libri, *Histoire des sciences mathématiques en Italie depuis la renaissance des lettres jusqu'a la fin du dix-septième siècle*(4 vols. , Paris, 1838—1841), v. Ⅲ, p. 124, and note XXⅦ, v. Ⅳ, p. 95.

② 参阅例如 Gino Loria's magnificent work, "Da Descartes e Fermat a Monge e Lagrange. Contributo alla storia della geometria analitica," *Atti della Reale Accademia Nazionale dei Lincei*, *Classe di scienze fisiche*, *matematiche e naturali*, *Memorie*, series 5, v. XⅣ(1923), p. 777-845.

③ 关于人物小传请参阅 M. Saltykow, "Souvenirs concernant le géomètre Yougoslave Marinus Ghetaldi," *Isis*, v. XXⅨ(1938), p. 20-23. 对其代数几何贡献的完整分析请参阅 Gelcich, 同上, 和 Wieleitner, "Marino Ghetaldi und die Anfänge der Koordinatengeometrie," *Bibliotheca Mathematica*(3), v. XⅢ (1912—1913), p. 242-247.

④ 参阅 Morita Cantor, *Vorlesungen über Geschichte der Mathematik*(4 vols. Leipzig, 1880—1908), v. Ⅱ, p. 737-740; 或 A. G. Kaestner, *Geschichte der Mathematik*(4 vols. , Gottingen, 1796—1800), v. Ⅲ, p. 188-195.

和圆给出了抛物线的平面结构变化①,并且吉杜巴尔多·德尔蒙特(《通用平面理论》,1579)用相应的双曲线结构补充了安特米乌斯的弦(或加德纳)的椭圆结构. 开普勒(1571—1630)在 1604 年给出了三类圆锥曲线的一般弦结构(抛物线的弦结构可能至少在一千年前米利都的伊西多尔时就已经知道了). 他还设想这些曲线组成了一个单独的系列:从一对相交的线经过无数双曲线到抛物线,然后再经过无数椭圆到圆. 在所有双曲线中,最钝的是线对,最锐的是抛物线;在所有的椭圆中,最锐的是抛物线,最钝的是圆. 令人惊讶的是,根据开普勒的"连续性定律",圆锥曲线的统一应该发生在综合几何而非解析几何中,因为解析几何中一般情况是普遍的而不是特例. 开普勒说抛物线在无穷远处有一个"盲"焦点. 然而,这些想法导致了德萨格和帕斯卡的射影几何的产生,而不是笛卡儿和费马的轨迹研究②. 开普勒(我们将圆锥曲线的"离心率"归功于他)将椭圆应用于天体运动(1609),伽利略(1638)将抛物线应用于地面轨迹,但在此圆锥曲线和实际问题的联系对解析几何的起源可能也没有什么影响. 开普勒使用的坐标与希腊人的类似,都是基于给定结构中的特殊线而非一般辅助线. 事实上,17 世纪早期对圆锥曲线新性质的发现本身与代数几何无关,因为综合和分析的思想流或多或少是相互独立的. 迈多治(1585—1647)于 1631 年出版的《反射和圆锥的前驱》(简称《前驱》)将古代的古典传统与近代对机械结构与使用的兴趣结合起来.(他曾计划添加几本关于圆锥曲线应用于物理学的书,特别是在光的反射和折射方面.)然而,尽管事实上他是笛卡儿的朋友,并且其工作出现在随后几个版本(1639,1641,1660)中,但解析几何与迈多治的《前驱》之间几乎没有什么共同之处③.

笛卡儿方法的直接路径似乎更多是由代数而非几何的发展所拟定的. 在 1629 年和 1631 年(几乎与盖塔尔迪的《分析》和迈多治的《前驱》同时)出现了关于这一方向的几部重要著作④——吉拉德(1595—1632)的《代数新发现》(《新发现》)、哈里奥特(1560—1621)的《使用分析学》和奥特雷德(1574—1660)的《数学之钥》. 这三本书都非常强调代数的缩写和符号. 韦达关于元音-

---

① 参阅 Coolidge, *History of the Conic Sections*, p. 26-27.

② *Ad Vitellionem paralipomena*;或参阅 *Opera*(ed. By Frisch), v. Ⅱ, p. 187-188. 关于圆锥曲线工作的极好阐述请参阅 C. Taylor, "The Geometry of Kepler and Newton," *Cambridge Philosophical Society Transaction*, v. ⅩⅧ(1900), p. 197-219.

③ 顺便提一下,迈多治是最早在 $\dfrac{2b^2}{a}$ 这个表示椭圆和双曲线的正焦弦的量中使用"参数"一词的人之一.

④ 人们可能还会加上几年后的 Jacques de Billy 的 *Nova geometriae clavis algebra*(巴黎,1643). 这部作品的性质是非解析的(即使是在笛卡儿的《几何学》出版 6 年之后),它清楚地表明,代数在几何上的应用本身并不构成解析几何.

辅音字母使用惯例的重要性不应掩盖其符号在运算和关系方面的弱点. 正是在这里,上述三位一体的作品取得了重大进展.《新发现》推广了通过斯蒂文从丘凯、邦贝利流传下来的幂的指数符号. 因此,他用③=á−6①+20 表示现在的 $x^3=−6x+20$. 在此,韦达的几何术语完全消失了,而"等于"符号依旧缺失. 吉拉德工作中一个引人注目的方面是在方程及其解中自由使用负数. 例如,他似乎是第一个解出含两负根的二次方程的人. 吉拉德可能是第一个指出负数应用于几何和代数的重要性的人,这对于代数基本定理的预示以及解析几何都有重要意义. 他说:"在几何学中,负数的使用被认为是向较落后的方向倒退,而正数则是前进的方向.①"这一观点似乎已经被古巴比伦人所预示. 费马和笛卡儿模糊地认识到符号在解析几何中的重要性,但这个概念直到 17 世纪后期才得到了更特别的发展.

哈里奥特在 1604 年之前就开始探究并思考,但直到他去世后,其著作在韦达之后不久的 1631 年发表,所以它没有包含对负根的认识.《使用分析学》的重要意义主要在于对韦达符号及其方程论修改形式的延续,以及对几何问题中分析或代数攻击的强调②. 从韦达的大写字母转变为哈里奥特的辅音及小写元音字母是次要的,但是 *aaaa* 的替代(例如韦达的 *A quad. quad.* )是沿着吉拉德的路线前进的. 诸如 *aaa*-3*bba* = 2*ccc* 的形式普及了雷科德的相等符号,也使文字演算接近于笛卡儿的符号. 事实上,从哈里奥特的 *aaa*,经由赫里贡的 *a*3(《数学教程》,1634)到笛卡儿的 $a^3$ 仅有一步之遥.

吉拉德和哈里奥特在韦达到笛卡儿之间仅形成了两个链接. 在奥特雷德《数学之钥》③中发现了可能最具影响力的第三个链接. 从全称《数字算术和类的训练:逻辑、分析甚至整个数学的关键》( *Arithmeticae in numeris et speciebus institutio：quae tum logisticae，tum analyticae，atque adeo totius mathematicae，*

---

① Albert Girard, *Invention nouvelle en l' algebre* ( Amsterdam, 1629), 4th page from the end of the section on algebra.

② F. V. Morley 在一篇关于 Thomas Hatio 的文章( *Scientific Monthly*, v. XIV(1922), p. 60-66)中作了令人遗憾的陈述,在这本著作中"有一种具有直角坐标和对方程和曲线等价的认识的良构的解析几何". Florian Cajori( 在"A Revaluation of Harriot's Artis Analyticae Praxis, " *Isis*, v. XI(1928), p. 316-324 中)指出,情况并非如此. Cajori 的结论已被 D. E. 史密斯在《数学史》(v. II, p. 322) 中证实,参见 J. L. Coolidge, *A History of Geometrical Methods* (Oxford, 1940), p. 118-119.

③ 参阅 Henri Bosmans, "La première edition de la *Clavis mathematicae* d'Oughtred, son influence sur la 'Géométrie' de Descartes," *Annales de la Société Scientifique* de Bruxelles, v. XXXV(1910—1911), p. 24-78, 或参阅 Florian Cajori, *William Oughtred：A great Seventeeth-Century Teacher of Mathematics* (Chicago and London, 1916). 在 Jonas Moore 的 *Arithmetick in Two Books* (London, 1660)中可以找到奥特雷德对迈多治《圆锥曲线》前两本的英译本.

*quasi clavis est.*）可以看出，《数学之钥》的灵感显然来自于韦达. 同样的符号论倾向也出现在吉拉德和哈里奥特的工作中，正如吉拉德既将减号用作数字性质，又用作运算符号. 奥特雷德使用的新符号和缩写几乎没有留存下来，表示乘的符号×（他可能是从雷科德那里连同相等符号以修改形式借用的）是一个重要的例外. 其至他用以表示未知数的二次方和三次方的缩写 *Aq* 和 *Ac*（韦达写成 *Aquadr.* 和 *Acubus*）在几年后也被指数符号所取代；但奥特雷德的强调对符号运动十分重要. 他非常重视"分析的艺术". 其想法基本上与韦达相同. 数字的算术与"更方便"的"类的算术"形成对比，"我们在算术中将所寻求的事物视为已知，然后找到它. "这也就是说，分析艺术既是一种符号论，又是一种表述顺序. 一方面，分析"似是而非、象征性的方式"与"一般综合方式冗长的表述"形成对比. 另一方面，"通过有问题地构建问题，并像已完成一样以一种分析的方式把它们分解成其原则，然后寻找可以实现它们的原因和方法"，这是一种"别出心裁的方式".

奥特雷德的《数学之钥》包括三个部分——算术计算、符号代数计算以及代数在几何中的应用. 这本质上是奥特雷德对韦达和盖塔尔迪研究主题的借鉴. 与前辈相比，他的代数更加规范，并且进一步摆脱了对几何学的依赖，其中也包含了通常由尺规构建的代数公式. 这仍然是代数和几何之间的主要联系，事实上也注定是笛卡儿几何学开篇的目标.

《数学之钥》在 17 世纪出现了五个拉丁版本和两个英文版本. 它在纳皮尔到沃利斯的时期是英国最有影响力的数学著作. 然而解析几何起源于法国而不是英国. 事实上，在《数学之钥》出现之前，新的几何学尽管未发表，但已经两度被发明. 吉拉德、哈里奥特和奥特雷德对法国数学的影响程度尚不清楚，但很明显的是，这些解析几何先驱们的著作中缺失了一些东西. 与韦达和盖塔尔迪一样，这种缺失就是对轨迹问题的研究. 吉拉德试图重建欧几里得的不定设题，但他忽略了将代数应用于几何可能提供的机会. 因为缺乏表示轨迹问题的代数和形式纬度的图示，古代和中世纪时期未能发明出解析几何；因为没有轨迹和函数可变性的代数研究，近代早期代数在几何中的应用也没有达到发明（解析几何）的要求. 最先构建解析几何的人，也在十几年间独立发现了比迄今为止整个数学史上更多的新曲线（轨迹），所以这可能并非偶然.

近代早期的数学活动主要致力于改进算术和代数技巧，以及恢复古代几何学. 曲线理论不时会出现一些新的发展，但直线和圆继续在科学和几何学中发挥基本作用. 例如，哥白尼（1473—1543）似乎认为托勒密的天文学在物理上是不可能的，因为它无法与匀速圆周运动的原理相吻合. 然而，据说富有想象力的尼古拉斯·库萨（1401—1464）曾注意到，当车轮沿着道路滚动时，车轮边缘上的一个点描绘出了曲线. 尽管他似乎无法确定其性质或特性，但这代表了由自然现象联想到新曲线的第一个现代实例,这一观察构成了曲线研究重要的一步. 古人专门发明了新的曲线来解决特定的几何问题,这是自然界中除了线和圆之外尚未发现的新曲线. 在库萨的新曲线出现的两个世纪后又出现了其他的曲线,它们在物理科学研究中被发现并在其中发挥了重要作用.

曲线理论在 16 世纪早期的贡献颇多. 从此圆锥曲线的研究(尤其是维尔纳的工作带来的复苏)在数学和科学中占据了突出地位. 大约在同一时间,迪勒(1471—1528)对高次曲线理论进行了重要的原创补充. 他引入了渐近点的概念,并用一条与对数螺线高度相似的曲线来进行说明. 这条后来因雅克·伯努利而闻名的曲线,可能是由于当时人们对地图绘制的重新关注而提出的;它是斜航线在球面上的球极平面投影,后者在 1530 年由努涅斯(1502—1578)研究过. 迪勒还恢复了曲线的古老运动学定义,并以外摆线和新蚌线为例. 哥白尼和卡丹同样注意到一个圆在另一个两倍半径的圆内滚动所产生的轨迹(一条直线),但这一结果早已为纳西尔·丁所熟知. 哥白尼也知道椭圆是由一个在本轮中旋转的点产生的,其中心沿相反方向以相等的角速度沿均轮运动①. 然而,由于其偶然性且没有系统发展,当时这种关于曲线的研究实属典型. 例如波维尔在 16 世纪初注意到了摆线,而伽利略在世纪末再次提到它,但这些人在确定其方程或性质方面都没有取得任何进展.

17 世纪初叶,由于已知曲线的数量比两千年前略多,几何学的研究超出了以圆锥曲线为中心的基本原理范畴. 然而,从 1634 年到 1644 年的十年间,情况发生了根本性改变. 这是源于先前采用的曲线定义方法上的潜在可能性和发明出的新原则发展的结果. 摆线在以前曾多次被注意到,但当梅森(1588—1648)于 1634 年以及伽利略(1564—1642)于 1639 年再次提出它是一条值得研究的曲线时,它的形状和性质通过运动合成迅速确定. 然而,这种古老的方法得到了一种强大的新方法——解析几何应用的补充.

---

① 有关参考书目和进一步细节,请参阅我的注释 *Isis*, v. XXXVIII(1947), p. 54-56.

# 费马与笛卡儿

第五章

数学是上帝用来书写世界的文字.

——波义耳

解析几何是两个人的独立发明,他们都不是专业的数学家.皮埃尔·德·费马(约 1608—1665)是一位对古典几何著作有着浓厚兴趣的律师.勒内·笛卡儿(1596—1650)是一位哲学家,他在数学中发现了理性思维的基础.两人都从韦达中断的地方开始,但却继续朝着略有不同的方向前进.费马保留了韦达的符号,但将其应用于一个新的领域——轨迹研究.笛卡儿则沿用了韦达的目标——代数方程根的几何作图,但将其与现代代数符号体系相结合.这两条路径都通向相同的基本原理,但在重点上仍然存在分歧,特别是在努力恢复尽可能多的希腊几何学的时期.除了《圆锥曲线论》的前七本,阿波罗尼奥斯的大部分著作都已遗失,但韦达、斯涅尔和盖塔尔迪已经加入到基于帕普斯及其他注释者提供信息的遗失著作的恢复工作中.费马对这种尝试也很感兴趣,并且恢复了阿波罗尼奥斯《论平面轨迹》中的两本.这使他想到了圆与三个圆相切的阿波罗尼奥斯问题,他把这个问题推广到一个球与四个球相切.他的早期作品都是古典风格的,并未提及韦达的分析艺术.尽管如此,他还是非常熟悉韦达、盖塔尔迪和其他近代早期作家的内容和方法.到了 1629 年,他似乎偶然发现了极大值和极小值的分析方法,并且几乎同时将韦达的分析应用于轨迹问题,从而发明了新的几何学.人们想知道从韦达的分析艺术到解析几何基本原理的转变是如何发生的,但费马对此只给出了一些附带的暗示.

费马只写了一篇题为"平面与立体轨迹引论"的关于解析几何的简短论文.这是一部大约二十页的作品,专门介绍直线、圆和圆锥曲线.它以这样的陈述开始——从某些情况下缺乏一般形式表述问题就可以看出,尽管古人研究轨迹问题,但他们一定发现这很难.费马提议用适合此类问题的分析方法来说明轨迹理论,并断言这将为轨迹问题的一般性研究开辟道路.在没有进一步介绍的情况下,他用清晰而准确的语言阐述了解析几何的基本原理:

每当在最终方程中找到两个未知量时,我们就得到一个轨迹,其中的一个端点描绘出一条直线或曲线①.

这个简短的句子代表了数学史上最重要的陈述之一.它不仅介绍了解析几何,而且还介绍了非常有用的代数变量思想.元音字母以前在韦达的术语中表示未知但仍然固定或确定的量.费马的观点赋予了含两个未知数的不定方程意义,即允许一个元音字母采用连续线值,从初始点沿着给定轴进行测量,而另一个元音字母表示由给定方程确定的相应线,该线作为与轴呈给定角度的纵坐标轴(这在以前的几何学中是不被允许的).在古希腊著作中,与给定曲线相关联的某些直线起到了相当于坐标系的作用,曲线的性质已经以这些直线的形式用文辞代数表达出来.先有曲线,然后在其上叠加线,最后根据曲线的几何性质推导出文字描述(或代数方程).费马的天赋使扭转这种局面成为可能.从一个代数方程开始,他展示了如何将这个方程看作给定坐标系下点的轨迹定义(即曲线).费马并没有发明坐标系,他也不是第一个使用图形表示的人.分析推理在数学中应用已久,代数在几何中的应用也已司空见惯.然而一般来说,在费马和笛卡儿时代之前,似乎没有人认识到这样一个事实——含两个未知量的给定代数方程本身确定了一条独特的几何曲线.费马与笛卡儿的决定性贡献就在于此,即承认这一原则,并将其作为一种形式化算法程序使用.

值得注意的是,费马和笛卡儿都没有使用"坐标系"这一术语,也没有使用两条轴的想法.费马选择了一条方便的线来表示现代的 $x$ 轴,其上一点(费马称之为"末端")被认为等同于后来的原点.对于以 $A$ 和 $E$ 确定的给定方程,$A$ 表示从固定点沿轴的测量值,相应的 $E$ 值为与基线呈给定角度的线段长度(后来称为纵坐标).费马指出,这个角通常为直角.尽管在某些情况下会出现一条相当于 $y$ 轴的线,但并不以所求点到这一纵坐标轴绘制的直线为横坐标或 $A$ 值.

---

① 参阅 *Oeuvres de Fermat*(4 vols. And supp. , Paris, 1891—1922), Ⅰ, p. 91；Ⅲ, p. 85.《引论》的拉丁语版本见于 v. Ⅰ, p. 91-110；法语译本见于 v. Ⅲ, p. 85-101. 拉丁语译本也可参阅费马的 *Varia Opera Mathematica*(Tolosae, 1679).

费马的方案与笛卡儿的一样,都可以看成是纵坐标(而非坐标)几何. 此外,费马的运算仅限于现在称为第一象限的区域. 由此可以看出,笛卡儿在这方面比费马走得更远.

费马的解析几何对于一个新发现的学科来说是惊人的体系. 他首先将轨迹作了一个经典划分,即平面、立体与线性三种类型①,随后给出了一个重要陈述——如果给定方程中各项的幂不超过二次,那么轨迹是平面或立体的. 这一陈述构成了其著作的中心主题,并通过对方程式进行有序的详细研究而得到证实. 费马从一个线性方程开始,用韦达的术语来说就是:"$D$ 乘 $A$ 等于 $B$ 乘 $E$." 即 $dx=by$,其中 $d$ 和 $b$ 为给定常数. 从 $\dfrac{B}{D}=\dfrac{A}{E}$ 可知,讨论点(图7的点 $I$)的轨迹是一条直线(更严格地说是射线或半直线)$NI$. 类似的,更一般的线性方程(相当于 $dx+by=c^2$)对应于 $MI$,其中 $MZ=\dfrac{c^2}{d}-A$. 值得注意的是,文字系数以及坐标都看成是正的,这一观点在整个 17 世纪普遍存在. 费马指出,所有一次方程都可以很容易地表示直线,但他所想到的大概只有由 $A$ 和 $E$ 的正值所满足的形式.

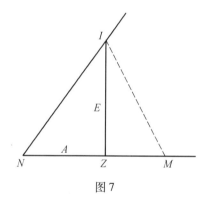

图 7

为了展示他的新方法在处理原始轨迹问题方面的作用,费马接下来宣布了一个通过这一方式发现的"不错的命题":

给定任意数量的固定线,从该点到给定直线以给定角度绘制的线段的任意倍数之和为常数的点的轨迹是一条直线②.

费马没有给出证明,但这个命题可以作为线段是点坐标的线性函数这一事实,以及每个一次方程代表一条直线这一命题的一个简单推论.

---

① 令人惊讶的是,费马在研究中明确提出的按次数排序的情况下,仍然保留了这种古老的分类,而笛卡儿没有那么犹豫.

② 原文的语言在这里和其他一些方面已作了相当大的修改,以适应当前的用法.

费马接着研究二次方程,称"$A$ 乘 $E$ 等于 $Z$ 的平方"(即 $xy=k^2$)表示双曲线. 这从曲线的渐近性显然可以看出,也许在米内克穆斯发现圆锥曲线时就知道了. 费马只是指出该方程相当于希腊"symptoma(性质)"的文字表述,但需要注意的是,这里费马是从方程(他有时将其称为"特定性质")到曲线,而他的前辈们是从曲线倒推基本性质(或"symptoma"). 费马补充道,任意形如 $d^2+xy=rx+sy$ 的方程都可以很容易地简化为双曲线的前一情况. 这种简化是通过相当于轴平移的替换来实现的,但该过程没有形式化.

接下来,费马从 $x^2=y^2$ 开始考虑了涉及未知量平方的方程. 因为不考虑负坐标,他认为这与其他 $x,y$ 齐次的二次方程(诸如 $A^2$ 或 $A^2+AE$ 与 $E^2$ 成定比)一样都是一条单一直线(更确切地说是射线).

费马随后证明了 $x^2=dy$ 和 $y^2=dx$(以及更一般的形式 $b^2\pm x^2=dy$)是抛物线. 在证明 $x^2+y^2+2dx+2ry=b^2$ 是圆之后,费马以此为基础补充了阿波罗尼奥斯《平面轨迹》第二本中所有命题的重建. 由此可以证实费马是通过轨迹研究而非方程的几何解法来引入解析几何的. 而方程的几何解法引起了费马的前辈们及其同时代人(包括笛卡儿)的强烈关注.

在证明了 $b^2-x^2=ky^2$ 是椭圆,$b^2+x^2=ky^2$ 是双曲线(他给出了两支)之后,费马考虑了一个涉及 $x^2,y^2,xy$ 及其他项,"所有二次方程中最复杂的"方程. 通过坐标轴的旋转,他将 $b^2-2x^2=2xy+y^2$ 转换为前面给出的椭圆形式. 除此之外,只要涉及 $x^2,y^2,xy$ 及其他项的方程都可以类似方法"通过一个被称为类型的三角"处理,即三角变换.

对于该书的高潮部分,费马提出了以下命题:

给定任意数量的固定直线,若从某点以给定角度向这些直线绘制的线段的平方和为常数,那么该点的轨迹是立体的.

在任何情况下,"根据规则"都能得到二次方程,据此可以证明上述命题. 这样的问题很好地说明了解析几何作为轨迹的一种系统研究法的价值. 费马宣称,如果他在恢复阿波罗尼奥斯的《平面轨迹》之前就发现了这种方法,那么轨迹定理的构造就会变得更加优美.

在费马的《平面与立体轨迹引论》(以下简称《引论》)之后有一篇题为"用轨迹法求解立体问题"的附录,延续了米内克穆斯、阿基米德、奥马尔·海亚姆以及韦达等人在三次和四次方程的几何解法方面的工作. 其著作的进步之处就在于能够用相交轨迹直接解释代数消元法的问题,根据费马的新原理,任意含两个未知数的二次方程都是一个平面或立体轨迹. 由此,系统的代数运算取代了巧妙的几何结构. 正如费马所指出的,已经不再需要韦达的相关方法了. 他夸口说:"四次方程的求解与三次方程一样优雅、轻松和快速,我相信再想出一个更优雅的解决方案是不可能的了." 为了实现该主张,他用这个方法证明了所有的三次和四次问题都可以用抛物线和圆来构造. 例如, 方程 $x^4-z^3x=d^4$(若用韦达的术语表示即为Aqq. –Zs. in A aequetur Dpp. )是通过抛物线 $\sqrt{2}\,by=x^2-b^2$ 和圆 $2b^2x^2+2b^2y^2=z^3x+b^4+d^4$ 的交点求解的. 该方法很容易推广到其他情况. 费马在附录的结尾添加了一句重要的评论:"关注前面内容的人不会试图将问题简化为平面问题……三等分角及其他类似问题. "这一古老问题的不可解决性并非通过综合几何,而是通过轨迹的解析研究得以证实.

　　圆锥曲线有三种一般研究方法:作为圆锥的截面,作为平面轨迹,以及作为二次方程的图像. 费马的《引论》极好地介绍了第三种意义上圆锥曲线的解析几何. 为什么他没有对包括更高次的曲线在内进一步研究? 费马充分意识到这门学科在发明新曲线上的无限可能性,他在著作的开篇特别指出:"曲线的种类在数量上是不确定的:圆、抛物线、双曲线及椭圆等. "后来补充说,他省略了对线性轨迹的考虑,因为这些知识"很容易通过化简从平面和立体轨迹的研究中推导出来". 这是否意味着费马相信高次方程总是可以被简化为低次方程,从而通过圆锥曲线来求解? 如果是这样的话,他的观点与笛卡儿的截然相反,也与他自己后来的反思截然相反. 笛卡儿的《几何学》与费马的《引论》形成鲜明对比的一个方面是对高次平面曲线层次结构的关注. 费马发现新曲线的伟大贡献不是在他的轨迹研究中,而是在微积分几何的解析方法应用中,他几乎预见到了牛顿和莱布尼茨的微积分发明.

　　阿基米德的无穷小方法也许比阿波罗尼奥斯的几何学更能在中世纪的插曲中幸存下来,而有关阿基米德测量著作的翻译也在近代早期蓬勃发展. 代数在这里的影响有点类似于初等几何,试图将穷竭法算术化. 斯蒂文等人很好地代表了这一点,但它面临着几个严重的困难,其中之一是算术和代数中缺乏极限概念,另一个是缺乏曲线的解析理论. 作为阿基米德几何学最热忱的崇拜者和延续者,开普勒和卡瓦列里所知道的曲线与伟大的叙拉古人相差无几. 曲线的数量太少,不足以激励寻找适用于所有情况的算法规则;此外,已知的曲线也并不适用于研究后来的微积分. 微积分几何的进一步发展显然等待着解析几何的兴起,费马在这一方面发挥了关键作用. 他不仅是解析几何的发明者之一,而且还率先将新方法应用于斜率和曲线求积问题. 他介绍了建立微积分方法的曲线,并提出了作为微分先驱的切线方法. 这项工作见于他在《引论》之后几年撰写的著作《求极大值与极小值的方法》①.

　　《求极大值与极小值的方法》对于解析几何发展的重要意义在于引入了所谓的高次抛物线和双曲线——$y=x^n$ 和 $y=x^{-n}$. 对此, 费马也采用了韦达的烦琐

① 参阅 *Oeuvres de Fermat*, v. Ⅰ, p. 133-179; v. Ⅲ, p. 121-156.

61

术语,并使用了比例而非新的方程形式,但从他的著作中可以看出思想比符号更重要. 他保留了元音字母 $A$ 来表示横坐标,但省略了表示纵坐标的字母. 这就需要一种尴尬的半解析形式,用以定义与《引论》中使用的比例形成对比的曲线的比例. 其原因可能在于他的切线和极大极小值方法要求可变增量(相当于现代的 $\Delta x$). 遵循之前将 $A$ 和 $E$ 视为代数变量的解释,费马保留 $A$ 为自变量,并令 $E$ 为 $A$ 的增量. 他的极大极小值方法本质上由形式组成,对于给定的曲线或函数 $f(A)$,找到当 $E$ 趋于 $0$ 时差商 $\dfrac{\left[f(A+E)-f(A)\right]}{E}$ 的极限. 既没有专门使用函数符号和思想,也没有专门使用极限概念,但技巧实际上是相同的. 这种方法具有重要的信号意义,因为它代表了算法规则的最早解析阐释,这一规则最终将微积分几何转化为微积分. 通过解析方法,费马还发现了高次抛物线和双曲线的求积,但他没有注意到面积和切线问题的逆性质,因此他以非常小的差距错过了微积分的发明. 尽管如此,他还是因为在解析几何和微积分几何中引入了 $y=x^{\pm n}$ 曲线族而被人们铭记于心,因此,以他的名字将其命名为"费马抛物线和双曲线".

费马的著作包含对许多其他曲线的参考,因为他意识到通常每个含两个未知数的新方程都代表一条新曲线. 然而,由于方程被认为表示正坐标的点,故而无法找到其完整图像. 此外,曲线的提出通常只是为了说明微积分的方法,对切线和求积的兴趣多于曲线本身的形状. 其中一部分曲线甚至没有给出局部的草图. 例如,在费马提出的关于求积及其他许多没有给出图像的工作中[1],曲线由下列方程确定

Bc. aequalis Aq. in E + Bq. in E

即后来被称为"阿涅西箕舌线"的曲线 $b^3=x^2y+b^2y$,尽管它频繁出现于费马和阿涅西之间的时期. 不幸的是,费马只关心面积问题,所以他对曲线的形状和轨迹的性质不感兴趣.

费马的工作中还有其他解析几何的相关内容,但它们在其历史发展中的意义不如前面提到的那些重要. 一篇题为"曲面轨迹引论"的简短论文将轨迹问题上升到了三维,但它没有使用解析方法. 所讨论的曲面也都是古代已知的,即平面、球面、椭球面、抛物面、双叶旋转双曲面、锥面和(圆)柱面等. 卡瓦列里(或许更早)可能知道的单叶旋转双曲面不包括在内. 其轨迹不是由方程给出的,也没有使用坐标系. 事实上,并非所有情况下的结果都是正确表述的[2]. 尽管费马本人知道基本原理,但立体解析几何直到大约一个世纪后才兴起. 在一

[1]  *Oeuvres*, v. Ⅰ, p. 279; v. Ⅲ, p. 233.

[2]  参阅 Coolidge, *History of Geometric Methods*, p. 125.

篇题为"新型二次或高次方程分析中的指标问题"的半页文章中,他重复并扩展了1629年的发现:

　　某些只涉及一个未知量的问题可以称为"确定的",为的是把它们跟轨迹问题区别开来. 还有一些问题涉及两个未知量,而且决不能简化为一个未知量;这些都是轨迹问题. 在前一种问题中,我们找的是独一无二的点,在后一种问题中,我们找的是一条曲线. 但是,如果要解决的问题涉及三个未知量,为了满足这个方程,你要找的就不仅仅是一个点或一条曲线了,而是整整一个面. 就这样,面的轨迹出现了,等等①.

　　遗憾的是,费马没有将他的解析研究扩展到后一类问题. 如果他这么做了,由于三维空间的发展在后来笛卡儿二维几何的修正中起了重要作用,解析几何的整个历史可能有所不同;费马似乎暗示了超过三维的解析几何,但三维几何直到两个世纪后才发展起来.

　　费马关于解析几何的文献在他生前并未发表,因此很难确定其影响程度②. 他对轨迹(以及极大极小值)的研究甚至在笛卡儿的《几何学》出现之前就为巴黎数学家圈子所熟知.《求极大值与极小值的方法》给人留下了很深的印象,尤其是在切线确定方面的应用;但《引论》似乎被笛卡儿的工作所掩盖.《求极大值与极小值的方法》中的一部分很快被其他数学家出版的书籍收录,但《引论》是在论文完成半个世纪之后的1679年(即作者去世后14年,笛卡儿的《几何学》出版42年后),首次出版于费马的《论集》中. 到那时,该领域的发展已经远远超过了费马所迈出的简单一步,这本书的出版在很大程度上具有历史意义. 笛卡儿甚至抛弃了原始符号,其影响彻底统治了那个时代. 由于没有意识到创作的年代早期,《引论》的读者忽视了它作为费马独立发明解析几何的证据的重要性. 这一主题一直被认为是笛卡儿的专利,而其对手的公正主张留待后来的历史研究阐明. 这门学科至今仍然被称为笛卡儿几何学,这在其发明独特性的意义上是不幸的,但这个标题恰如其分地说明了这样一个事实——数学的新分支主要是在笛卡儿的影响下扎根的.

　　笛卡儿心中关于解析几何的起源可以从他1628年10月写给艾萨克·比克曼的一封信中看出. 他在信中夸口说,在过去的九年里,他在算术和几何方面取得了巨大的进步,以至于对此已经没什么兴趣了;并通过给出用抛物线构造所有三次和四次方程的规则证实了这一说法. 这种为代数方程的解赋予几何意义的努力,表明他对这一分支的发展是对韦达工作的直接延续,而且随着他的

---

　　①　*Oeuvres*, v. I, p. 186-187; v. III, p. 161-162.

　　②　Abbé Louis Genty 在 *L' Influence de Fermat sur son Siècle* (Orleans and Paris, 1784) 中的描述似乎夸大了这一点.

脚步走得越远,这一观点就越得到证实. 确定代数方程根的几何作图一直是韦达及其直接继承者的主要关注点之一,而笛卡儿将其作为自己工作的基石. 与费马一样,他显然已经发现代数和几何的相互关系,这对于使用坐标研究含两个未知量的方程意义非凡,但二人的侧重点不同. 费马把轨迹的代数研究放在首位,而笛卡儿主要关注的是通过方程的几何解来作图. 这个过程主要是代数的,但意义是纯几何的①. 笛卡儿的目标与韦达及古代的古典几何学家的目标一致,但由于利用了不定方程的图示,其方法在本质上是创新的.

1631—1632 年,当一位古典学者呼吁关注帕普斯三线、四线问题时,笛卡儿的兴趣被吸引了过去,并且意识到了新方法的魅力②. 笛卡儿指出,他通过计算找到了这个问题的答案,而这里的成功使他错误地认为古人失败了,并让他意识到了其工作中普遍性的重要性. 他之所以成为新几何学的先知,部分原因在于他的自尊心,他对古人的评价很低,这与费马谦逊地对古典希腊几何学家的赞赏形成了对比. 笛卡儿没有参与当时修复阿波罗尼奥斯作品的运动. 相反,他撰写并发表了一部导致综合几何在两个世纪以来几乎被放弃的作品. 这部重要著作《几何学》于 1637 年作为附录出现在更长、更著名的哲学著作《科学中正确运用理性和追求真理的方法论》中. 虽然大家都知道作者的身份,但这本书没有署名.

笛卡儿几何现在是解析几何的同义词,但笛卡儿的根本目的与现代教科书的相去甚远.《几何学》的主旨是由卷首语确定的:"几何学中的任何问题都可以很容易地转化为这样的形式,即知道某些线的长度就足以构建它. ③"尽管笛卡儿持有打破传统观念的态度,但却没有超越对可构造性的古典强调. 他首先继续了数学家们从韦达到奥特雷德所做的事——为代数提供了几何基础. 这五种算术运算与简单的尺规作图相对应,从而证明了将算术术语引入几何的合理性. 对此,笛卡儿引入了幂的指数表示法. 这一点曾有过各种形式的预示,但正是由于《几何学》的尝试,它才第一次站稳了脚跟. 事实上,可以说这本书现在学习代数的学生可以在不遇到符号困难的情况下阅读的最早的数学教材. 它代表了一个世纪符号代数发展的顶峰,事实上,笛卡儿使用的唯一一个已经过时

---

① 参阅 Boyce Gibson, "La Géométrie de Descartes au Point de Vue de Sa Méthode," *Revue de Métaphysique et de Morale*, v. Ⅳ (1896), p. 386-398.

② Gaston Milhaud, in *Descartes Savant*(Paris, 1921) 将解析几何学的发明归于 1631 年,也就是他研究这个问题的那一天,或参阅 J. J. Milne, "Note on Cartesian Geometry," *Mathematical Gazette*, v. ⅩⅣ(1928—1929), p. 413-414.

③ 参阅 *The Geometry of René Descartes*(transl. by D. E. Smith and M. L. Latham, Chicago and London, 1925), p. 2.

的符号就是等号. 用=代替∞只是约定俗成的问题,对思想的发展没有任何意义. 另一方面,笛卡儿将几何与纯粹符号代数联系起来的贡献标志着早期工作的决定性进步,因为它鼓励了独立于几何可视化的代数技巧的发展. 和费马所用的一样,笛卡儿代数中的未知量都是变量. 它们继续代表线而不是数字,但作者不鼓励从几何维度来解释它们的幂. 他强调,正如符号和名称可能暗示的那样,$a^2$ 或 $b^3$ 表示的"仅是简单的线条",而不是面积或体积. 对于解析几何来说,这是一个非常方便但绝不是必不可少的观点. 它通过为参数或系数引入适当的幂来避免在给定的方程或表达式中保持明显的齐次性. 它允许人们泰然地写出诸如 $a^2b^2-b$ 的表达式. 然而,笛卡儿谨慎地补充道,如果想要求出它的立方根,则"必须认为 $a^2b^2$ 这个量被单位量(即单位线段)除了一次,$b$ 这个量被单位量乘了两次". 如果方程中没有单位量,那么线应该具有相同的维度. 也就是说,笛卡儿只是用思想上的齐次性代替了形式上的齐次性①. 这为代数技巧提供了更大的运算自由,并促进了实数系与直线上点的隐式联系,但它并没有真正影响解析几何的早期发展. 费马认为,与思想相比,符号的问题相对不那么重要,因此他反对笛卡儿的改变:

就像韦达一样,我用元音字母来表示未知量,但我不明白笛卡儿为什么要改变一些无关紧要的东西,这纯粹只是一种惯例②.

但是费马低估了通过放弃齐次的表达方式和使代数完全符号化在机械装置上获得的实践优势. 在接下来的一个世纪里,两人的继承者普遍保留了费马的形式齐次性,但除此之外,他们沿用了笛卡儿的符号.

回到开篇的主题,笛卡儿给出了解决几何问题的方向. 首先假定解已得到,然后给已知和未知的线命名. 接着不区分已知或未知的线继续进行,直到发现两种方式表达一个量,即获得单个确定方程. 这一表述与韦达和奥特雷德给出的分析艺术定义仅在非本质上有所不同. 它具有解析几何方法的特征,但并不代表通常意义上的解析几何. 笛卡儿继续说(没有证明),如果这个问题可以用普通的几何方法(即直尺和圆规)解决,那么最终的方程将是含一个未知数的二次方程,而且"这个根或未知的直线很容易找到". 以方程 $z^2=az+b^2$ 为例,笛卡儿构造所需直线 $z$ 的过程如下:先画一条长度为 $b$ 的线段 $LM$(图8),并画线段 $NL=\dfrac{a}{2}$ 垂直 $LM$ 于点 $L$,再以 $N$ 为圆心作半径为 $\dfrac{a}{2}$ 的圆,作一过点 $M$ 和 $N$ 的

---

① 柯立芝(在"The Origin of Analytic Geometry," *Osiris*, v. Ⅰ(1936), p. 242)中显然忽略了这一段,当他写道:"他(笛卡儿)通过计算他的几何向前迈进了一大步. 他处理的真正对象是数字. 他完全把自己从齐次性的迷信中解放出来了." 参阅 Coolidge, *History of Geometric Methods*, p. 126.

② *Oeuvres de Fermat*, v. Ⅰ, p. 120; v. Ⅲ, p. 111.

直线交圆于 $O,P$ 两点,则 $z=OM$ 为所求线段. 笛卡儿忽略了方程的根 $PM$,因为这是"假"的(即负数). 这一作图方法(笛卡儿几何的目标)现在是方程理论而非解析几何的标准部分. 它们说明了他寻找经典问题的几何作图这一目标已有两千多年历史了.

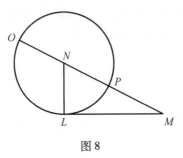

图 8

《几何学》的第一卷是古老的柏拉图式限制下关于"仅需直线和圆的作图问题". 在第二卷"曲线性质"中可以发现这部著作更为现代的一面,但笛卡儿明确表示这一卷是第三卷的必要铺垫. 最后一卷是关于"立体及超立体问题的几何作图". 自相矛盾的是,人们主要是通过笛卡儿才认识到含两个未知数的方程代了平面曲线,但他和他的直接继任者都没有对这一基本原理表现出太大的兴趣. 笛卡儿不像奥雷斯姆那样使用坐标来表示图形或函数的性质. 它们只是解决几何问题的辅助工具①. 他关心的不是满足给定方程的点的轨迹,而是这些点的可构造性. 在整部《几何学》中没有一条新曲线是直接从它的方程绘制而来的. 笛卡儿对这个问题的兴趣不大,以至于他从未完全意识到负坐标的重要性. 他知道在一般情况下,负线的指向与正线是相反的,但是他并没有意识到这个概念在坐标系中作为一般原则的适用性. 他偶尔使用负纵坐标,但不使用负横坐标. 蒙蒂克拉夸大了笛卡儿在负量的几何解释中所起的作用. 1638年提出的叶形线实际上只有一叶,因为笛卡儿认为它只定义在第一象限. 此外,他提出这个问题不是为了说明自己的几何学,而是为了挑战费马的极大极小值法和切线法. 从分析的角度来看,他第一次提出这条曲线时对其几乎不感兴趣,以至于他综合地将其定义为曲线 $BDN$(图 9(a)),使得 $BC$ 和 $CD$ 的立方之和等于 $BC,CD$ 及点 $P$ 上的平行六面体,并给出了一个错误的草图. 半年后,他更仔细地将它绘制成一片叶子②(图 9(b)),在他去世十几年后,费马继续按照笛卡儿的设想绘制叶形线.

① Loria, "Descartes Géométre," *Etudes sur Descartes* (Paris, 1937), p. 119-220.

② 参阅 *Oeuvres*(ed. By Adam and Tannery, 12 vols. and supp., Paris, 1897—1913). v. I, p. 490;v. II, p. 274, 或见 Loria, "Da Descartes e Fermat a Monge e Lagrange," p. 790-791.

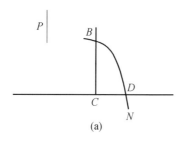
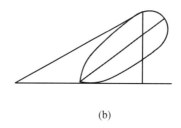

(a)                                    (b)

图 9

　　笛卡儿对他处理帕普斯三线和四线轨迹问题时所用方法的力量印象深刻，而这个问题就像阿里阿德涅的一条线贯穿三卷，很好地说明了他的重点. 正是与这个问题有关，大约在第一卷的中部，坐标进入了几何学，因此严格意义上的笛卡儿几何出现了. 然而，后面的第二卷首先清楚地阐明了含两个未知数的不定方程对应于轨迹的基本原理.

　　为了解决所有的轨迹问题，只要找到一个满足所有条件的点……在任意情况下，都可以得到一个含有两个未知数的方程①.

　　值得注意的是，这里（费马也是如此）强调了一个平面轨迹中的两个未知数，与阿波罗尼奥斯使用多个未知数（除了其中一个以外，实际上都是因变量）形成对比.

　　帕普斯问题的简化形式本质上是这样的：给定 $2n$（或 $2n+1$）条线，找到一个点的轨迹，使得该点与 $n$ 条线的距离乘积等于（或成比例）与其他 $n$（或 $n+1$）条线的距离乘积. 对于三线或四线问题，笛卡儿知道（古人也知道）其轨迹是圆锥曲线. 对于五条线来说，轨迹就是一条三次曲线，可以预料到笛卡儿会考虑到这些曲线所对应的各种图像. 然而，他最关心的问题不是给定轨迹的形状，而是它的可构造性. 对于五条并非都平行的直线，他得意地说轨迹就这个意义上说是基本的，因为给定曲线上一个点的坐标值，代表另一个坐标的线可以仅用尺子和圆规作出. 例如，如果其中四条线平行且等距为 $a$，那么第五条线与其他线垂直（图 10），令比例常数为 $a$，那么该轨迹为三次曲线 $x^3 - 2ax^2 - a^2x + 2a^3 = axy$，牛顿称之为笛卡儿抛物线（或三叉线）. 这条曲线经常出现在《几何学》中，但笛卡儿从来没有给出它的完整图像. 他对曲线的兴趣仅限于以下三个方面：（1）推导出帕普斯轨迹方程；（2）通过运动学方法证明其可构造性；（3）反过来用它来构造更高次方程的根. 笛卡儿认为帕普斯问题或"疑问"在上述情况下是可构造的，因为可以对直线 $x$ 连续赋值，并在每种情况下为直线 $y$ 构造相应

──────────

　　① 　Book Ⅱ, p. 334-335.

67

的值. 虽然韦达一直对确定问题的可构造性感兴趣,但笛卡儿走得更远,并将准则也应用于轨迹. 正是在这里,他发现了使用坐标系的必要性. 从一般意义上可以说,笛卡儿对解析几何的发明包括将韦达的分析艺术扩展到不定方程的作图,就像对费马来说是对轨迹的研究一样,通过分析艺术导致了相同的结果. 但笛卡儿继续将确定方程的作图视为其最终目的.

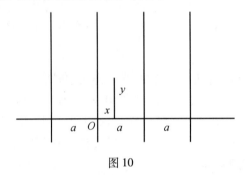

图 10

以现在惯用的方式绘制曲线不是笛卡儿解析几何的一部分. 他甚至没有给出帕普斯问题的轨迹图像. 笛卡儿知道含两个未知数的方程确定了一条曲线,但奇怪的是,他似乎并没有把这样一个方程视为曲线的充分定义,并且认为必须在每种情况下展示实际的机械结构. 据推测,古希腊人强调构造是因为可以将它们作为存在定理. 人们很想把这个想法应用到笛卡儿身上,除非给出其运动学结构,并且怀疑与方程相对应的曲线的存在. 像古希腊人一样,他认为轨迹必须通过与另一条已知曲线在几何上或运动学上的联系而构建. 也许正是传统的几何公理形式把他引向了这个方向. 韦达建议增加新的假设,使得系统地构造三次和四次方程的根成为可能. 笛卡儿则希望在更高的层次上将几何系统化,使得问题的次数或维度不受限制. 他可以简单地把所有由代数方程给出的曲线加入到几何学中,但他偏爱运动学基础. 因此,笛卡儿在欧几里得假设的基础上又增加了一个假设:"两条或两条以上的曲线可以相互移动,并通过它们的交点确定其他曲线.①" 当然,这表示与柏拉图式仅限于圆规和直尺的仪器截然不同,笛卡儿可以自由地使用各种连杆和机械装置. 运动的概念在他的作品中比费马起到更为突出的作用. 从某种意义上来说,笛卡儿并没有摆脱曲线的古老运动学定义,因此他承认几何学中只有"可以想象成由连续运动或几个连续运动绘制的曲线,每个运动完全取决于前一个;因为通过这种方式总能获得每个量的确切信息.②" 为了明确笛卡儿构建曲线的想法和现代曲线绘制的态

---

①     Book Ⅱ, p. 316.

②     同前所述.

度之间的区别,下面这段话很有意义:

值得注意的是,这种通过在曲线上寻找几个点来追踪曲线的方法,与用于螺旋线及类似曲线(例如机械的或超越的)的方法大不相同. 在后一种情况下,人们不会无差别地找到所寻求的曲线的所有点,而只会找到那些可以通过更基本的构造确定的点.……(前一种)通过随机数量确定点来追踪曲线的方法仅适用于可以由规则和连续运动生成的曲线①.

在几何学允许的"规则和连续运动"中,笛卡儿研究包括了"加德纳构造"的椭圆和其他类似的由弦长或运动直线决定的运动轨迹. 例如,笛卡儿的卵形线仅作为轨迹研究,而不给出这些曲线方程的解析形式. 然而,他没有将基于曲线长度的轨迹包括在内,因为他认为这种修正"无法被人类大脑发现". 如果他能多活十年,他就不得不改变这个观点了!

"笛卡儿曲线"这一名称仍然适用于他所使用的代数曲线族,作为构建代数曲线"家谱"方式的例证. 设 $OM$ 为先前构建的曲线,$O$ 为其上一点,而点 $Q$ 不在曲线上,两者都相对于曲线固定(图11). 设 $S$ 为直线 $OQ$ 上一定点,$T$ 为与直线 $OQ$ 垂直于点 $S$ 的直线上一定点. 曲线与直线 $TQ$ 交于点 $P$,那么当曲线(点 $Q$ 同样)沿与 $OS$ 平行的方向做刚性平移运动时,点 $P$ 描绘出一条新曲线 $PT$,它可以被视为原始曲线的结果. 如果给定曲线是直线,则新曲线将是双曲线;如果是抛物线,则推导出的曲线将是上面提到的笛卡儿抛物线(或三叉线).

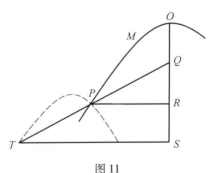

图 11

笛卡儿通过"几何曲线上(由运动定义)的所有点必须具有由方程表达的确定关系"②原理将曲线的运动学层级结构转化为代数分类. 也就是说,他找到了上述点 $P$ 的轨迹方程:设 $OQ=a$,$ST=b$,曲线由 $z=f(x)$ 给出,其中 $z=OR$,$x=PR$. 如果 $RS=y$,那么有

①     Book Ⅱ, p. 339-340.
②     Book Ⅱ, p. 319.

$$\frac{z-a}{x}=\frac{z-a+y}{b}$$

因此,点 $P$ 的轨迹方程为

$$f(x)=\frac{xy+ab-ax}{b-x}$$

如果 $z=f(x)$ 是线性的,那么点 $P$ 的轨迹是二次的. 如果曲线 $z=f(x)$ 是二次的,那么点 $P$ 的轨迹是三次或四次的;如果 $z=f(x)$ 是三次或四次的,笛卡儿认为点 $P$ 的轨迹应该是五次或六次的,"依此类推直到无穷"①. 以这种方式为新轨迹建立了成对的次数结构. 然而,费马指出②这里存在不一致的地方,因为如果变化的曲线是 $y^3=b^2x$,那么生成的曲线是四次的——即,它不属于下一层,而是属于同一对次数.

尽管如此,笛卡儿的二级分类法在整个 17 世纪都被广泛采用. 它基于这样一个事实:四次方程的代数解生成了一个三次预解式,由此笛卡儿轻率地得出结论,即 $2n$ 次方程在任何情况下都会生成一个 $2n-1$ 次的预解式,正如胡德后来指出③的那样,这个结论是不正确的. 从笛卡儿在《几何学》中的表述可以看出,他的分类也受到了其他因素的影响. 它自然地出现在笛卡儿曲线和帕普斯问题中,并被他的工作目标——多项式方程根的几何作图可以通过相交曲线的使用来完成所证实. 三次和四次方程都可以通过圆锥曲线求解,五次和六次方程可以通过三次曲线求解. "对其他人来说是类似的④",笛卡儿补充道,类似的,这意味着三次方程不能满足六次以上的方程,而实际上它们可以用于九次以下的方程. 为了遵循他的可构造性思想,笛卡儿可能更好地按照完全平方而不是偶数的阶来对曲线进行分组.

说明了曲线的分类之后,笛卡儿又回到了帕普斯问题上. 对于三或四条线,用于确定(或构造)轨迹点的方程是二次的;对于不超过八条线的情况最多是一条四次曲线;如果不超过十二条线,那么该方程是六次或更低的;"其他情况依此类推." 笛卡儿更详细地研究了三或四线的轨迹,这相当于对一般二次方程的讨论. 笛卡儿在一般位置取了 $EABG,TG,ES$ 及 $AR$ 四条线(图 12). 从所求轨迹上的动点 $C$ 出发,他以适当的角度将直线 $CB,CH,CF$ 及 $CD$ 与给定直线相交. 令 $AB$ 为 $x$,$BC$ 为 $y$,然后将既是变量又是固定距离的 $CD,CF$ 和 $CH$ 用含 $x$,

---

①    Book Ⅱ, p. 319-323.

②    *Oeuvres*, v. Ⅰ, p. 121-123; v. Ⅲ, p. 112-113.

③    *De reduction aequationum*, Book Ⅰ, p. 488-489.

④    Book Ⅲ, p. 389.

$y$ 的线性表达式表示出来,其系数由固定距离和线之间的固定角度确定. 在得出这些表达式时,笛卡儿使用了等价于三角正弦定律的比例. 由 $BC \cdot CF = CD \cdot CH$ 及引入一些缩写,笛卡儿得出了①形如 $y^2 = ay - bxy + cx - dx^2$ 的方程. 这正是通过坐标原点的一般圆锥曲线方程,但在笛卡儿看来,文字系数大概被视为是正的.

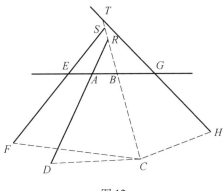

图 12

求解 $y$ 可得形如 $2y = a - bx + \sqrt{Kx^2 + lx + a^2}$ 的方程,其中 $K = b^2 - 4d, l = 4c - 2ab$. 笛卡儿在根号前只使用了一个符号,但他提出对于给定线的不同位置,有些式子可能会消失或符号相反. 他展示了对于横坐标线上任意选择的点,如何用直尺和圆规构建轨迹的相应纵坐标. 不过,他顺便指出了各种情况下轨迹的性质. 例如,根号下的表达式消失或是完全平方的情况下,轨迹是一条直线. 这是在《几何学》中唯一提到的事实,即直线方程是一次的. 在直角坐标系下,除了 $b = 0, d = 1$ 时轨迹为圆的特殊情况,若 $x^2$ 的系数为 0,轨迹为抛物线;若"前面有一个正号",轨迹为双曲线;若"前面有一个负号",轨迹为椭圆. 这些条件相当于现在所说的圆锥曲线方程"特征"的认识. 在这方面,笛卡儿的工作比费马的更具一般性,但因为省略了对直线和圆锥曲线的更简单的特殊情况的单独处理,它不太适合作为解析几何的引入. 例如,方程 $x^2 = y^2$ 和 $xy = k^2$ 是由费马给出的,但在笛卡儿的几何中却没有出现,因为它们并不是在他对帕普斯问题的研究中特别出现的. 由于他将方程作为一种曲线指向直线的方法("几何曲线上的所有点对一条直线上的所有点都具有相同的精确度量或比率"),由此可能从未想过用方程来表示一条线. 坐标本身是直线段. 也许省略直线方程是他强

---

①    参阅 Book Ⅱ, pp. 325f. 其中对笛卡儿的符号稍加修改以便说明.

调一般性的结果,因为他通过"平面轨迹包含在立体轨迹下①"这一事实证明了省略平面轨迹是合理的. 笛卡儿同样熟悉费马所用坐标变换的一般思想②,但《几何学》在这方面仅包含通过正确选择原点和坐标轴来获得的最简单的方程形式,并且方程的类型(即次数)不变. 由于这种省略,笛卡儿的后继者难以理解他的工作,这一事实后来使得人们不得不在较低的层次上撰写文章和评论.

笛卡儿对二次方程的讨论还包括确定各种情况下曲线的性质,即中心、焦点、顶点和正焦弦等,给出一般方法并应用于特殊情况 $y^2 = 2y - xy + 5x - x^2$. 与现在的教科书相比,考虑这样一个具体的数值实例在当时是很不寻常的. 然而,笛卡儿似乎对圆锥曲线的解析理论没有什么兴趣. 他显然认为,几何研究的未来在于高次平面曲线,而不是古人的平面和立体问题.

笛卡儿将轨迹的讨论归结为三到四条线,并表明由于所有这样的轨迹都是二次方程,所以都是平面或立体轨迹. 如果方程的次数更高,则该曲线可以称为"超立体轨迹"(现在称为高次平面(代数)曲线). 笛卡儿接着又补充了一句隐晦的话:"如果缺乏确定一个点的两个条件,那么该点的轨迹可能是一个平面或球面,甚至更复杂的曲面. ③"这种三维解析几何④的暗示再次出现在第二卷的结尾处,笛卡儿指出他对平面曲线的结论"可以很容易地应用于所有那些由三维空间中物体的点经过规律运动产生的曲线". 这里也与在二维空间中一样,强调的是运动学的观点,而不是任意给定的方程. 笛卡儿提出的研究空间曲线性质的方法是将空间曲线投影到两个相互垂直的平面上,并研究这两条投影曲线. 然而不幸的是,这里说明的唯一性质是错误的,因为有人认为三维空间中曲线在点 $P$ 的法线是通过点 $P$ 的两个平面的交线,由对应于点 $P$ 处的点的投影曲线的法线确定. 这对于切线是成立的,但对于法线一般不成立,然而即使是挑剔的罗伯瓦尔也没有注意到这个错误,将近一个世纪后,评论家拉比勒又重复了一遍. 在这些随意的评论中,笛卡儿似乎没有意识到这样一个事实,即对于

---

① 参阅 Book Ⅱ, p. 319. 这里应该说笛卡儿暗中利用了康托–戴德金公理,即他假定直线上的点与实数之间可以建立一一对应关系,同样地,平面上的点与线段(或实数)之间也可以建立完美的对应关系. 这个默认的假设在当时并不是一个新想法,因为它早在 2 000 多年前就被毕达哥拉斯学派提出,他们试图将数字与所有的几何大小联系起来.

② 1638 年,笛卡儿向罗伯瓦尔提出了相当于 $\dfrac{y^2}{x^2} = \dfrac{l-x}{l+3x}$ 的曲线,以嘲笑他没有认识到这是一个旋转了 45° 的叶形线. 参阅 Loria, *Kurven*, v. Ⅰ, p. 52-59.

③ Book Ⅱ, p. 335.

④ 贝尔在 *Men of Mathematics*(New, York, 1937, p. 63)的陈述——"费马是第一个将解析几何应用于三维空间的人,笛卡儿本人仅满足于二维"是不正确的. Francisco Vera, *Breve Historia de la Matemátic*(Buenos Aires, 1946, p. 82)犯了同样的错误. 如果有什么不同的话,笛卡儿关于三维空间的分析评论要比费马的更进一步,尽管后者确实在曲面轨迹上做了一个简短的综合工作.

二维以上的空间,曲线上点的法线不是唯一确定的. 显然,他没有预见到增加自由度的数目所带来的困难.

费马的《引论》是对二次方程的解析几何简短而系统的阐述,而笛卡儿的《几何学》则更关注高次平面曲线. 通过二次方程很容易地解决了帕普斯的三线、四线问题,作者又自豪地解决了五线的情况. 在第一卷中他已经指出,如果所有的直线都是平行的,那么轨迹一般不能单独由直尺和圆规来构造,即使这些点位于一条或三条直线上. 如果其中四条线是平行的,而第五条线与它们垂直,则帕普斯轨迹(与给定线成直角绘制的可变线)是由抛物线运动产生的三次曲线(即前面提到的笛卡儿抛物线或三叉线). 如果给出的第五条线与其他四条线斜交,或者如果用非平行线代替其他四条线,曲线的性质就会改变,但笛卡儿向读者保证,仍可用他所给出的方法来处理.

笛卡儿接下来脱离了帕普斯问题阐述道:"曲线的其他所有性质只取决于这些曲线与其他直线的夹角. "也就是说,这些性质是由曲线的方程决定的. 这与费马在曲线方程中使用的"特殊性质"一词的含义是等价的. 为了说明这一点,笛卡儿选择了"不仅是我所知道的几何学中最有用和最普遍,而且是我一直想知道的问题[①]",即确定给定曲线的法线. 在某种简化形式下,笛卡儿的方法如下:

假设以 $A$ 为原点,$AG$ 为轴的曲线 $ACQ$(图 13)的方程给定. 设 $C$ 的坐标为 $AM=y,CM=x$,令 $CP$(与轴交于点 $P$)为所求直线并垂直于曲线在点 $C$ 处的切线,其中 $AP=v,CP=s$. 那么(根据勾股定理)可知 $\overline{PC^2}=s^2=x^2+v^2-2vy+y^2$,以点 $P$ 为圆心且过点 $C$ 的圆的方程为 $y=v+\sqrt{s^2-x^2}$. 消去曲线或圆的方程中的 $x$ 和 $y$ 可得一个含"未知量"$x$ 或 $y$ 和量 $v$ 的一元一次方程. 如果圆与曲线切于 $C,E$ 两点,则上述最终方程将有两个不相等的根. 但"点 $C$ 和 $E$ 越靠近,根之间的差异越小;当点重合时,根完全相等,也就是说,过点 $C$ 的圆将在点 $C$ 处与曲线 $CE$ 相切而不相交. "用现代术语来说就是,通过使方程的判别式为 0 求得 $v$ 的值,然后通过 $v$ 确定法线 $PC$,由此也确定了切线.

笛卡儿非常费力地将他烦琐的方法应用到椭圆 $x^2=ry-(r/q)y^2$ 上,最终得到了一个由已知量表示的关于 $v$ 的复杂方程. 鉴于所涉及的代数复杂性,他的总结性评论"我看不出为什么这个解法不应该适用于每一条适用几何方法的曲线"更像是一种理论上的说法,而不是可实践的现实. 但无论如何,笛卡儿的切线方法是第一个一般性方法,即第一次将切线作为割线的极限位置. 当时费马拥有未发表的更简单的线性方法,因此可以批判笛卡儿的"圆法". 结果却引

---

①      Book II, p. 342.

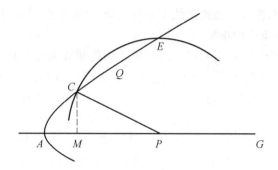

图 13

发了毫无必要、针锋相对的挑战和批评,这并没有起到非常有效的作用,但确实偶然地产生了笛卡儿叶形线,并且可能普及了解析方法的使用.

出于对切线的研究,笛卡儿用了很长的一段时间来研究以他的名字命名的卵形线及其在光学中的应用. 这些有助于将《几何学》与《方法论》的其他附录"屈光学""论陨石"联系起来. 这些卵形线再次表明了笛卡儿对轨迹的重视,因为他煞费苦心地描述了轨迹的生成和使用方式,但他没有给出其方程的解析式.

《几何学》第三卷是这本书的主要目的,其目的是二次以上(特别强调三次和四次)方程的图解,其他几卷则作为引入. 第三卷的标题是"关于立体及超立体问题的几何作图",这个标题被使用了一个多世纪,大多数作家认为这是笛卡儿几何学的主要目标. 笛卡儿抛弃了柏拉图式的线和圆的神圣化,但取而代之的是一种盲目崇拜,这种崇拜影响了他的几代后人. 第三卷开篇就声明:"诚然,凡能由一种连续的运动来描绘的曲线都应被接纳进几何,但这并不意味着我们将随机地使用给定问题作图中出现的曲线. 我们总是应该仔细选择能用来解决问题的最简单的曲线. 但应注意,'最简单的曲线'不只是指它最容易描绘,亦非指它能导致所论问题的最容易的论证或作图,而是指它应属于能用来确定所求量的最简单的曲线类中. "

笛卡儿分类的简单原则是曲线阶层的自然结果,反过来曲线阶层又是古代轨迹分类的延伸. 帕普斯①反对用立体轨迹来解决平面问题或用线性轨迹来解决立体问题的"不恰当"的方法. 笛卡儿延续了适合于问题的复杂化顺序这一重要思想,但他没有明确说明,也没有仔细研究它. 他谈到使用不必要的高次曲线是"一种几何错误",并补充警告说:"试图通过比其性质更简单的一类线来构建问题是徒劳的,这将是一个大错误. ②"因此,这本书的大部分内容都致力

---

① *La Collection mathématique* ( Book Ⅳ, prop. 30 ), v. Ⅱ, p. 208-209.

② Book Ⅲ, p. 371.

解析几何学史

74

于现在代数著作中所包含的内容,因为正如笛卡儿所指出的,"避免这两种错误的规则"要求研究"方程的性质".

第三卷是《几何学》中最系统的,但它不是严格意义上的解析几何. 它是以一种与现代教科书几乎相同的语言和符号编写的关于方程理论的基础课程. 从方程的伪定义入手,给出了组合、因式分解、变换和求解方程的规则,并通过具体数值系数的例子加以说明. "笛卡儿的符号法则"在这里首次以适用于正负根的一般形式发表①. 增加和减少根,改变它们的符号,将它们乘以或除以常数,去除方程的第二项,通过简化的除法方法验证有理根,三次和四次方程的代数解,不可约方程的概念——所有这些都可以在《几何学》的第三卷中找到. 由于这些材料的大部分已经在早些时候给出,笛卡儿被指控抄袭,尤其是来自韦达和哈里奥特,然而笛卡儿在这里并没有特别强调自己的独创性. 继此代数引入之后,笛卡儿继续完成卷一开始的问题——以几何方式构造代数方程的根. 在表明线性和二次方程都可以用尺子或直尺构造后,他详细证明了三次和四次方程(即"立体问题")的解总是可以"通过三种圆锥曲线中的任何一个,或者甚至是其中一个无论多么小的部分,仅用圆和直线"找到.

对此,笛卡儿做了大量的工作来培养下一代对圆锥曲线的"迷恋". 他证明方程 $x^3 = \pm pz \pm q$ 和 $z^4 = \pm pz^2 + qz \pm r$ 的实根可以通过抛物线与各种线和圆的交点来求解. 他以 $z^3 = pz + q$ 的求解为例,作图如下:以轴 $ADKL$ 及半参数 $AC = \dfrac{1}{2}$ 作出抛物线 $FAG$,并取 $CD = \dfrac{p}{2}$(图 14).

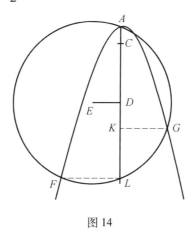

图 14

_____

①　很有可能他发现这个普遍规律是因为他是第一个做出把方程的所有项都放到一边,让它们等于零这一系统实践的人.

取 $DE=\dfrac{q}{2}$ 垂直于 $AD$. 以 $E$ 为圆心, $AE$ 为半径作圆 $FG$. 由此轴左侧的交点 $F$ 给出了"真"(即正)根,任意另一边对应于"假"(即负)根. 在现代符号体系中,这种方法包括求抛物线 $x^2=y$ 和圆 $x^2+y^2=qx+(p+1)y$ 的交点. 在对步骤稍作修改后,笛卡儿将该方法应用于其他具有实根的三次和四次方程. 他对圆锥曲线的这些解法非常满意,以至于他觉得在这方面没有什么可期待的了. 根的性质不允许用更简单的术语来表达,也不允许用任何更容易和更一般的结构来确定①.

在继续讨论四次以上的方程时,笛卡儿很清楚,几何解一般要求超越平面和立体轨迹的曲线. 然而,即使在这里,圆锥复合仍在继续. 笛卡儿没有简单应用由方程 $y=x^3$ 定义的二次抛物线,而是使用通过移动圆锥曲线和线的交点来定义的三次曲线来求解五次和六次方程,这符合阶层结构的假设. 这些代数方程根的几何作图的复杂程度远超于费马基本的《引论》中的简单问题.

笛卡儿的同时代人和后继者花费了大量时间和精力来讨论给定多项式方程的几何解所需的最低次曲线. 费马在《引论》之后的文章中用了大量的篇幅来研究笛卡儿求解多项式方程的图解方案. 他提出可以通过寻找抛物线 $x^2+bx=by$ 和双曲线 $c^2=xy$ 的交点来求解方程 $x^3+bx^2=c^2b$,并补充道②:"这种方法同样应用于所有三次方程." 求四次方程 $x^4+c^2x^2+b^3x=d^4$ 几何解的建议方法是确定抛物线 $x^2=cy$ 和圆 $d^4-b^3x-c^2x^2=c^2y^2$ 的交点. 费马认为"同样的方法可以解决所有的四次方程",但他还增加了使用两条抛物线或抛物线与双曲线的交点的解法. 与笛卡儿类似,费马扬言:"我相信,再想出一个更优雅的解决方案是不可能的了."

费马于 1660 年撰写了一篇含三部分的论文"用最简单的曲线解决几何问题",指出了笛卡儿对次数的分类不能从确定方程推广到不定方程. 例如,方程 $x^{11}=b^{10}d$ 是通过四次曲线 $x^3a=y^4$ 和三次曲线 $x^2y=b^{10}da$ 的交点求解,而笛卡儿法则要求一条六次曲线③. 同样地,九次方程 $x^9=b^8d$ 可以通过两个三次曲线求解;$x^{257}=b^{256}d$ 可以通过 $x^{17}=dy^{16}$ 和 $b^{16}=x^{15}y$ 的交点求解. 费马说明了涵盖此类问题的一般规则:如果给定方程的次数大于 $n^2$,那么在根的几何作图时就需要一条大于 $n$ 次的曲线. 在评论此类图解法时,费马与笛卡儿一致认为:"在真正的几何学中,对于任何曲线过于复杂或过高次问题的解,忽略较简单的适当解

---

① *La Géométrie*, p. 334, 402.

② *Oeuvres de Fermat*, v. Ⅰ, p. 103-110; v. Ⅲ, p. 96-101.

③ 费马在这里误解了笛卡儿,认为他需要一个九或十次的方程. 参阅 *Oeuvres de Fermat*, v. Ⅰ, p. 118-131; v. Ⅲ, p. 109-120. 这篇论文似乎几乎是一场反对笛卡儿作品的论战.

是一个错误."当时,任何 $n$ 次曲线在几何上都被认为比更高次曲线更"简单".
例如,笛卡儿叶形线就被认为比 $y=x^4$ 的曲线更简单. 因此,圆锥曲线规则被概括为在方程的图解中使用尽可能低次的曲线,费马似乎也赞同这一点①.

《几何学》第三卷在解析几何的发展中不如在古代经典问题的历史中重要. 首先,它过分强调代数方程根的几何作图,而忽略了曲线的解析研究. 另一方面,它是尝试解决倍立方体和三等分角问题的里程碑,因为它大胆地说明了这些问题是不可能的."正如我已经说过的,尤其是立体问题不可能在不使用比圆更复杂的曲线的情况下构建解决.②"韦达通过表明立体问题可化简为提洛斯问题或三等分角,为这一结论铺平了道路. 费马也做出了一个类似笛卡儿未发表的声明③,但还是《几何学》的影响最有效. 不幸的是,笛卡儿无法对他的结论给出令人满意的证明,他将自己限制在弱归纳论证中,即如果几何学家列出所有求根的方法,就很容易证明他的方法是"最简单和最一般"的.

对笛卡儿和费马工作的评估大相径庭. 贝尔曾说过④:"笛卡儿认为无限条不同的曲线可以参考同一个坐标系. 在这一点上,他远远领先于费马,后者显然忽略了这一关键事实. 费马可能已经将其视为理所当然,但在他的工作中没有任何东西能明确地表明他是这样做的."然而贝尔后来补充道:"除了已经注意到的……费马的解析几何学似乎和笛卡儿的一样具有普遍性,并且更加完整和系统."洛里亚指出,费马更清楚地阐述了曲线方程的基本思想,他对解析几何的研究比笛卡儿的更加系统,也更接近我们的方法⑤. 另一方面,柯立芝认为⑥笛卡儿的工作"为未来的发展奠定了比希腊人或费马的著作更广泛的基础. 作为实干家,他有更切实可行的代数,以及更为广阔的视野……费马认识到各种方程和曲线之间的关系,但缺乏超越二次方程和圆锥曲线研究的好奇心.(柯立芝在此忽略了费马超越《引论》的解析工作.)笛卡儿表明,如果任何曲线都可以通过机械方法构造,我们就可以将机械过程转化为代数语言,从而找到曲线的方程."维莱特纳则认为:

笛卡儿的作品以如此不同的方式呈现,因此几乎不可能依赖于费马. 笛卡儿的贡献在一方面比费马少,但在另一方面却要多得多. 其中缺乏简单方程及

---

① 参阅 Fermat, *Varia Opera Mathematica*(Tolosae, 1679), p. 110-115.

② Book Ⅲ, p. 401.

③ 参阅 Fermat, *Oeuvres*, v. Ⅲ, p. 101.

④ E. T. Bell, *The Development of Mathematics*(New York, 1940), p. 125-127.

⑤ "Sketch of the Origin and Development of Geometry Prior to 1850"( transl. by G. B. Halsted), *Monist*, v. XⅢ (1902—1903), p. 80-102, 218-234; also "Pour une Historie de la Géométrie Analytique," *Verhandlungen des* Ⅲ. *Internationalen Kongresses in Heidelberg*, 1904, p. 562-574.

⑥ J. L. Coolidge, *A History of Geometrical Methods*(Oxford, 1940), p. 127-128.

其几何表示的集合,但他给出了更多的代数形式及其与几何的关系①.

即使在 17 世纪,笛卡儿几何也受到了不同的反响. 费马似乎没有完全意识到自己发明的重要性,因此他也低估了对手的解析几何. 在某一方面,费马暗示除了符号上一个无关紧要的变化,笛卡儿的方法与韦达的几乎相同②. 这样的判断可能部分是由于当时缺乏代数几何和微积分的明确区分. 费马本人对前者的贡献主要体现在后者的应用性质上,但笛卡儿在微积分几何的解析变换中没有发挥积极作用. 例如,笛卡儿的切线方法显然不如费马的. 也许正是出于这些考虑,使得后来莱布尼茨也有点冷淡地认为笛卡儿的工作只是将方程应用到韦达和古人忽略的高次曲线上③. 莱布尼茨说笛卡儿的著作可以追溯到古代,这也是许多同时代人的观点. 可能是由于这一主题在 18 世纪末期发生的显著变化④,19 世纪孔德及历史学家们(尤其是夏莱)从《几何学》中看到的变革很大程度上是一种幻觉.

当时一些比较保守的数学家完全拒绝接受解析几何,并继续使用综合方法和表示法. 其他接受笛卡儿著作的人则强调了第三卷中的内容,因此他们认为《几何学》主要是对代数的贡献,而忽略了笛卡儿《几何学》第二卷和费马《引论》之间本质上的相似性. 即使是现在,人们也经常对《几何学》第三卷在高等代数或大学代数而非解析几何方面如此接近于传统课程而感到惊讶. 这一矛盾的答案很容易找到. 笛卡儿对曲线本身不感兴趣,他推导曲线方程的目的只有一个——用它们来构造由单变量多项式方程表示的确定几何问题⑤. 为此,他必须详细考虑方程的变换及其可约性. 笛卡儿的方法是解析几何的,但他的目标是在方程理论而非解析几何上.

在 1637 年之后的大约两个世纪里,解析几何通常被认为是一个人的发明,但现在很清楚的是,在《几何学》出现的前几年,费马已经使用了类似的方法. 然而,费马的作品在 1679 年出版之前主要是通过通信原稿的形式传播. 那时,笛卡儿的几何学已经通过范·舒滕的拉丁语版本得以普及. 如果笛卡儿的影响不占优势,解析几何的某些方面可能会发展得更快,因为虽然费马的方法是相似的,但他的目标比笛卡儿的更接近现代. 很可能是由于目标的不同,解析几何与微积分中不愉快的插曲相比没有任何优先级的争论. 费马比笛卡儿提出了更

① *Geschichte der Mathematik*,v. Ⅱ(2),p. 5.

② 参阅 *Oeuvres de Fermat*,v. Ⅰ,p. 118-131;v. Ⅲ,p. 109-120.

③ *Philosophische Schriften*(ed. Gerhardt),v. Ⅳ,p. 347.

④ 我们把解析几何不幸地描述为"没有母亲创造的后代",这要归功于 Michel Chasles, *A perçu Historique sur L' origine et le Développement des Méthodes en Géométrie*(new ed. ,Paris,1875),p. 94.

⑤ 正如 Eneström 所说,对《几何学》目标的欣赏将使人们不太可能在其中看到奥雷斯姆的影响,参阅"Kleine Mitteilungen", *Bibliotheca Mathematica*(3),v. Ⅺ(1911),p. 241-243.

明确的基本原理,即含两个未知数的方程是曲线性质的代数表达式,他的工作致力于详细阐述这一观点. 笛卡儿提出了由简单运动产生的几类新曲线,而费马则引入了由代数方程给出的曲线组. 与《几何学》不同,费马《引论》的目的是表明线性方程代表直线,而二次方程对应于圆锥曲线. 在很大程度上可以说,笛卡儿从轨迹问题开始并由此推导出轨迹方程,而费马却相反地倾向于从轨迹方程开始推导出曲线的性质. 笛卡儿反复提到"通过连续而有规律的运动"产生曲线;而在费马的工作中更频繁地出现这样一句话:"假设给定曲线的方程为……①"这是解析几何基本原理的两个相反的方面,在很大程度上就像微分和积分是微积分的相反方面一样. 现在习惯说"莱布尼茨意义上的积分"和"牛顿意义上的积分",这取决于重点是求和的概念(与求积相关)或变化率的概念(与正切问题有关). 同样,引入短语——"笛卡儿意义上的解析几何学"和"费马意义上的解析几何学"来表示解析几何学两位发明者重点的不同之处是恰当的. 如果有可能找到方程,一个人承认曲线进入几何学,另一个人研究由方程定义的曲线. 作为这种区别的标志,两人的后继者证实了笛卡儿是作为推导轨迹方程的人,而费马引入了广义双曲线、抛物线和螺旋线的方程. 当然,这种区别不能太过分. 因为两人都意识到这个问题的两面性,所以这本质上是一个相对强调的问题. 现在教授的初等解析几何通常涵盖笛卡儿平面坐标的四个主要主题——点、线、角和面积公式的推导以及这些公式在问题和定理中的应用,曲线的绘制,轨迹方程的推导,以及曲线(尤其是线性和二次方程)性质的研究. 在这些主题中,笛卡儿强调了第三个,并简要考虑了最后一个;费马强调了最后一个,并解决了与第三个相关的一些问题. 第二个主题直到 18 世纪初才出现,第一个主题直到 18 世纪末才出现. 笛卡儿和费马发现了解析几何基本原理的两个方面,但他们并没有使这门学科发展为今天的样子.

---

① 参阅 *Oeuvres*, v. Ⅰ, p. 255f; v. Ⅲ, p. 216ff.

# 评注时代

**第六章**

> 数学证明就像钻石，既晦涩又明了.
>
> ——约翰·洛克

　　人们普遍认为，主要是因为蒙蒂克拉、夏莱和孔德[①]的努力，才使得笛卡儿和费马的解析几何引发了数学的快速转变，但对他们之后的时期的调查却并不能证实这一点[②]. 首先，并不是所有地方都接纳了这种新几何学. 当时关于"古人与现代人"的文学争论在数学上也有对应的方面，即那些高估了古代经典方法的人对代数几何（以及后来的微积分）的错误攻击. 此外，解析几何的发明者自己也要为这门新学科未能得到快速发展负很大责任. 对费马来说，数学只是一种爱好，他并没有通过出版来增加这种爱好的满足感，因此《引论》在他去世后的1679 年才出版，当时对解析几何的大量评论正如潮水般涌动，但到后来却逐渐平淡. 此外，有一种强烈的推测是，费马没有完全意识到或者因为过于谦虚而没有强调他的方法作为专业数学家工具的价值. 笛卡儿则非常清楚地认识到其贡献的重要性，但他是一个糟糕的阐释者. 在介绍新方法时，笛卡儿没有把新方法安排得井然有序、有条不紊，也没有详细阐述自己的论点.

---

　　① 参阅 N. Saltykow, "La géométrie de Descartes. 三III anniversaire de géométrie analytique," *Bulletin des sciences mathématiques*(2), LXII(1938), 83-96, 110-123.

　　② 参阅 Gaston Mihaud, "Descartes et la géométrie analytique," *Nouvelles études sur l' historie de la pensée scientifique*(Paris, 1911), p. 155-176.

给人的印象是笛卡儿写《几何学》不是为了阐释,而是为了吹嘘其方法的力量.他针对一个难题构建了它,并且他的方法最重要的部分在论文的中间被过于简洁地介绍了,但这恰恰是解决这个问题所必需的.在著作的结尾,笛卡儿用一种不和谐的评论来证明阐述的不足,他说是为了不剥夺读者发现的乐趣而留下了很多未说明的内容.这要么是讽刺,要么是作者严重误判了读者从他作品中获益的能力.难怪《几何学》在 17 世纪的版本数量相对较少,自那时以来更是如此;毫不奇怪,他的早期继承者大多是能力出众的专业几何学家①.

与笛卡儿同时代的罗伯瓦尔(Gilles Persone de Roberval,1602—1675)确实抓住了笛卡儿著作的意义,他因每隔几年在竞争性考试中表现出的优越性而在皇家学院担任职务.他撰写了两本关于代数和几何的研究报告,可以作为笛卡儿著作的入门书.罗伯瓦尔的《论方程的判别》是一种遵循韦达和笛卡儿路线的方程理论,其中前者的元音和辅音惯例与后者的小写字母和运算符号结合在一起.《论平面几何和三次方程解法》是笛卡儿意义上的解析几何学的一个很好的例子.它涉及两个问题——用方程表示轨迹和用相交轨迹求解方程.其中省略了方程的费马式图解表示法.罗伯瓦尔很好地抓住了笛卡儿几何的关键:"据说任何几何轨迹都可以简化为解析方程,因为从一个或多个特定性质可以推导出含一个、两个最多三个未知量的解析方程."他没有像笛卡儿那样将这一想法应用于帕普斯问题等复杂情况,而是推导出了简单且熟悉的曲线方程.他从一个圆的方程开始,以直径为轴,以直径的端点为原点.设 $A$ 为圆心,直径 $BC=2b$,$EG$ 垂直于 $BC$ 且交圆于点 $D$(图 15).若 $DE$ 为 $a$ 且 $BE$ 为 $e$,那么"矩形 $BEC$"(即 $BE \cdot EC$)将为 $2be-e^2$.因此圆的方程为 $2bc-e^2=a^2$(因为 $BE \cdot EC = DE^2$).与笛卡儿一样,罗伯瓦尔使用单一坐标轴.他还使用了笛卡儿的相等符号,但这并没有被其他数学家广泛使用.

罗伯瓦尔接着推导了关于轴和顶点的抛物线、椭圆和双曲线的方程,以及蚌线的方程(每个分支一个).他(如费马那样)认为形如 $ae=b^2$ 的方程是关于渐近线的双曲线,但奇怪的是没有提到直线.圆的方程相当于一个距离公式,但是现代教科书中的这种初步公式工作并没有出现在任何关于笛卡儿几何的早期评论中.罗伯瓦尔还通过相交轨迹添加了常见立体问题(三次方程)的笛卡儿解法作为附录.在其他著作(尤其是在《不可分量论》)中,他通过微积分的发展间接为解析几何做出了贡献.在此似乎有一种寻找切线的解析方法,但他放

---

① 从他 1648 年写给梅森的一封信中可以看出他对笛卡儿的负面印象.他在这里说他的几何学就应该是防止像罗伯瓦尔这样的人在无休止的混乱中诽谤它,因为他们无法理解它.他说,他因为怀恨在心而故意省略了最简单的内容,如果不是因为他们,他可能会写得完全不同.笛卡儿补充说,他自己可能有一天会进一步澄清这一点,但直到两年后去世他也没有完成.参阅 Léon Brunschwicg, *Les étapes de la philosophie mathématique*(Paris, 1912), p. 125f.

弃了,转而采用一种基于运动组合的方法,可能是因为他对摆线和其他超越曲线感兴趣. 然而,因为罗伯瓦尔的作品是他去世后在《法兰西科学院文集(1666—1699)》第六卷中发表的,远在笛卡儿几何学被其他人普及之后,因此其所处的时期并不确定,影响也是值得怀疑的. 然而,这些内容可能包含于他在法兰西学院的早期演讲中.

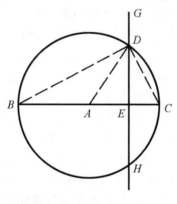

图 15

笛卡儿一定是在他的《几何学》问世后不久就意识到读者遇到了困难,因为他不厌其烦地在信件中宣布他的一位朋友——一位"荷兰绅士"为这本书写了一篇"导论". 这篇"导论"写于 1638 年,但当时并未出版①,开篇使用笛卡儿符号对初等代数规则进行了简单的阐述. 当时,笛卡儿对代数的贡献被视为和几何的一样多,这一事实表明,这两个领域的发展是密切相关的. 随后,评注者重复了笛卡儿的论点,即非齐次表达式是通过假设具有恰当的统一幂次来证明的. 例如,表达式 $a^2b^2-b$ 实际上是 $\dfrac{a^2b^2-bc^3}{c}$,其中 $c$ 是单位. 有趣的是,这里要注意避免超过三维. 作者接着解释说,在应用笛卡儿方法解决几何问题时,必须找到和未知量一样多的方程. 如果不能做到这一点,那么满足条件的点有很多,这些点组成一个平面、立体或线性轨迹(如果只缺少一个方程);缺乏两个方程时为曲面轨迹,"其他也是如此". 最后一句话似乎设想了高于三维的解析几何的可能性(这是罗伯瓦尔明确拒绝的);但正如奥雷斯姆一样,这个重要的结论并没有进一步深入. 事实上,在这位匿名评论员以笛卡儿方法说明的四个例子中,三个是确定的几何问题,只有一个是轨迹,这是值得注意的. 这证实了人们的印

---

① 参阅 René Descartes, *Oeuvres*( ed. By Charles Adam and Paul Tannery, 12 vols. and supplement, Paris, 1897—1913), X, 659-680. 大概维莱特纳阐述过, " Uber zwei algebraische Einleitungen zu Descartes' Géométrie," *Bl. f. d. Gymn. -Schulw. Hrsg. V. bayr. Gymn. -Lehrverein*, XLIX(1913), 299-313;但我并没有看过维莱特纳的这篇论文.

象,即笛卡儿几何在当时的意义与其说是研究轨迹,不如说是用代数方法解决几何问题. 一个轨迹问题(问题 3)是找到一个点,使它与四个给定点的距离的平方和等于给定的平方,费马在恢复阿波罗尼奥斯的《平面轨迹》时解决了这个问题. 当时还不知道距离公式,或者至少还没有明确表示出来,所以这个问题是以如下几何方法处理的:

设四个给定点为 $A,D,E$ 和 $F,C$ 为待确定的点(图 16). 先作直线 $AD$,然后画直线 $EK,CB,FG$ 垂直于 $AD$,直线 $EH$ 平行于 $AD$. 设 $AB=x$,$BC=y$,则有 $BD=c-x$,$GF=b$,$GB=x-a$,$CH=y-g$,$BK=f-x=HE$,其中 $a,b,c,f$ 和 $g$ 为常数. 从这些值和勾股定理很容易看出轨迹是一个圆. 这位匿名评注家①所做的图解是当时笛卡儿几何学的一个很好的例子,表明了它与现代解析几何学的巨大区别.

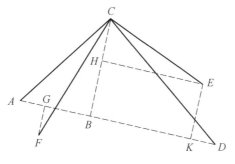

图 16

大约一年后,笛卡儿收到并批准了佛洛里博得·德博纳(1601—1652)撰写的一篇标题为"简明注释"的关于《几何学》的广泛评论. 这部著作以一陈述开篇,即代数类不仅包括数的代数和古人的几何分析,还包括笛卡儿所断言的所有具有相互关系或比例的量的研究. 因此,它包括考虑线的比率,即解析几何②."简明注释"的前面部分并没有偏离笛卡儿的基本原理. 阐明了《几何学》第一卷(代数量的构造,包括二次方程的根)的释义. 然而,对于第二卷的评注特别值得注意,因为它强调了费马意义上的解析几何,即系统地考虑了缺少各种项的含两个变量的二次方程的情况. 他证明了任意坐标角下 $y^2=xy+bx$,$y^2=-2dy+bx$ 和 $y^2=bx-x^2$ 分别表示双曲线、抛物线和椭圆. 对于双曲线 $xy+bx+cy-df=0$,他根据各种系数的正、负或零分别考虑了十七种情况. 这种冗长乏味的案例激增表明,他所处的世纪距离认识到分析的重要价值之一在于全面概括的可能性有多遥远. 德博纳对一次方程的唯一考虑是,对于一般的二次方程,如果 $x^2$,$y^2$ 和 $xy$ 的项消失,那么图像是一条直线. 这是笛卡儿早已知晓并首次明确说明的事实,但他和德博纳都不认为直线的分析研究有什么重要性.《简明注

---

①　洛里亚暗示他可能是 Godefroy de Haestrecht.

②　对于"简明注释",参阅笛卡儿《几何学》的 1659—1661 版本, v. I, p. 107ff.

释》在可构造性、轨迹、切线和坐标解释方面一般遵循笛卡儿的理论. 与笛卡儿一样,他没有采用任何传统的轴或轴方向,他交替使用 $x$ 和 $y$ 作为因变量或自变量. 严格来说,轴或变量的可互换性并不归功于任何一个人. 即使是那些使用单一轴的人,也常常默认这一原则,但直到德博纳时代之后将近一个世纪,它才成为一个明确的公认原则.

历史学家蒙蒂克拉称德博纳是"第一个揭开解析几何之谜的人"[1]. 这一说法无疑是把当时的情况过于简单化了,但它确实表明德博纳是笛卡儿学派的主要评论家之一. 尽管如此,《简明注释》仍是 17 世纪的一个典型例子,它未能证明代数几何作为"发现工具"的力量. 当时的人太容易满足于发现阿波罗尼奥斯、笛卡儿和费马的许多相同旧材料的重新研究,据说[2]笛卡儿觉得数学没有什么大的进步,这并非没有道理.

德博纳的著作被收录在弗朗西斯·范·舒滕(1615—1660)于 1649 年,1659—1661 年,1683 年及 1695 年出版的笛卡儿《几何学》的拉丁文译本中,并得到了广泛宣传. 可以毫不夸张地说,正是这些拉丁文译本确立了笛卡儿几何学在 17 世纪的地位,因为它们不仅使笛卡儿的法语著作以当时的通用语言流传,而且还包括了大量的附加材料,用以阐明含义模糊的原始说法以及建立对新主题的热情. 除德博纳的《简明注释》外,1649 年的版本还包括编者的扩展《评注》. 范·舒滕《评注》的灵感完全来自笛卡儿,并通过添加额外的证明、代数几何问题和作图以及新的轨迹来推广《几何学》. 直线只与帕普斯"二线轨迹"的构建相联系,而圆的唯一方程是以中心为原点的. 然而,笛卡儿仅将椭圆作为运动轨迹给出,而范·舒滕则根据方程对其进行了分析研究. 正如在德博纳的工作中一样,这里对含两个变量的二次方程的各种情况给予了更多的考虑. 范·舒滕评注的一个重要部分是关于三次和四次方程的笛卡儿图解法.

1651 年,德博纳精通文学的继承人、范·舒滕的学生巴托林(Erasmus Bartholinus,1625—1698)整理出版了范·舒滕的一些讲座材料,题目为《勒内·笛卡儿通用数学原理或几何方法介绍》(简称《数学原理》). 它讨论的是数量的"逻辑",即笛卡儿符号中的代数. 其中并不包括任何解析几何的相关材料,但尾声部分却声明它足以作为对笛卡儿几何学的介绍. 出于这个原因,范·舒滕在他后来的笛卡儿拉丁文版本中收录了《数学原理》. 这再次表明,当时的评论家更喜欢《几何学》中的代数而非几何.

范·舒滕和他的同事们在欧洲大陆上为笛卡儿几何学所做的一切,在英国

---

[1]　Étienne Montucla, *Historrie des mathématiques*(new ed. , 4 vols. , Paris, 1799—1802), Ⅱ, 103, 147.

[2]　参阅 A. E. Bell, *Christian Huygens and the Development of Science in the Seventeenth Century*(New York and London, 1947), p. 18. 一个半世纪后,拉格朗日对数学的未来而不是过去表示悲观.

被早期解析几何史上最重要的人物之一约翰·沃利斯①(1616—1703)有效地完成了. 沃利斯既没有出版《几何学》的新版本,也没有发表关于它的评论,但在其作品中,他抓住了笛卡儿几何学的方法和目标,对几何学的理解和强有力的独创性不亚于当时任何其他人物. 可以说,笛卡儿对几何进行了算术运算,但更接近事实的说法是笛卡儿让这种算法成为可能,而沃利斯让它成为事实. 笛卡儿在几何学而非算术上表明了他对齐次性的忽视,他指出单位线段的力量在于总是可以在需要的地方引入,他的坐标不是数字而是线. 其几何学的目的不是用代数来表示曲线的性质,而是用代数来帮助几何作图;所以他用圆锥曲线来解代数方程,而不是用代数方程来研究圆锥曲线. 另一方面,沃利斯大胆地尽可能用数字取代了几何概念②,坚持认为代数计算和使用几何线推导同样重要. 他认为,比例不能以几何的方式,而应作为纯粹的算术概念来解释. 根据这样的观点,他于1655年出版的《圆锥曲线论》提出了最早的关于圆锥曲线的系统代数处理方法. 笛卡儿和德博纳已经证明了某些二次曲线是圆锥曲线,因为它们具有阿波罗尼奥斯所给出的性质;但沃利斯首先用代数符号做了阿波罗尼奥斯的文字表述. 从对圆锥截面的简单立体测量开始考虑,并用字母代替几何线,他由 $e^2=ld-\dfrac{ld^2}{t}$,$p^2=ld$ 和 $h^2=ld+\dfrac{ld^2}{t}$ 推导出众所周知的性质,其中 $e$,$p$ 和 $h$ 分别为椭圆、抛物线和双曲线对应于从顶点测量的横坐标 $d$ 的纵坐标,$l$ 为正焦弦,$t$ 为"直径"或轴. 这是这些重要的圆锥曲线方程第一次以代数形式出现(其本质由阿波罗尼奥斯或可能为米内克穆斯所知),但有趣的是,沃利斯在指定纵坐标时没有采用标准惯例. 沃利斯接着考虑了圆锥曲线的"绝对性"——即"好像无论怎样都与圆锥没有任何关系.③"例如,他纯粹解析地定义椭圆如下: "因此,我称椭圆为以 $e^2=ld-\dfrac{l}{t}d^2$ 性质为特征的平面图形. "这似乎是第一次既非立体上也非运动学上,而仅作为二次方程实例定义的圆锥曲线. 然后,沃利斯利用这些已知的方程,反过来证明了由它们定义的曲线是古人的圆锥曲线. 从这些方程以及"脱离锥体的迷惑",沃利斯接着推导出其他性质,如切线和共轭直径. 如果解析几何仅仅是把阿波罗尼奥斯的著作翻译成代数语言,那么就有

① J. F. Scott 对他工作的总结, *The Mathematical Work of John Wallis*(London, 1938)是有价值的,但这没有给他的解析几何以充分说明. 历史学家们似乎更喜欢沃利斯工作中对微积分的预示,而不是他的解析几何学.

② 例如,他展示了如何毫无困难地从算术上推导出欧几里得 II 和 V 的所有定理. 参阅 A. Prag, "John Wallis," *Quellen und Studien zur Geschichte der Mathematik*, *Astronomie und Physik*, Part B, *Studien*, I(1931), 381-412.

③ *Uperum mathematicorum*(2 vols., Oxonii, 1656—1657), II, 28.

强烈的理由认为沃利斯才是发明者. 笛卡儿和费马发明了这种方法, 但沃利斯第一次将其系统地应用于圆锥曲线研究. 这是当时英国人偏爱综合方法的一个明显例外. 沃利斯充分理解了代数形式的一般性, 因此他充分认识到这种新的解析方法的威力. 他说, 根据二次方程的系数可以计算出所有确定圆锥曲线的相关量, 例如中心和轴. 如果他进一步研究, 他就会发现二次方程的"特征".

同年, 沃利斯在他的《无穷算术》中将笛卡儿几何与微积分联系起来, 进一步推动了笛卡儿几何的发展. 这项工作在算术和代数方面展现了卡瓦列里的不可分方法, 它变得如此流行, 以至于微积分的算术化盖过了几何学的算术化. 可能正是因为这个原因, 沃利斯在解析几何方面取得的重要进展基本没有引起人们的注意. 在《圆锥曲线》附录中, 沃利斯曾研究过三次抛物线 $p^3 = l^2 d$, 他错误地认为这条曲线就像普通抛物线或阿波罗尼奥斯抛物线一样, 相对于轴具有轴对称性. 然而, 到了 1656 年底, 他通过对一族平行线的交点进行代数研究, 发现了这条曲线的正确形式[①]. 有趣的是, 早期负坐标的正确解释是从曲线或方程的已知形式或代数性质中推导出来的, 现在情况正好相反. 然后沃利斯将他的发现推广到更高次的抛物线, 并表明对于偶数次的情况, 抛物线的整个图像位于原点处切线的同一侧, 而在奇数次的情况下则关于切线对称. 费马早期对高次抛物线(和双曲线)的研究主要与切线和求积有关, 因此仅限于第一象限. 笛卡儿及其早期继承者普遍认识到负纵坐标的绘制方向与正纵坐标相反, 但沃利斯似乎是第一个有意识地引入负横坐标, 并正确地将它们与正负纵坐标联系起来的人. 这一步的重要性并没有被他同时代的人所理解, 他们中的许多人在 17世纪中不断地因为忽视或曲解负坐标而犯错误. 沃利斯的这项工作很可能对后来牛顿使用负坐标产生了影响, 正如沃利斯的插值方法启发了牛顿发现二项式定理一样. 然而, 沃利斯的几何算术化在英国并没有大受欢迎. 霍布斯和巴罗对此表示强烈反对, 前者称圆锥曲线是一堆符号, 英国数学家一个半世纪以来一直偏爱综合方法. 在欧洲大陆, 沃利斯由于他的沙文主义将笛卡儿所写的大部分内容都归功于英国数学家而成为不受欢迎的人. 他最不公平的一点是将《几何学》描述为实际上是哈里奥特作品的传抄. 此外, 沃利斯和费马对前者的归纳或插值方法进行了激烈的争论. 因此, 欧洲大陆的解析几何学发展与范·舒滕更为保守的观点而不是沃利斯的算术化有关.

1656 年至 1657 年, 范·舒滕出版了《数学练习》( *Exercitationes mathematicae*, 简称《练习》), 书中将代数计算应用于几何问题, 并尝试用笛卡儿的方法重建阿波罗尼奥斯失传的《平面轨迹》. 其中一条轨迹表示一个线性

---

① Wallis, *Opera*(3 vols., Oxonii, 1693—1699), Ⅰ, 229-290, especially p. 249-250. 洛里亚(1923—1924)指的是沃利斯的错误, 而不是后来的纠正. 曲线绘制在 17 世纪进展缓慢.

方程,范·舒滕进一步指出这表示一条直线.分析方法还有其他的应用,但没有明显的新观点.笛卡儿的叶形线仅以叶子的形式出现①,这表明作者不知道沃利斯关于负坐标的当代著作.《练习》是一本专门介绍圆锥曲线各种有机描述的有趣的书,这个主题在当时的几何学中发挥了重要作用.尽管曲线的"自然描述"可以追溯到古代,并在乌巴尔多、斯蒂文、迈多治等人的综合性论文中也有发现,但从某种意义上说,这种对圆锥曲线的描述是对笛卡儿工作的自然补充,因为笛卡儿曾强调了高次平面曲线的运动学构图.

　　解析几何发展的杰出事件之一是 1659 年至 1661 年范·舒滕的第二拉丁文版笛卡儿《几何学》的出现.笛卡儿的著作只占第一卷的前一百页左右,而两卷著作总共将近一千页的其余部分都是补充论文.范·舒滕的《注释》比《几何学》本身的两倍还多.它包含由圆锥曲线方程派生出来的额外轨迹问题(其中一个通向线性方程 $y=a-x$)以及二次方程的研究.范·舒滕对几何传统的坚持体现在求解给定抛物线、椭圆及双曲线逆问题的研究方向上.然而,他使用如下坐标变换表现出了明确的进步:如果点 $C$ 以 $A$ 为圆心,$DAB$ 为横坐标轴的直角

坐标为 $(x,y)$,那么点 $C$ 以 $D$ 为圆心,$DFGH$ 为轴的直角坐标为 $DG=\dfrac{a^2+ax-by}{\sqrt{a^2+b^2}}$

和 $CG=\dfrac{ab+bx+ay}{\sqrt{a^2+b^2}}$,其中 $AD=a$,$AF=b$(图 17).这相当于平移 $\begin{cases}x'=x+a\\y'=y\end{cases}$ 后旋转

$\begin{cases}x''=x'\cos\ \theta+y'\sin\ \theta\\y''=-x'\sin\ \theta+y'\cos\ \theta\end{cases}$,其中 $\theta$ 按逆时针方向正测量.他利用这种变换去除了线性项,并将双曲线的渐近方程与轴联系起来.然而,值得注意的是,这样的变换并不是形式化和一般化的,而是凭借在每种情况下都与适当的几何图示重新结合来实现.

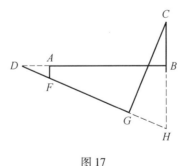

图 17

范·舒滕的笛卡儿《几何学》(1659—1661 年版)也包含了约翰·胡德(约

---

① *Exercitationum mathematicarum*( Lugduni Batavorum , 1557), p. 498.

1633—1704)的著作《论方程的化简》(*De reductione aequationum*),该书对笛卡儿代数的贡献比对解析几何的更大,但它的重要性在于作为系统地识别(无论符号是什么的)文字系数为正或负的第一个实例.牛顿似乎是第一个将胡德的观点扩展到将字母用作指数的人.这一进步使得通过考虑一般形式来消除许多特殊情况成为可能,并鼓励使用普适性公式,这一趋势随后逐渐发展起来.胡德关于极大极小值的工作以及休莱特关于曲线修正的工作也构成了《几何学》的一部分,但它们仅对微积分早期阶段的解析方法应用具有重要意义.德博纳的另一代数著作《论方程的性质、规则和限制》(*De aequationum natura,constitutione,et limitibus*)以及范·舒滕老式类似解析著作《从代数微积分到几何论证》(*Tractatus de concinnandis demonstrationibus geometricis ex calculo algebraico*)无疑有助于弥合新旧观点之间的鸿沟,但毫无疑问,第二部对笛卡儿的重要补充著作(类似于范·舒腾版本)是维特(Jan de Witt,1623—1672)的《曲线论》(*Elementa curvarum linearum*).

著名的阿姆斯特丹市长维特在 23 岁时就创作了《曲线论》,但其出版的延迟导致沃利斯声称这是对他自己的《圆锥曲线》的模仿.这两部作品在某些方面确实具有可比性,但它们的出发点完全不同.沃利斯从圆锥曲线的立体测量和解析研究入手,维特则从运动学角度研究开普勒曲线开始.全书第一卷以综合几何的术语写就,致力于自然的平面描述.在定义椭圆的备选轨迹中,他根据两个以偏心角为参数的同心圆进行了构造(本质上为迈多治所知,可能也为斯蒂文和阿基米德所知).他还将普罗克鲁斯定理(乌巴尔多和斯蒂文也知道)推广到用线段上的点来描述椭圆,线段的末端沿着两条相交但不一定垂直的线移动.维特也很熟悉圆锥曲线的比例定义,并称之为"准线".

相比之下,维特《曲线论》的第二卷对解析几何进行了系统的处理,由此被称为这门学科的第一本教科书[①].他的解析应用更像费马而非沃利斯和笛卡儿的,因为他从方程开始,而不是从曲线或轨迹开始.为了超越费马,他明确指出一次方程代表一条直线[②],并举方程 $y=c$,$y=\dfrac{bx}{a}$,$y=\dfrac{bx}{a}+c$,$y=\dfrac{bx}{a}-c$ 和 $y=-\dfrac{bx}{a}+c$ 为例. $y=-\dfrac{bx}{a}-c$ 的省略很重要,因为它表明维特和许多同时代的人一样,还没有掌握负坐标的含义.他的图像是限于第一象限的线段或射线.从解析的角度来看,维特对线性方程的研究很少,而对几何传统的延续显而易见,因为他给出了构造与给定方程相对应的直线的指示.例如,他通过沿轴放置线段 $AB=a$(以

---

① 参阅 Wieleitner, *Geschichte der Mathematik*, Ⅱ(2),26.

② 参阅 *Geometria of* Descartes(1659—1661 ed.),Ⅱ,243.

$A$ 为"固定起点")构造了方程 $y = \dfrac{bx}{a} + c$,以任意所需角度(坐标系的倾斜角)构建平行线段 $CB = b$ 和 $FA = c$,连接 $A$,$C$ 两点(图 18),最后在同一意义上从点 $F$ 画半线 $FG$ 与有向线段 $AC$ 平行.(维特没有使用"半线"和"有向线段"等词,但他的构图中隐含了这些思想.)

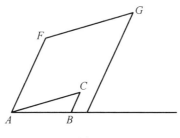

图 18

维特对二次方程的处理类似,他没有从最一般的形式,而是从大量的特殊情况开始. 他将方程 $y^2 = ax$,$y^2 = ax \pm b^2$ 和 $y^2 = -ax + b^2$ 与第一卷中已经综合建立的抛物线性质相协调. 他认为这些方程仅与由 $x$ 和 $y$ 正值定义的抛物线线段相对应,并且未能考虑到 $y^2 = -ax$ 及 $y^2 = -ax - b$ 等形式,因为这些对于正横坐标来说是不实际的. 由于他继续使用笛卡儿-费马式的单轴,因此认为有必要分别处理互换 $x$ 和 $y$ 变量得出的形式. 他表明形如 $\dfrac{ly^2}{g} = f^2 - x^2$ 和 $\dfrac{lx^2}{g} = f^2 - y^2$ 的方程为椭圆. 对于双曲线,他给出了渐近线方程 $xy = f^2$,并且两个而非单一的轴向形式 $\dfrac{ly^2}{g} = x^2 - f^2$ 和 $\dfrac{lx^2}{g} = y^2 - f^2$. 需要牢记的是,这些方程都是参考一般的直角或倾斜笛卡儿坐标,因此 $y^2 = f^2 - x^2$ 未必是圆. 借助变换 $\begin{cases} v = x - h \\ z = y + \dfrac{bx}{a} + c \end{cases}$,维特能够将其他的二次方程简化为规范形式. 然而,这种变换在具体案例和示意图中是特别说明的.

维特似乎已经非常接近一般二次方程的"特征"概念,因为他给出了通过轴的旋转将给定的抛物线 $yy + \dfrac{2bxy}{a} + 2cy = bx - \dfrac{bbxx}{aa} - cc$ 化简为标准形式的规则. 从其一般形式可以明显看出,对于抛物线,$xy$ 的系数平方必须等于其他二次项系数乘积的四倍(如果所有项都被放到方程的一边). 对于相应的椭圆和双曲线的一般形式,他给出了一个等价于现代 $B^2 - 2AC > 0$ 或 $B^2 - 2AC < 0$ 的不等式规则,但他的表述形式要笨拙得多[1].《曲线论》的结尾声称所有低于"三维"(三

---

①    *Geometria*(1659—1661),Ⅱ,283.

次)的轨迹都被涵盖了——这是笛卡儿著作中一直缺乏的一个代数几何学方面.

维特的《曲线论》从某种意义上来说是沃利斯《圆锥曲线》的补充. 沃利斯首先以解析形式表示了圆锥曲线,并从这些方程中推导出了曲线的性质;但是维特首先从几何上推导出了圆锥曲线的性质,然后通过分析证明了二次方程表示具有这些性质的曲线. 如果将这两部著作的解析部分结合起来,其结果将与现代教科书中的材料相当接近. 人们甚至会发现到两个固定点的距离之和(或差)是常数的点的熟悉轨迹,因为这个命题是由维特以解析和运动学形式给出的. 然而,维特在政治上的名气盖过了他在数学上可能获得的名气,他的《曲线论》并没有比沃利斯的《圆锥曲线》更出名.

在沃利斯和维特的早期著作中有一个重要的遗漏,即笛卡儿强调使用圆锥曲线的几何可构性. 然而,这种情况并不能代表那个时期. 1659 年不仅出版了维特的著作,还出版了斯吕塞(Rene de Sluse, 1622—1685)的《中项》(Mesolabum). 后一本书的标题①和主题是通过古老的提洛斯问题解法引出的,即用埃拉托色尼的方法构造比例中项,或者像米内克穆斯那样使用相交曲线. 斯吕塞的"方法之书"丰富了笛卡儿的几何可构造性理论. 他以费马的 e 和 a 为未知量,利用比例合成将"立体"问题简化为确定圆和圆锥曲线的交点. 他证明了任何(确定的)三次或四次方程以及给定的圆锥曲线,都可以确定一个圆,并可以通过它与圆锥曲线的交点来求解方程. 这是笛卡儿传统的直接延续,但是笛卡儿并没有给出他在作图中确定方程这一方法的诀窍,而斯吕塞给出了一个系统的过程. 他从待解方程和给定的圆锥曲线方程开始,通过代换和有理代数运算,对这些方程进行简单的处理,直到最后得到一个圆的方程.

尽管有不同寻常的符号,斯吕塞的《中项》仍然广受欢迎,并在 1668 年出版了第二增补版. 次年的《哲学学报》对该书进行了评论,称赞该书是"自著名数学家和哲学家笛卡儿以来,在这类几何学领域取得的最杰出的进步"②. 它受到了布莱士·帕斯卡(1623—1662)的高度赞扬,并对詹姆斯·格雷戈里(1638—1675)和克里斯蒂安·惠更斯(1629—1695)寻找可能解决阿尔哈曾问题③的相交圆锥曲线产生了影响. 但是,如果一方面笛卡儿意义上的解析几何

---

① 完整标题为 *Mesolabum seu duae mediae proportionales inter extremas datas per circulum et per infinitas hyperbolas vel ellipses et per quamlibet exhibitae, ac problematorum omnium solidorum effectio per easdem curvras.* 此处指的是 Leodii Eburonum 的 1668 年版.

② *Philosophical Transactions*(1669), p. 903-909, esp. p. 909.

③ 参阅 H. W. Turnbull, *James Gregory Tercentenary Memorial Volume*(London, 1939), p. 435-440.

通过《中项》获得了新的激励,另一方面,费马意义上的解析几何在某种程度上也因斯吕塞与惠更斯在一类新曲线上的关联而得到了改进. 那么将所谓的"斯吕塞珍珠线"定义为由方程 $y^m = kx^n(a-x)^p$ 确定的曲线,可以说是当时错误使用负坐标的一个有趣例子. 斯吕塞于 1657 年首次提出的珍珠线是三次方程 $b^2y = x^2(a-x)$. 这是一条简单的三次多项式曲线,但斯吕塞仅了解位于第一象限的部分图像,他错误地假设存在一个关于横坐标轴对称的分支. 同样的,斯吕塞也不知道 $ay + y^2 = ax - x^2$ 是一个圆,因为他在第一象限中绘制了一条弧,然后在横坐标轴上绘制了它的图像,并为曲线赋予了特殊名称. 1658 年,他进一步提出了例如 $ay - y^2 = x^2$,$ay - y^3 = a^2x$,$ay^2 - y^3 = ax^2$ 和 $ay^3 - y^4 = a^2x^2$ 的情况,并认为它们是珍珠线形[1]的. 可能是当时斜坐标的广泛使用掩盖了现在关于轴对称性的惯用测试. 然而,在三次多项式曲线 $ax^2 - x^3 = a^2y$ 的情况下找到拐点和临界点后,惠更斯(被称为范·舒滕最好的学生[2])看到了他们的错误,并画出了正确形式. 和维特一样,斯吕塞也没有意识到在直角坐标系下交换变量 $x$ 和 $y$ 会产生关于直线 $y = x$ 的镜像,因此他对这两种情况进行了独立处理. 笛卡儿和德博纳已经暗示了这两种坐标的基础在本质上是相同的. 这一原则被斯吕塞所忽视,但却被 17 世纪综合几何和解析几何学的重要贡献者之一拉伊尔(Philippe de Lahire,1640—1718)更明确地认识到了.

拉伊尔的父亲是德萨格(Gérard Desargues,1593—1662)的密友,所以拉伊尔毫无疑问地接触到了综合几何学这门新学科. 的确,虽然投影学派和解析学派在 17 世纪几乎是同时出现的,但一般来说,它们没有什么共同之处. 例如,圣文森特的格雷戈里(1584—1667)于 1647 年发表了一部巨著《几何著作》,书中通过透视法推导出了圆锥曲线的多种性质[3]. 这项工作预测了圆和双曲线之间的关系,这一关系后来由黎卡提解析地发展起来,并给出了双曲线的求积,这在微积分中是一个重要的贡献. 但是,以古老比例语言编写的《几何著作》对解析

---

① 斯吕塞与这些曲线的关联参见 Christiaan Huygens, *Oeuvres complètes*(22 vols., La Haye, 1888—1950),Ⅱ,47,76,88,ff.,93,106,121. 珍珠线的一般叙述参见 Gino Loria, *Spezielle algebraische und transcendente ebene Kurven. Theorie und Geschichte*(Leipzig, 1902). 在解析几何和曲线绘制早期,错误和误解非常普遍.

② 同上,参阅 A. E. Bell,p. 19.

③ 参阅 Karl Bopp,"Die Kegelschnitte des Gregorius a St. Vincentio in vergleichender Bearbeiyung," *Abhandlungen zur Geschichte der mathematischen Wissenschaften*,XX(1907),87-314. 在由 Rondet 翻译的 Edmund Stone 的 *Integral calculus—Analise des infiniment petits, comprenant le cacul integral*(Paris, 1735)的法语译本"论述序言"中,对他的工作进行了详尽介绍. H. Bosmans 在论文"Grégoire de Saint-Vincent," *Mathesis*,XXXⅧ(1924),250-256 中给出了一个简短的传记.

几何几乎没有影响. 同样,1639 年德萨格的《试论锥面截一平面所得结果的初稿》①为圆锥曲线的研究开辟了一条新路,但他的作品也是用一种奇怪的语言写成的,似乎对当代解析几何没有什么帮助,几乎很快就被遗失和遗忘了.

拉伊尔是一位非常优秀的几何学家,他能够欣赏圆锥曲线理论的解析和综合发展. 德萨格的灵感来源于拉伊尔的两部著作——《圆锥截面和圆柱截面的几何新方法》(*Nouvelle méthode en géométrie pour les sections des superficies coniques et cylindriques*,1673)和《圆锥曲线》②(1685). 这些以综合方法写成的具有高度价值和独创性的论著使人产生这样的印象,即拉伊尔反对笛卡儿的新几何学,但 1679 年的三部曲表明他是延续笛卡儿传统的重要一环. 三部曲中的第一本与后面作品结合在一起的标题是《圆锥截线新原理》(*Nouveaux elemens des sections coniques*). 正如维特《曲线论》第一卷中那样,这是一种平面而非解析的处理方式. 拉伊尔从焦半径的和与差的平面定义开始,推导出椭圆和双曲线的性质. 关于抛物线的定理是由到焦点和准线的距离相等推导出的. 三部曲中的第二本叫作《几何坐标》(*Les lieux géométriques*),这本书在某种意义上与维特的《曲线论》第二卷相对应,它不太强调方程的图解说明,而更多地强调用坐标来表示不定问题. 对于后者,他暗示了(正如奥雷斯姆和 1638 年笛卡儿《导论》的匿名作者所暗示的那样)三维以上空间的解析几何的推广,因为他将几何轨迹定义为直线、曲线或曲面等,其上的点与给定直线上的点具有相同的关系. 尽管拉伊尔的术语起源于德萨格和他最初所属的建筑传统,但对于二维来说,这是笛卡儿关于单一轴坐标观念的清晰表达. 他将给定的线称为"主干",并在其上取一个固定点 $O$ 为"原点". 主干上的点为"结",这些点与 $O$ 的距离为"主干各部分". 与主干以固定角度画出的线称为"分支",这些线的末端就是轨迹. 这是对传统术语的坐标系的第一次系统应用. 以前的作者大多是即兴的,尽管自阿波罗尼奥斯以来的不同时期,某些与圆锥曲线和坐标有关的短语(包括"横坐标"和"纵坐标")也曾被使用过,特别是在《圆锥曲线》的拉丁译本③中,但这些术语并非完全对应于它们目前的应用. 经常使用"段"或"部分"或"截取的直径"之类的术语而不是"横坐标";在整个 18 世纪,笛卡儿和费马使用的短语"ordinatis applicata"出现了,并在法语中被缩写为 appliquée 或 ordinée,后者最

---

① 参阅 Desargues, *Oeuvres*, ed. by Poudra, 2 vols. , Paris, 1864.

② 有关这项工作的摘要,请参阅 Ernst Lehmann, "De La Hire und seine Sectiones Conicae," *Jahresbericht des Königlichen Gymnasiums zu Leipzig*, 1887—1888, pp. 1-28; 或参阅 Collidge 的 *History of the Conic Sections and Quadric Surfaces*, p. 40- 44.

③ 例如波雷里在 1661 的译本中频繁使用"横坐标"一词.

终在 18 世纪末胜出. 此处的目的不是要指出关于坐标系的术语的种类和来源①,但值得注意的是,解析几何到 1679 年时已经达到需要适当的技术语言的地步. 拉伊尔的继任者只保留了其符号中的"原点"一词,但到了 18 世纪末,轴、横坐标、坐标和纵坐标(或 appliquée)等术语才以现在的含义普遍使用. 拉伊尔本人在三十年后撰写的研究报告中采用了"纵坐标"和"横坐标"这两个词②.

笛卡儿和费马都指出,含三个未知数的方程可以用曲面来表示,但都没有给出进一步细节. 拉伊尔在这方面更进一步,并表明缺乏两个条件的不定问题可以表示如下:

先把问题转化为在空间中找到点 L,使得垂线 LB 从点 L 下降到给定平面中的固定线 OB,则线 LB 将以固定距离 a 超过线 OB. 为了从几何上说明这一点,拉伊尔从点 L 引直线 LA 垂直于给定平面,再画 AB 垂直于 OB(图 19). 令 LA = v, OB = x 及 AB = y,由此得出点 L 坐标满足的方程 $a^2 + 2ax + x^2 = y^2 + v^2$. 这作为通过方程解析地确定曲面的第一个例子至关重要,但不幸的是,拉伊尔没有进一步研究这个问题. 他主要关心的是指出不定问题的维度,因此没有费心去描述或绘制 L 的轨迹. 可以推测他是将其视为曲面,因为他后来明确表示过 OB 作一平面,连接曲面上的点到平面上的点画出相互平行的直线 LA,然后从平面上的点 A 画线 AB 与其相互平行,使得曲面的点 L 与给定线 OB 上的点相关. 这种对空间中单个轴和斜坐标的引用类似于当时平面上的相应处理. 在接下来的一个世纪里,人们恢复了对三维解析几何学的兴趣,并保留了单轴的惯例,但当时的发展很大程度上局限于直角坐标系.

维特的《曲线论》到拉伊尔的《几何坐标》的二十年间似乎没有在负坐标上有什么改进. 拉伊尔指出,在确定直线与抛物线的交点时所得方程的根可能是假(负)的,但这早就被笛卡儿表述过了. 沃利斯在没有充分理由的情况下声称《几何坐标》是对其《圆锥曲线》的模仿,但人们确实希望拉伊尔遵循了沃利斯后来在正确使用符号坐标方面的工作. 人们常说拉伊尔是第一个认识到笛卡儿平面坐标系中的两个轴具有相同地位,因此变量可以互换的人,但这种说法太武断了. 如图 19 所示,拉伊尔只使用了一个轴,并且他对 x 和 y 互换的引用只

---

① 对这些细节感兴趣的读者可以参考 Johannes Tropfke, *Geschichte der Elementar-Mathematik*, v. Ⅵ(2nd ed., Berlin and Leipzig, 1924); 或参阅 F. Dingeldey, "Coniques"(translated by E. Fabry), *Encyclopédie des sciences mathématiques*, Ⅲ(3), 1-256, especially p. 1-15.

② "Remarques sur la construction des lieux géométriques & des equations," *Mémoires de l' Académie des Sciences*, 1710, p. 7-45.

不过是笛卡儿①所暗示的,而且很久以前在德博纳书中表现得更清楚,即任意未知量都可以沿着参考线或轴测量. 拉伊尔重复了沃利斯提出的通过考虑方程的系数来确定曲线形式的问题,但他并没有试图求得一个通解.

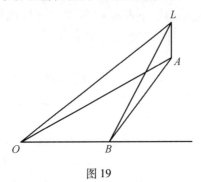

图 19

拉伊尔的第三本书是 1679 年的《解析方程的构造》( *La construction des équations analytiques*,简称《构造》). 这本书包括用笛卡儿曲线相交求解方程的图解法. 拉伊尔保留了笛卡儿方程的二级分类法,但他指出,像费马和惠更斯一样,笛卡儿的错误在于假设构造 $2n$ 次方程和 $2n-1$ 次方程需要 $n$ 次曲线. 他费力地正确列出了足以构造不大于 64 次方程的最低次数曲线. 拉伊尔的《构造》在另一个方面打破了笛卡儿的传统,因为在求解五次和六次多项式方程时,这种构造法不是追溯到移动的圆锥曲线,而是受到直接应用"第二类抛物线" $x^3 = aay$ 的影响. 这种改变可能是受到沃利斯的启发,他在二十多年前就给出了正确的三次抛物线形式.

沃利斯对解析几何的贡献通过著名的《代数论》(1685) 的出版得以延续. 这对于哈里奥特以二十章叙述的代数来说很有趣,但书中更相关的部分是关于二次以上多项式方程的惯用几何作图②. 关于用圆锥曲线解三次和四次方程,可以参考托马斯·贝克(Thomas Baker)出版的《几何之钥:或解方程式之门》( *The Geometrical Keys*:*or the Gate of Equations Unlock' d* ),书中仅使用了抛物线和圆. 然而,沃利斯提出了另一种非圆锥结构:设方程为三次;或者如果它是四次的,则将其化简为可解的三次形式. 然后通过转换去除第二项使得最终方程为 $R^3 - mR = \pm n$ 或 $R^3 + mR = \pm n$. "三次抛物面" $y = x^3$ 和 $y = -x^3$(图20)的绘制过程如下:设 $P$ 为 $y$ 轴上的任意点,过点 $P$ 的水平线交曲线于点 $\alpha$,$\alpha$ 处的切线交 $y$

① 参阅 *La géométrie*, p. 385,即给定一个包含两个未知数 $x$ 和 $y$ 的方程,可以取其中一个作为自变量并用它来确定另一个.

② 这个主题在 17 和 18 世纪的持续重要性可以参阅第一章中引用的 Favaro 和 Matthiessen 的作品. 从这个意义上看,代数和几何在当时的联系比现在更为紧密.

轴于点 $F$. 现在取点 $H$ 使得 $\sqrt{\dfrac{m}{3}} : \dfrac{n}{m} = \alpha F : FH$,其中 $H$ 在点 $F$ 右侧时为 $+n$,左侧则为 $-n$. 绘制点 $H$ 的纵坐标,垂足为 $T$,过点 $T$ 作平行于 $F\alpha$ 的直线交三次抛物线于点 $O$ 和 $\omega$,并交坐标轴于点 $G$. 这些平行线的线段 $GO$ 即为 $R^3 - mR = \pm n$ 的根,线段 $G\omega$ 即为 $R^3 + mR = \pm n$ 的根. 此外,当 $O$ 或 $\omega$ 在 $x$ 轴下方时,根为正;上方时根为负.

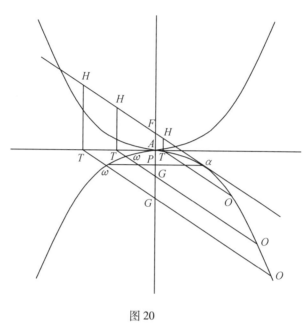

图 20

目前反对这种图解方法的理由是它不必要地复杂. 通过求 $y = x^3 \pm mx \pm n$ 和 $x$ 轴的交点,或 $y = x^3$ 和直线 $y = \pm mx \pm n$ 的交点可以很容易地解出这类三次方程. 但沃利斯当时预示了不同性质的批评:

我在这里使用了一条更复杂的线来解决可能由圆锥曲线构造的问题,也许有人会反对这种构图.

但是,我认为这个反对意见(在这种情况下)并不重要,因为它是通过用直线而非圆切割来代偿的. 这使得构图并不比圆切割抛物线时更复杂[1].

为了计算这种"复合"的程度,沃利斯根据所用曲线方程的次数,取权重为 1 的直线,权重为 2 的圆,权重为 3 的圆锥曲线,权重为 4 的三次"抛物面",等等. 因此,沃利斯构图中复合的权重是四加一或五,而使用圆锥曲线和圆的标准解决方案的权重也是三加二或五. 因此,这些方法并没有更复杂.

---

① *Treatise on algebra*(London, 1685), p. 275.

沃利斯《代数论》的附录里包含了一篇曾经发表的短文,关于一个他称之为"圆锥形(cono-cuneus)"的立体图形. 它的描述如下:给定一个矩形 ABCD (图 21)和垂直于 ABCD 的平面上的一个直径为 AB 的圆. 令垂直于另外两个平面的第三个平面移动使得点 P 所在线段 CD 与过点 Q,R 的圆相交. 那么"圆锥形"是由直线 PQ 和 PR 共同界定的图形,并在两个方向上无限延续. 这是很重要的,因为它可能是三维几何学中研究的第一个非旋转立体的曲线图形. 它现在被称为圆锥,但在沃利斯时代,这个名字仍然以阿基米德的方式来表示抛物线或双曲线的一段绕其轴旋转而得到的图形. 人们必须谨慎对待术语不合时宜的使用. 沃利斯在他的《圆锥曲线》中用椭圆形、抛物面和双曲面这三个词来表示三种类型圆锥曲线的一部分,但一些历史学家①把这些误认为是指一般的二次曲面. 沃利斯也许确实认识二次曲面,但他没有用现代的名称来指代它们. 1669 年,克里斯托弗·雷恩爵士(1632—1723)描述了单叶双曲线的线②,到了 1670 年沃利斯在《力学》③中再次指出. 沃利斯也注意到了抛物线截面,但立体图形的名称不是"双曲面"而是"双曲圆柱面". 沃利斯建议用圆锥曲线代替他

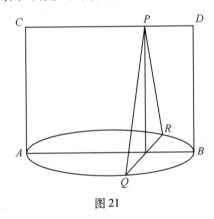

图 21

①　参阅 Heinrich Wieleitner, *Geschichte der Mathematik* ( new ed. , Berlin, 1939), Ⅰ, 121; E. Kötter, "Entwickelung der synthetischen Geometry von Monge bis auf Staudt (1847)," *Jahresbericht der Deutsche Mathematiker-Vereinigung*, Ⅴ(1896), part 2, Leipzig, 1901, 65 f; Coolidge, "The Beginnings of Analytic Geometry in Three Dimensions," *The American Mathematical Monthly*, LV(1948), 76-86. Kötter 在 Kepler 的 *Stereometria* 中指出有一个图形似乎表示一个单叶双曲面. 卡瓦列里可能也知道这个曲面. Kötter 的文章中包括了大量曲面早期历史的材料.

②　*Philosophical Transactions*(1669), p. 961-962.

③　参阅 vol. Ⅰ of his *Opera mathematica*(3 vols. , Oxonii, 1693—1695).

的"圆锥形"的圆形底面,并且他还提出了①各种"锥体"或"圆锥体",其中截面是纵坐标以给定比例变化的类似圆锥曲线.(这与阿基米德对圆锥体一词的使用背道而驰.)在这项工作中,沃利斯被引向了一般二次曲面,这是几何学家主要关注的旋转曲面的重要一步②;但应该注意的是,他和他的前辈们都没有根据曲面方程解析地研究三维图形.事实上,当时的数学家更感兴趣的是作为体积待定的立体的边界曲面,而不是自身具有解析性质的二维实体.

沃利斯的《代数论》出版两年后,雅克·奥扎南(1640—1717)在巴黎出版了一本非原创的著作,它延续了解析几何学的欧洲大陆倾向.这部1687年的作品与拉伊尔的一样分为三个部分,标题如下:论第一类线,论几何坐标,论方程的构造.(Traité des lignes du premier genre, Traité des lieux géométriques, Traité de la construction des équations)新几何被划分为三部分:首先是圆锥曲线的一般理论,然后研究方程,尤其是二次方程;最后,将相交曲线应用于方程的求解,这一传统一直持续到18世纪.奥扎南的作品帮助建立了这一传统,但它对解析几何学的内容没有什么贡献.它反而加强了笛卡儿留下的曲线研究没有内在价值,而只是有助于代数方程根的几何作图这一令人遗憾的印象.事实上,作者在《论第一类线》的导言"Au lecture"中指出,这部著作"主要是为那些希望知道如何用圆锥曲线求解二维以上方程的人而写".然而,奥扎南也跟随沃利斯和拉伊尔,通过使用常见的三次抛物线提供了三次和四次方程的非笛卡儿解③.

奥扎南对线性方程和二次方程的处理由于缺乏一般性而显得稀松平常.他没有证明一次方程在所有情况下都代表一条直线,也没有考虑一般二次方程.然而,作者通过让 $d$ 轴变为无限大,从椭圆和双曲线 $y^2 = px \pm \dfrac{px^2}{d}$ 的相应形式推导出抛物线的标准方程 $y^2 = px$,这是一种创新.在这种暗示但不加批判的语言中,人们可以看到当代微积分工作的影响.然而,总的来说,解析几何和微积分几何这两个领域在当时仍然如此明显地分离,这是令人惊讶的.即使是牛顿和莱布尼茨确定切线的无穷小法,似乎也经常被笛卡儿主义的几何学家所忽略,他们继续使用《几何学》中给出的烦琐的圆形结构.也许其中一个原因是这两

---

① *Opera mathematica*,Ⅱ,23-42,101-112.

② 例如,罗伯瓦尔把轨迹分为平面和曲面,并说后者是通过旋转前者获得的.曲面的识别和绘制方面的发展起初是非常缓慢的.

③ Loria,"Da Descartes e Fermat a Monge e Lagrange," p. 806-807. 错误地暗示了奥扎南是第一个给出这一结论的人.

个领域都还没有发展出超越圆锥曲线的一般曲线理论.

奥扎南平淡无奇的作品是 17 世纪最后的系统评注之一[①],在随后十几年左右时间里给人们留下了明确的印象,即对微积分的热情导致了对其他数学分支的忽视. 当时的科学期刊刊载了许多关于无穷小方法和问题的文章,但关于解析几何或综合几何的文章却很少. 例如,曲率半径公式经常出现在洛必达 1696 年的微积分[②]中,而距离公式却没有出现在他的解析几何(1707)中. 勤奋不懈的伯努利也有这种倾向,但他们还是挤出时间以一种重要的方式为解析几何学的历史作了贡献. 极坐标隐含在许多早期作品中,例如阿基米德关于螺线的著作. 螺旋曲线和抛物线的比较是 17 世纪最受欢迎的话题(尤其是卡瓦列里、托里拆利、圣文森特的格雷戈里、费马、罗伯瓦尔、帕斯卡和斯吕塞),而且这项工作与极坐标法的使用有明显的相似之处. 雅克·伯努利(1654—1705)似乎在 1694 年已经看到了向量在一般坐标系中的可能性,因为他推导出了极坐标下曲率半径的公式[③]. 他将 $y$ 视为从一个固定极点或"脐点"测量的半径,横坐标 $x$ 表示圆心在极点且半径为 $a$ 的圆的圆弧,"applicata"被半径和给定的固定线(极轴)截取. 要将他的坐标以现代形式表示,只须将 $y$ 替换为 $r,x$ 替换为 $a\theta$. 他仅将其新定理(很容易转换为现代微积分公式)应用于阿基米德螺线 $y=ax:c$. 在几年前的《博学通报》[④](1691)中,伯努利提出了一种与极坐标有关但略有不同的方案. 他采用抛物线方程 $yy=lx$,并研究如果沿固定圆的圆周测量横坐标,沿圆的相应法线取纵坐标,则曲线会是什么样子. 他称通过围绕圆弯曲抛物线的轴而获得的曲线为抛物螺线或螺旋抛物线. 在现代极坐标系下,它的方程是 $(a-r)^2=la\theta$,其中 $a$ 是圆的半径. 伯努利的作品似乎是最早发表的极坐标思想在解析几何[⑤]中的应用,但这一新体系在很大程度上被忽视了.

---

① 然而, Paul Tannery, "Notes sur les manuscrits francais de Munich 247 a 252," *Annales internationals d' histoire*(Congrès de Paris, 1900), 5th section, *Histoire des sciences*, pp. 297-310, 在题为 "Application de l' algebre et des lieux geometriques pour la solution des problémes de geometrie", 一本1 982 页的未出版的大型著作(共约1 700 页)中描述了它. 这份手稿被认为是奥扎南的,其主题与他出版的作品相似.

② 当然,早在惠更斯、莱布尼茨、牛顿和伯努利家族就知道了. 参阅 J. L. Coolidge, "The unsatisfactory story of curvature," *Am. Math. Monthly*, LIX (1952), 375-379.

③ 参阅 Jacques Bernoulli, *Opera*(2 vols., Genevae, 1744), p. 578-580; 或 *Acta Eruditorum*, 1694, p. 264-265; 或 *Bibliotheca Mathematica*(3), XIII(1912—1913), 76-77.

④ 参阅 *Opera*, I, 431 f.

⑤ 在 James Gregory 的著作中也发现了类似观点的早期暗示,他认为曲线可以弯曲成这样一种方式,即所有的纵坐标同时通过某一点成为半径,而长度保持不变. 参阅 James Gregory Tercentenary "The Origin of Polar Coordinates," *Proceedings of The International Congress of Mathematicians*, 1950, V. I, p. 749.

　　1695 年,雅克·伯努利负责出版范·舒滕翻译笛卡儿的拉丁版第四版,他在此加入了对最喜欢的笛卡儿主题——多项式方程的图解的大量评论[1]. 在这方面,他把自己的名字加到一长串像费马一样纠正了笛卡儿推论的人的名单上,即 $n$ 次曲线对于构造 $2n$ 次方程是必要的. 在对这个问题的处理上,伯努利也和之前的沃利斯一样,反对通过尽可能低次的曲线求解以及笛卡儿的分类体系. 他更喜欢按次数排列曲线,并称几何学家没有理由支持笛卡儿在简单性问题上的权威. 伯努利指出,如果要尝试用三次方程构建形如

$$x^9 + mx^7 + nx^6 + px^5 + qx^4 + rx^3 + sx^2 + tx + v = 0$$

的九次方程,通常用 $a^2y = x^3$ 代替前五或六项最终得到形如

$$a^6x^3 + a^4mxy^2 + a^4ny^2 + a^2px^2y + a^2qxy + a^2ry + sx^2 + tx + v = 0$$

的三次非多项式曲线,这将极难绘制. 因此他提出了另一种替代解法:设待解方程为

$$x^5 = ax^4 + b^2x^3 - c^3x^2 - d^4x + e^5$$

两边同除 $x^4$ 得

$$x = a + \frac{b^2}{x} - \frac{c^3}{x^2} - \frac{d^4}{x^3} + \frac{e^5}{x^4}$$

现在构造(对于正横坐标)曲线 $y = a + \frac{b^2}{x} - \frac{c^3}{x^2} - \frac{d^4}{x^3} + \frac{e^5}{x^4}$ 上的点,这是一个关于 $x$ 倒数的简单四次多项式(图 22). 因为只涉及有理运算,这一构图可以很容易地通过各次数的比例来完成. 这条曲线与直线 $y = x$ 交点的纵坐标线表示原五次方程的正根. 伯努利表示,这个过程可以应用到任何次数的多项式方程[2]. 我们可以从伯努利的断言中看到当时对可构造性这一特殊惯例的态度,即他"并不羞于使用这种方法".

　　两年后,在 1697 年 4 月 3 日给莱布尼茨的一封信中,让·伯努利(Jean Bernoulli,1667—1748)同样打破了笛卡儿的传统,提出了另一种的方程构图方法[3]. 在这封信中,他画了一条大概是四次多项式的曲线,并指出这条曲线与(横)坐标轴的交点就是方程的根. 这就是多项式方程的现代图解,但这里的图示是个特例,并不能专门用于求解方程. 此外,这项工作当时还没有发表,但这种方法很有可能被让·伯努利的一个热切的学生洛必达知道了,他随后发表了

---

　　[1]　*Notae et animadvert siones tumultuariae in universum opus geometriam Cartesii*, p. 423‑468. 或参阅 *Acta Eruditorum* for 1688.

　　[2]　参阅 Jacques Bernoulli, *Opera*, Ⅱ, 689‑691. 或 Ⅰ, 343‑351.

　　[3]　参阅 *Leibnizens mathematische Schriften*(ed. by C. Ⅰ. Gerhardt), Ⅲ(part Ⅰ), Halle, 1855, p. 390‑391 and Fig. 5.

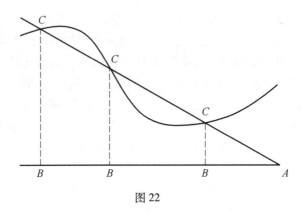

图 22

一种类似的方法.

让·伯努利与戈特弗里德·威廉·莱布尼茨(1646—1716)的通信讲述了数学的一般发展,这种发展被认为最终影响了解析几何. 古老的比例语言在 17 世纪被含两个未知数的方程的符号体系所取代,因此莱布尼茨在 1693 年发表了明确的看法:"我一直不赞成在比率和比例中使用特殊符号,因为对于比率来说用除法符号就够了,同样对于比例用相等符号就够了." 方程已经成为公认的函数关系的表示形式,而最终采用的"等于"特殊符号是韦达、牛顿和莱布尼茨所普及的熟悉的雷科德平行线. 莱布尼茨和伯努利最早使用了函数一词,它有多种趋向于现代意义的含义. 最初它表示与给定曲线连接的某些可变几何量,例如纵坐标、切线和曲率半径等;有时该术语表示代数变量的幂. 到了 1718 年,伯努利开始将该表达式普遍应用于"由自变量和常数以任意方式构成的量". 莱布尼茨已经重新命名了笛卡儿的"几何"和"机械"曲线,并使用"代数"和"超越"等名称代替,而伯努利将这一术语带入了现在熟悉的函数分类中. $f(x)$ 这个符号当时并没有被使用,但在 1734 年左右被克莱罗和欧拉引入,这两个人在解析几何史上的下一个历史时期起着决定性的作用.

当莱布尼茨和伯努利在欧洲大陆传播新微积分时,在苏格兰出现了一位鲜为人知的作家,他发表了一些在解析几何和微积分几何方面都很重要的作品. 据说约翰·克雷格(逝于约 1731 年)是最早从事微积分研究的两人(另一位是雅克·伯努利)之一,并于 1685 年和 1693 年发表了两部关于微积分的著作. 第一部《直线与曲线所围图形的面积求法》专门研究微积分(仅在莱布尼茨的神秘论文出现一年后!),但对于解析几何中也颇有趣味. 在确定不同次数抛物线的面积时,克雷格在所有情况下(包括三次和半三次)都使用了阿波罗尼奥斯的图像. 作者显然不熟悉沃利斯近三十年前提出的负坐标的正确使用方法. 然而,克雷格的第二部著作《曲边形求积》(*Tractatus mathematicus de figurarum curvilinearum quadraturis et locis geometryis*)却对解析几何产生了重要影响. 其中一节"确定几何轨迹的新方法"①提出了一种用于确定相对于笛卡儿轴(矩形或斜轴)的任意二次方程表示的圆锥曲线的本质和性质的新方法,无须通过克雷格赞扬的维特和范·舒滕强调的几何变换来简化方程. 该方法取决于四种标准形式(椭圆、抛物线及两种双曲线)的推导,由于所有四种情况下的方法都相似,因此在这里对抛物线进行说明就足够了. 设 $A$ 为"确定且不可变的固定点"(即原点),$AE$ 为"在任意给定位置无限延伸的直线"(即横坐标轴),$G$ 为抛物线 $GD$ 的顶点,通径为 $GH$,正焦弦为 $r$(图 23). 设 $AED$ 为坐标间给定或假定的角度. 过 $A$ 点作 $AF$ 平行于 $GH$,$AK$ 平行于 $ED$. 设 $BC$ 为平行于 $ED$ 的固定直线,令 $AB=m$,$BC=n$. 若有 $AE=x$,$ED=y$,$AC=e$,$AK=k$,$KG=l$,那么抛物线方程为

$$y^2 + \frac{2nxy}{m} - 2ky + \frac{nnxx}{mm} - \frac{2nkx}{m} + kk - \frac{rex}{m} + rl = 0$$

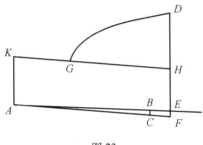

图 23

这显然是顶点为 $(l,k)$ 且轴与 $x$ 轴成反正切角 $\left(-\dfrac{n}{m}\right)$ 的一般抛物线方程. 如果将它与一般现代形式 $Ax^2 + Bxy + Cy^2 + Dx + Ey + F = 0$ 相比较,显然对于任何抛物线,$B^2-4AC$ 必须为零. 和维特一样,克雷格并没有特别提到现在称为特征的量,但他似乎意识到了它的重要性. 从克雷格的一般形式也可以清楚地看出,轴的倾斜角是由 $\tan 2\theta = \dfrac{B}{A-C}$ 确定的,这是他再次确定事实.

在交换 $x$ 和 $y$ 坐标的情况下重复上述过程后,克雷格接着使用等价系数的方法来比较给定抛物线方程与他的两个标准形式中的一个,以便解析地确定曲线的性质. 例如,给定方程 $y^2 - \dfrac{bxy}{a} + \dfrac{bbx}{4aa} - bx - dd = 0$,他注意到 $\dfrac{2n}{m} = -\dfrac{b}{a}$ 表示曲线的轴与横坐标轴之间夹角的切线为 $\dfrac{b}{2a}$. 此外,从系数的比较中可以明显看出 $k=0$,$r\csc\theta = b$ 或 $r = b\sin\theta$,$rl = -d^2$ 或 $l = \dfrac{-d^2\csc\theta}{b}$,因此抛物线的开口方向、顶点和正

---

① *Tractatus mathematicus*, p. 62-76.

焦弦是已知的,无须借助几何图形①.

克雷格同样推导出了椭圆和双曲线的标准形式,先是关于 $x$ 轴的,然后是关于 $y$ 轴的. 为了避免被零除,他分别处理了 $x^2$ 和 $y^2$(但不是 $xy$)系数为零的双曲线的情况. 通过比较给定圆锥曲线方程与其标准形式的系数,克雷格能够迅速地推导出曲线的性质. 因此,他的工作代表了 17 世纪一般二次方程最彻底的解析处理. 现代读者可能会觉得他的形式过于烦琐,其中部分原因是他缺乏当代使轴的旋转变得更加简单的三角符号和公式. 他所提出的方法与同时代人的相比颇有优势,并被 18 世纪最成功的教科书作家洛必达所采用②.

尽管克雷格在与更高次抛物线相关的负坐标方面有错误,但 17 世纪后期的数学信件和文章表明,他对此具有更为明确的想法③. 笛卡儿叶形线背弃了几何学家关于负坐标的错误观点. 1663 年,惠更斯只考虑了第一象限中的部分,但他在 1692 年和 1693 年写给洛必达的信中展示了正确绘制的完整曲线④. 雅克·伯努利在 1694 年的《博学通报》上给出的正确的双纽线图像显示了绘制曲线的技巧. 伯努利兄弟都提到了坐标意义上的向径,并且预示了极坐标的使用,让·伯努利提出了一种利用向径和纵坐标的平面坐标方案——这是直角坐标系和极坐标系之间的一种有趣的折中方案——但这种思想直到下一个世纪才得到了进一步发展. 让·伯努利在 1692 年用"笛卡儿"这个名字来表示基于坐标系的几何,有趣的是,他将其解释为由指定性质确定任意曲线方程. 与费马观点相反的是,方程的图示在评论界并没有取得突出的地位,但至少对于代数曲线而言,它一直是 18 世纪上半叶解析几何发展的焦点. 让·伯努利⑤和莱布尼茨鼓励研究超越曲线,特别是形如 $x^x = y, x^y + y = x^x + x$ 等. 莱布尼茨强调,与韦达和笛卡儿不同,他的微积分同样适用于代数和超越曲线,雅克·伯努

---

① 为了便于说明,此处对克雷格的语言和符号做了些许修改. 他没有使用现代三角符号,而是使用辅助三角形的边,这在当时是一种习惯. 通过欧拉的工作,大约半个世纪之后更现代的三角方法出现了.

② 然而,历史学家们几乎完全忽视了克雷格的工作,他应得的大部分功劳都归功于洛必达. 克雷格并没有被三位杰出的解析几何学史学家柯立芝、洛里亚或特罗普夫克提及. 然而,维莱特纳在 *Geschichte der Mathematik*, Vol. Ⅱ; part Ⅱ( Berlin and Leipzig, 1921)中对他的作品作了公正的描述.

③ Carlo Renaldini, *Opera mathematum*(3 vols., Patavii and Venetiis 1684) 似乎表明,与欧洲其他国家相比,意大利在这方面缺乏进展. 许多"美索奇曲线"方程被提出,但它们没有绘制出来. 在西班牙,似乎也很少有人对解析几何学做出贡献. P. A. Berenguer 在"Un géometra espanol del siglo ⅩⅦ," *El Progreso Matemático*, Ⅴ(1895),116-121 中引用 Antonio Hugo de Omerique 作为现代解析几何学的先驱;但他的 *Analysis geometrica*( Cadiz, 1698)的后半部分没有出版,这使得很难对他的工作价值做出判断.

④ 参阅 Huygens, *Oeuvres complètes*, Ⅹ, 351 f., 378-417. 或Ⅳ, 238, 246, 312, 316.

⑤ 参阅 Jean Bernoulli, *Opera omnia*(4 vols., Laussanae and Genevae, 1744), Ⅰ, 179. 他有时被称为"指数微积分"的发明者. 超越曲线在微积分中一向比在解析几何中起着更大的作用.

利说,几何应该研究"性质本身可以通过简单和快速的运动产生"的曲线,但非代数曲线不适用于笛卡儿几何学的方法,因此一般不被纳入这门学科. 莱布尼茨在 1694 年的信中第一次使用了严格现代意义上的"坐标"一词,并承认两种坐标具有相同地位. 让·伯努利在 1697 年和 1698 年与莱布尼茨和洛必达关于测地线的通信表明,他显然熟悉空间坐标的使用,这是解析几何在接下来的一个世纪中发展起来的另一个方面.

令人惊讶的是,曲线一般理论的发展也是 18 世纪的贡献. 解析几何的发明为无限多种曲线的简单定义和分类打开了大门,但评注时代并没有开发这种可能性. 坐标法最初主要用于研究旧曲线,特别是圆锥曲线,而不是发明新曲线. 事实上,费马和牛顿之间的时期经常出现的新曲线是由非解析方法定义的,直到后来欧拉发展出了一般函数理论,这才成为解析几何的一部分. 在 1634 年到 1644 年这关键的十年里,简单的对数和正弦曲线出现了,它们没有被绘制成方程 $y = \sin x$ 和 $y = \log x$ 的图像,因为这时没有引入函数的概念. 该定义是根据叠加运动和几何变换来定义的,特别是根据罗伯瓦尔和埃万杰利斯塔·托里拆利(1608—1647)提出的思想,似乎应该将这些曲线的第一个图像归功于他们.

运动合成的方法经常被归功于伽利略,但在物理学上,它至少可以追溯到亚里士多德的时代,而在数学中,它在更早的希皮亚斯割圆曲线中被发现. 大约在伽利略将该方法应用于抛物运动时,摆线的研究再次使它成为数学中定义曲线的突出方法. 很有可能是摆线又引出了新的对数和正弦曲线[①]. 纳皮尔根据运动点的速度定义了对数——一条代表数字(或正弦)的线以几何级数递减的速度递减,而另一条代表数的对数的线以匀速递增. 托里拆利似乎是第一个通过将这两种运动强加于一个移动点上来修改这个想法的人:也就是说,他以相等的距离取横坐标,并从一个固定的初始纵坐标开始以比率小于 1 的连续几何级数画对应的纵坐标. 由于其形式和生成方式给出了一条单调递减的曲线,托里拆利称其为"对数半双曲线"(Hemhyperbola logaritmica). 他证明了这条曲线的次切距长度是恒定的,并且还确定了曲线、渐近线和给定纵坐标围成的面积.

运动合成一直是定义新曲线最重要的方式之一,但罗伯瓦尔和其他人将其扩展到当时已知的所有高次平面曲线以及圆锥曲线上. 笛卡儿、罗伯瓦尔和托里拆利的运动切线法被有效广泛应用,以至于可与笛卡儿和费马的解析方法相媲美. 微积分早期发展中的两种观点很可能直接源于两种曲线定义方法之间的竞争,运动合成从巴罗到牛顿的流数术,而解析方法以莱布尼茨的微分达到

---

① 参阅 Gino Loria, "Le ricerche inedite di Evangelista Torricelli sopra la curva logaritmica," *Bibliotheca Mathematica*(3), I(1900), 75-89;及 Evelyn Walker, *A Study of the Traité des indivisibles of Roberval*(New York, 1932).

顶峰.

17 世纪的运动学方法和解析方法在发现新的曲线方面与一种既新又旧的方法——几何变换抗衡. 托勒密和墨卡托在地图构建中的投影, 以及艺术家(尤其是列奥纳多·达·芬奇和迪勒)在放大或缩小设计比例时所使用的方法都是这种变换的简单例子. 德萨格和帕斯卡在圆锥曲线的投影变换方面的工作只是当时广泛使用的众多曲线变换类型中的一个例子. 例如, 在确定摆线的求积时, 罗伯瓦尔曾使用以下变换定义的新曲线: 令圆 $OCF$ 沿直线 $OA$ 滚动生成摆线 $OPB$(图 24). 过摆线上任一点 $P$ 画一条平行于 $OA$ 的直线 $DPF$, 并在线上取 $PQ=DF$. 那么 $Q$ 的轨迹就是一条正弦曲线, 它将矩形 $OCBA$ 分成两部分, 每一部分的面积等于生成圆的面积. 由于 $OPBQ$ 的面积等于半圆 $OCF$, 因此 $OPBA$ 的面积是生成圆面积的 $\frac{3}{2}$. 罗伯瓦尔没有把曲线 $OQB$ 称为正弦曲线, 而仅仅是"摆线的伴线". 然而, 他可能已经认识到了它与三角函数之间的联系, 因为他在另一方面通过将圆一个象限的正弦线绘制成相应弧长的函数, 从而构建了同一曲线的一部分. 第一个有意识地构造三角函数图像是源于正弦线的几何变换, 而不是解析函数的概念, 这可能解释了一个令人惊讶的事实, 即周期性的概念非常缓慢地进入测角函数理论. 沃利斯在 1670 年的《力学》中描述了正弦和余弦曲线的周期性, 并画出了两个完整周期的正弦曲线[①]; 代·拉尼于 1705 年和柯特斯于 1722 年指出了切线和割线曲线的周期性; 但直到 1748 年, 欧拉才在《无穷分析引论》中强调了倍角公式是公认的所有三角曲线的周期性.

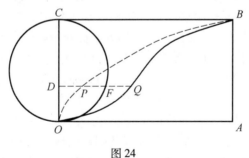

图 24

17 世纪发现的几条新曲线具有惊人的切向性质. 对于"费马抛物线"$y=kx^n$, 可知次切距与横坐标之比为 $\frac{1}{n}$, 指数曲线的次切距是常数. 这些发现向几何学家们提供了一种逆转问题的可能性, 即寻找其切线具有某种先验规定性质

---

① *Opera*, Ⅰ, fig. 201 opposite p. 542. 或 Cf. p. 504-505.

的新曲线. 1637 年,德博纳为此试图寻找一条曲线,该曲线上每个点的纵坐标与次切距之比应与该点的坐标之差成正比. 这种刻意寻找具有预先指定的切线性质的曲线的做法,可以看作是在曲线的系统定义中又迈进了一步①. 此外,将反正切问题与曲线的运动学定义合并,极大地促进了牛顿微积分的发明. 于是,微积分反过来作为确定曲线的进一步方法,对于单个自变量(给定边界条件下)的函数中的每个微分(或微分的)方程都暗指一条独特的平面曲线. 在接下来的一个世纪里,代数几何和微积分共同发展至成熟,但它们之间的密切联系并不完全有利于两者中的前辈. 解析几何学从牛顿到蒙日的发展之所以如此惊人地停滞不前,部分原因似乎是这门学科被更新颖、更强大,因此也更有吸引力的微积分方法所掩盖了.

---

① 下列著作提供了大量关于曲线的一般信息: Gino Loria, *Spezielle algebraische und transzendente ebene Kurven*(2 ed. 2 vols. , Leipzig and Berlin, 1911); F. Gomes Teixeira, *Traité des courbes spéciales remarquables planes et gauches*(transl. from the Spanish, 2 vols. , Coimbre, 1908—1909); H. Brocard, *Notes de bibliographie des courbes géométriques*( Bar-le-due, 1897); D. Joaquin de Vargas y Aguirre, "Catálogo general de curvas," *R. Acad. De ciencias exactas de Madrid*, *Memorias*, XXVI(1908); R. C. Yates, *A Handbook on Curves and Their Properties*( Ann Arbor, 1947).

# 从牛顿到欧拉

**阿基米德的想象力要比荷马丰富得多.**

**——伏尔泰**

## 第七章

从某些方面来说,18 世纪在科学史和数学史上是一段平淡无奇的时期. 前一个时代已经以伟大的宇宙法则和数学方法的形式获得了荣誉. 世纪的任务是改进新的分析方法,但直到世纪末,人们在完成这项任务的过程中对微积分的热情似乎远远超过了代数几何. 随着 1687 年《原理》的出版,艾萨克·牛顿爵士(1642—1727)在微积分方面的工作完全属于 17 世纪,但他对解析几何的主要贡献——《光学》(1704 年出版)出现在 18 世纪. 由于微积分的规则在前一本书中间以引理的形式默默给出了,因此解析几何方面的工作在后一本中被归入了一个不引人注目的位置,即作为两个附录之一. 该附录"三次曲线枚举"(简称"枚举")至少在 1676 年就已经写好了,并在1695 年作了修订,但由于牛顿不愿将其付印,出版被推迟了. 在"枚举"中,费马意义上的几何学可以说是自成一体.

据报道,牛顿在没有任何初步研究的情况下就掌握了《几何学》,但他也将其扩展到了一个新的方向. 在笛卡儿的几何学中,曲线被定义为运动点的轨迹(一次和二次曲线除外),并仅被认为是求解定代数方程的辅助工具. 另一方面,牛顿更关注相反方面或说费马意义上的解析几何方面. "枚举"开篇简要描述了坐标的含义及其通过方程确定曲线时的作用①. 然而这是自费马以来第一次发自内在兴趣绘制出了含两未知数的三次方程定义的一类全新曲线. 事实上,这是第一部专门研究曲线理论的著作. 牛顿注意到了 72 种三次曲线(省略了 6 种),并且仔细地绘制了每种类型的图像. 这项工作本质上在这方面开辟了高次平面曲线这一新领域. 此外,他还发现了两轴的系统结构. 第二条线不称为轴,而仅是主纵坐标,其用法与横坐标轴不完全相同. 因为纵坐标不是沿主纵坐标线测量的,因此原点仅被视为横坐标的起点. 然而对于负坐标没有任何犹豫,所有四个象限的曲线都被完整而正确地绘制出来. 牛顿有时会因正确使用负坐标而获得唯一的荣誉,但其他人在某种程度上已经预示了他,特别是沃利斯和拉伊尔. 这种用法似乎是在笛卡儿之后逐渐发展起来的. 1692 年,克里斯蒂安·惠更斯(1629—1695)在写给洛必达的一封信中,准确地绘制了笛卡儿叶形线及其渐近线的图像,表明了他对负坐标的熟悉②. 18 世纪的人们继续在许多情况下使用单轴,但曲线的绘制和坐标负值的使用在 18 世纪中叶之前就已经相当成熟. 正如在许多其他时期的著作中一样,"枚举"中的坐标轴通常被假定为倾斜的. 坐标轴的变换并没有明确给出,但牛顿显然很熟悉,因为它们是将方程简化为他的标准形式所必需的. 与笛卡儿一样,他注意到方程在通常变换下次数的不变性,于是将次数解释为曲线与直线可能相交的次数. 他放弃了笛卡儿式的分类,改用现代的按次数命名法,从而为曲线次数的概念开路. 这项工作还表明了代数和超越曲线之间的新区别. 笛卡儿认为曲线是"几何的"或"机械的"取决于运动是否用代数方法决定,也就是说,根据 $\dfrac{dy}{dx} = \dfrac{dy}{dt} \div \dfrac{dx}{dt}$ 是否是代数的. 牛顿根据在无限的实数或虚数点中与某条直线相交或不相交,将曲线描述为超越的或代数的.

牛顿没有讨论圆锥曲线,只是把它作为寻找三次曲线相似性质的指南. 因此,他将三次曲线的直径定义为一组平行弦上点的轨迹,这样曲线从这些点上截取的两段弦之和就等于另一段弦. 如果直径通过一个点,那么这个点就是圆心. 他还适当修改了圆锥曲线与顶点、轴、正焦弦相关的其他性质以适用于三次曲线. 由于双曲线有两条渐近线,所以牛顿指出一条曲线只能有与次数一样多的渐近线;并且由于所有圆锥曲线都是圆的投影,因此所有平面三次曲线都可

---

① 对这一工作的广泛阐述参见 W. W. R. Ball, "On Newton's Classification of Cubic Curves," *Proceedings of the London Mathematical Society*, XⅫ(1890), p. 104-143. 摘要信息参见 *Bibliothematica Mathematica*, new series, V(1891), p. 35-40. Talbot 给出了"枚举"英译本,但我没有看过. 我使用的是 1787 年的拉丁译本.

② *Oeuvres complètes*(22 vols., La Haye, 1888—1950), X, p. 351, 378.

以由 $y^2 = ax^3 + bx^2 + cx + d$ 给出的五种发散抛物线投影得到.（尽管笛卡儿提出了这一点,但牛顿是少数普遍放弃方程的齐次表达形式的早期人物之一.）一般来说,牛顿看到投影下曲线的次数是不变的,因此进一步定义了两条曲线,即如果一条可以通过投影变换得到另一条,则这两条曲线属同一类.据此他将三次曲线分为 5 类 72 种.

牛顿的兴趣更多在于给定方程的费马式图解研究,但他也对曲线的运动学生成做出了贡献,这种方式令人强烈地联想到笛卡儿的"曲线层级结构".《原理》的第一卷包含了许多如何确定满足给定条件(给定焦点、过定点以及与给定的直线相切)的圆锥曲线的问题.其中又涉及笛卡儿《几何学》中突出的帕普斯问题,但牛顿对于"由欧几里得开始,阿波罗尼奥斯继承的古代关于四线的著名问题"的解法是综合的而非解析的[①]. 更有趣的是牛顿对"曲线的自然描述"这一话题同样让人想起笛卡儿轨迹的构建. 牛顿设定两个固定大小的角,并围绕固定顶点 $O$ 和 $O'$ 旋转,使得一个角的一侧 $P'O$ 与另一个角的一侧 $P'O'$ 的交点 $P'$ 得以位于给定的曲线 $P'C'$ 上(图 25). 那么当 $P'$ 沿着 $P'C'$ 移动时,角的另外两条边的交点 $P$ 就会画出一条曲线 $C$. 牛顿指出,如果 $P'C'$ 是一条直线,那么 $PC$ 就是一条圆锥曲线;如果 $P'C'$ 是过 $O'$ 的圆锥曲线,那么 $PC$ 就是过 $O$ 且在点 $O'$ 处有二重点的三次曲线;如果 $P'C'$ 是任意圆锥曲线,那么 $PC$ 就是三次或四次曲线.

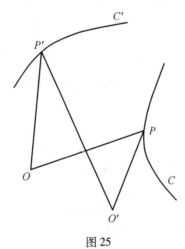

图 25

牛顿对曲线理论的贡献不仅限于《三次曲线枚举》和《原理》,因为他在更早的时候就创作了一部作品,即霍斯利在 1779 年的《艾萨克·牛顿现存著作全

---

①　Sir Isaac Newton's *Mathematical Principles*(Cajori's revision of the Motte translation, Berkeley, California, 1946), p. 80-81. 及 p. 76-80.

集》中收录的"分析艺术模型或解析几何"（Artis analyticae specimina vel geometria analytica）.这篇论文的标题包含了后来成为笛卡儿或代数几何标准名称的短语,但在这里它特指从三份手稿中整理出来的牛顿方法,基本上与科尔森于 1736 年出版的《流数法》一致①.它主要是关于微积分的,但也包括其他领域的内容②,其中相当一部分涉及解析几何.开篇部分是关于方程的代数解,之后牛顿描述了一个后来被称为牛顿平行四边形的"图像".牛顿使用这一形如 $f(x,y)=0$ 的多项式方程的著名图解表示获得一个变量的连续逼近,该变量通过幂级数收敛于后者的小值作为另一个变量的函数;但在 18 世纪早期,它在曲线理论中作为一种快速获得曲线关于原点的图形近似值的方法而流行起来.

《分析艺术模型或解析几何》（简称《解析几何》）包括所有以解析方式处理的极大极小值、切线、曲率半径和求积,这与《原理》的综合形式形成了鲜明的对比.显然,解析几何这一术语是表示"将代数应用于几何",尤其是"通过曲线方程".其中充满了轨迹问题和由方程绘制的曲线.在某些情况下,曲线是由运动学定义或微分方程给出的,但通常表示整个坐标系内的完整图像.从这些图像中可以找到笛卡儿抛物线和费马抛物线、双曲线.牛顿还推导出了他称之为"蚌线"的轨迹方程 $y=\dfrac{a^3}{a^2+z^2}$,但后来被称为"阿涅西箕舌线",而费马和惠更斯早在研究和绘制图像时就已经发现了③.

牛顿对解析几何学的贡献并不为人所知,特别是有一个方面被历史学家完全忽视了——他在《解析几何》中使用了极坐标.在解析地展示如何使用流数法寻找笛卡儿坐标系（斜的或直角的）下给定曲线的切线时,牛顿补充道:

然而,当曲线之后无论以任何其他方式参考正确的线时,如果我还展示了问题是如何处理的,这可能与目的无关:总是可以使用几种最容易、最简单的方法.

随后,他指出:

当这些曲线不是参考正确的直线,而是参考其他的曲线时,问题就不存在了,这在力学曲线中是很常见的④.

---

① *The Method of Fluxions and Infinite Series*; *with Its Application to the Geometry of Curve-Lines trans.* With commentary by John Colson(London, 1736).

② 参阅 *Opera quae exstant omnia*(5 vols., Londini, 1779—1785), Ⅰ, 391 f. 简短描述参阅 H. W. Turnbull, *Mathematical Discoveries of Newton*(London and Glasgow, 1945). The *Methodus fluxionum* 也可参阅 Newton's *Opuscula*(3 vols., Lausannae and Genevae, 1744). Ⅰ, p. 29-200.

③ 费马给出了图像,但惠更斯(*Oeuvres complètes*, Ⅹ, 370 ff)在第一象限给出了完整图像,以清楚地表示出拐点.

④ *Opera*, Ⅰ, p. 435, 441; *Method of Fluxions*, p. 51, 57.

为了说明这一点,他进一步提出了八种坐标系.其中解析地确定曲线的"第三种方式"就是现在所说的双轴极坐标.对此,牛顿认为是"二次椭圆"——即笛卡儿椭圆.笛卡儿在《几何学》的折射问题中提出了这些曲线,但正如牛顿所说,他"以一种非常冗长的方式"处理了这些曲线,而没有使用坐标.因此,牛顿似乎是严格意义上的双轴极坐标创始人.假设一个变量点到两个固定点(或极点)的"弦"(或距离)由 $x$ 和 $y$ 表示,牛顿认为椭圆表示为 $a+\dfrac{ex}{d}-y=0$. 对于 $a-\dfrac{ex}{d}-y=0$,牛顿观察到相反含义在作图中的表示,他注意到如果 $d=e$,那么曲线就变成了圆锥曲线.他以这样的话结束了这个话题:"这很容易……多举些例子."

牛顿还提出了从给定固定点径向测量或从给定固定线倾斜测量,或沿圆弧测量的距离对的其他组合.例如,如果 $x$ 是到固定点的距离,$y$ 是到给定轴的斜距,那么方程 $aa+bx=ay$ 表示一条圆锥曲线,$xy=cy+bc$ 表示蚌线.另一方面,如果 $x$ 是沿单位圆测量的圆弧,$y$ 是该点的横坐标,那么 $x=y$ 就是割圆曲线的方程.在 19 世纪以前的解析几何学历史中,没有发现关于坐标的更普遍的观点.

牛顿在其关于流数术的著作中的三个不同部分使用了极坐标:关于切线,关于曲率以及关于曲线的修正.在前两种情况下,他使用的坐标系如下:设 $A$ 为圆心,$AB$ 为定圆 $BG$ 的半径,$D$ 为曲线 $AdD$ 上任一点(图 26).然后,令 $BG$ 为 $x$,$AD$ 为 $y$,曲线 $AdD$ 由 $x$ 和 $y$ 确定.牛顿以 $x^3-ax^2+axy-y^3=0$ 为例进行说明,并由比例 $\dot{y}:\dot{x}::AD:At$ 确定曲线上任一点 $D$ 的极次切距 $AT$. 同样地,牛顿发现了"阿基米德螺线方程" $y=\dfrac{ax}{b}$ 以及 $by=xx$ 的极次切距,他总结道:"任意螺线都可以用该方法很容易地确定切线.①"

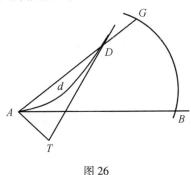

图 26

① *Opera*,Ⅰ,p. 440;*Method of Fluxions*,p. 56.

在计算笛卡儿直角坐标系下 $x$ 和 $y-r=\dfrac{\overline{1+zz}\ \sqrt{1+zz}}{\dot{z}}$ （其中 $z=\dot{y}$ 且自变量的流数为单位）的曲率半径后，牛顿再次转向极坐标下的相应问题. 他使用了与切线问题类似的图像和符号，并以参考圆的半径 $AB$ 为单位推导出了 $r\sin\psi=\dfrac{y+yzz}{1+zz-z}$，其中 $z=\dfrac{\dot{y}}{y}$ 和 $\psi$ 是切线和向径之间的夹角（再次取自变量的流数为单位）. 牛顿把该公式应用到阿基米德螺线和曲线 $ax^2=y^3$ 及 $ax^2-bxy=y^3$ 上①，这实际上相当于现代的等价公式. 在结论中，他补充道："因此，你可以很容易地确定任意螺线的曲率，或者为任何其他类型的曲线确定规则."他在评论中暗示了极坐标的重要性，"使用了一种与一般运算方法非常不同的方法". 事实上，牛顿给出了 $xx+yy=tt$ 和 $tv=y$ 从直角坐标到极坐标的等价变换，其中 $t$ 为向径，$v$ 为与点 $(x,y)$ 相关的向量角的正弦线.

抛物线与螺线的比较一直是整个 17 世纪最受欢迎的话题，在处理这个问题时，牛顿第三次使用了极坐标系. 然而，在这里，他的方案与先前提出的不同. 符号也进行了修改，但这可能是为了避免在同时使用极坐标和笛卡儿坐标系时出现混淆. 如果 $D$ 为曲线 $ADd$ 上任一点，他就取 $D$ 的坐标为 $z$ 和 $v$，其中 $z$ 为向径 $AD$，$v$ 为圆弧 $DB$（图 27）. 即他的坐标用现代符号来说是 $(r,r\theta)$，而不是 $(r,\theta)$ 或 $(r,a\theta)$. 那么 $z$ 和 $v$ 之间的关系是"通过任意方程"给出的；在确定直角坐标系 $AB=z$ 和 $BH=y$ 下给定的新曲线 $AHh$ 时，使得对于 $D$ 和 $H$ 的任意相应位置，弧 $AD$ 等于弧 $AH$；然后牛顿表明 $\dot{y}=\dot{v}-\dfrac{v\dot{z}}{z}$，或如果 $z$ 为单位，则有 $\dot{y}=\dot{v}-\dfrac{v}{z}$. 特别的，"如果 $\dfrac{zz}{a}=v$ 是阿基米德螺线"，那么 $\dot{v}=\dfrac{2z}{a}$，因此 $\dfrac{z}{a}=\dot{y}$，$\dfrac{zz}{2a}=y$. 螺线 $z^3=av^2$ 和 $z\sqrt{a+z}=v\sqrt{c}$ 的长度类似地分别对应于沿半三次抛物线 $z^{\frac{3}{2}}=3a^{\frac{1}{2}}y$ 和曲线② $(z-2a)\sqrt{ac+cz}=3cy$ 测量的长度.

有证据表明③《流数法》是 1671 年创作的，当时雅克·伯努利才十几岁，并且似乎没有理由怀疑极坐标部分就是后来的插值. 三个相关的段落似乎是整体的自然组成部分，霍斯利在编辑检查了该作品的三个不同手稿副本后，显然认为没有理由质疑日期或该内容的真实性. 因此奇怪的是，牛顿对解析几何学的贡献竟被如此完全地忽视了，以至于极坐标的使用总是归功于后来的其他人.

① *Opera*，Ⅰ，p. 452-453；*Method of Fluxions*，p. 68-70.

② *Opera*，Ⅰ，p. 511-512；*Method of Fluxions*，p. 132-134.

③ 例如参阅 H. G. Zeuthen，*Geschichte der Mathematik im ⅩⅥ und ⅩⅦ Jahrhundert*（Leipzig，1903），p. 374. 或参阅 *La méthode des fluxions, et des suites infinies*（Paris，1740）法文版序言的第一页.

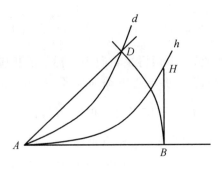

图 27

牛顿无权优先出版,但他可能确实应该被称为第一个以严格解析形式建立极坐标系的人. 此外,他在这方面的工作在一般性和灵活性方面优于他本人其他任何作品. 最早的极坐标出版物似乎是上面提到的 1691 年雅克·伯努利的著作. 回想一下伯努利在 1694 年第二次使用在概念和符号上都与牛顿的第一个系统相同的极坐标,这是很有趣的. 同样的系统和符号体系于 1704 年再次出现在皮埃尔·伐里农(1654—1722)关于"新螺旋线的形成"[1]的研究报告中. 学院秘书丰特奈尔对伐里农的这项工作大加赞扬[2],显然他没有意识到牛顿的设想.

从笛卡儿坐标系中给出的曲线方程开始,伐里农提出了一个问题,即如果将 $y$ 设为向径,$x$ 为定圆的圆弧,那么曲线将是什么. 例如,高次抛物线就变成了费马螺线. 伐里农对以同样方式获得的其他螺线进行了详尽的分类,但与牛顿当时未发表的著作相比,他的论文乏味且缺乏想象力.

《解析几何》或《流数法》直到 1736 年才出版,因此它对解析几何学的历史进程影响有限.《三次曲线枚举》(简称《枚举》)同时出现在 1706 年牛顿的《光学》拉丁文版中,也同样出现在 1711 年威廉·琼斯编辑的《牛顿数学论文集》[3]中. 起初它并没有引起太多关注,但在大约十几年后却成为斯特林、麦克劳林、尼克尔、德古阿和克莱姆在解析几何中发展代数曲线一般理论的新趋势的基础. 在英国,这几乎是代数几何在 18 世纪唯一引起注意的方面,因为笛卡儿的传统未能有效地在那里占据一席之地. 部分原因可能是由于牛顿对笛卡儿几何作图的态度.《枚举》中有一节是关于将三次和四次方程相交法应用到不大于 12 次的多项式方程解法中,这几乎表明牛顿遵循笛卡儿的观点,认为曲线总有用处. 例如,方程

---

    [1]    *Académie des Sciences*, *Mémoires*, 1704, p. 69-131.

    [2]    同上,p. 47-57. 有趣的是,伐里农在提及雅克·伯努利 1691 年发表的著作时,把极坐标的概念归功于他的弟弟让·伯努利.

    [3]    这部作品也出现在 1744 年的 *Opuscula*,1779 年的 *Opera*,1797 年的拉丁文版本,1861 年的英译本以及 1717 年的斯特林评论版本中.

$$a+cx^2+dx^3+ex^4+fx^5+(g+m)x^6+hx^7+kx^8+lx^9=0$$

是对一对三次曲线

$$x^2y=1 \text{ 和 } ay^3+cy^2+dxy^2+ey+fxy+g+m+hx+kx^2+lx^3=0$$

的求解. 在这一点上,牛顿可能受到了费马后期工作和笛卡儿的影响. 但是,如果牛顿曾经接受过笛卡儿关于几何作图的观点,那么很明显他在《普遍算术》中放弃了它.

笛卡儿的《几何学》包含了解决涉及几何作图问题所必需的代数一般方法,因此,相反地,留给了牛顿的《普遍算术》(简称《算术》)在几何问题和"方程的线性构造(图解)"上大量的空间. 这部著作在 1673—1683 年间以演讲稿形式写成,但直到 1707 年才问世. 牛顿在书中讨论了希腊人的平面、立体和线性轨迹,并对此给出了笛卡儿几何学目的的明确表述:

但是现代走得更远,已经把所有可以用方程表示的线纳入几何学……并将其作为一种定律,使你不能用线来构造问题,也就是说,一条高次曲线,可以由低次线来构造……这相当于几何构图法,最简单的总是最好的. 这条定律没有例外①.

和沃利斯一样,牛顿继续指出,当代关于相对简单的概念还没有明确定义. 抛物线方程(相对于顶点和轴)在代数上比圆的方程和同次方程更简单;然而,在几何简单性和易于构造方面,普遍认为圆超越了抛物线. 在方程的几何解法中,牛顿更喜欢用椭圆代替抛物线,用蚌线代替圆锥曲线,因为它们易于构造. 因此,牛顿提出放弃过去对圆锥曲线的强调,而坚持使用最低次曲线. 他将笛卡儿和沃利斯的简洁性原则替换为"我们始终以方程的简洁性和构造的简单性为目标". 但是,沃利斯热切地接受了笛卡儿式的代数与几何联系,而牛顿却表达了一种与《几何学》总体目的相矛盾的观点,而且还排除了费马式的解析几何概念. 他在《算术》一书中写道:

方程是算术计算的表达式,准确地来说在几何学中没有一席之地……因此,这两门科学不应该混为一谈. 古人如此勤奋地将它们彼此区分开来,以至于他们从未将算术术语引入几何. 而现代人通过混淆两者,已经失去了几何所有优雅的简单性②.

在同样的工作中,牛顿迅速使用了③待定系数来确定 $e,f,g$ 和 $h$ 的值,从而使抛物线 $y=e+fx\pm\sqrt{gg+hx}$ 通过四个给定点,然而他继续表达了"现代几何学家

① Sir Isaac Newton, *Universal arithmetick*(transl. by Raphson and revised by Cunn, London, 1769), p. 468-469 of the appendix. 或参阅 *Opera*, Ⅰ, 200 ff.

② *Universal arithmetick*, p. 470; *Opera*, Ⅰ, p. 202.

③ 参阅 Coolidge, *History of Conic Sections*, p. 75.

太喜欢方程推论"的观点. 他断言:

因此,除了正确的直线和圆,以及那些碰巧在问题状态中给出的图形外,圆锥曲线和所有其他图形都必须从平面几何中剔除. 因此,所有这些现代主义者所喜爱的"平面圆锥曲线(Conicks in plano)"的描述对于几何学来说都是陌生的[1].

这让人想起了牛顿的老师巴罗对待代数几何的态度,也让人想起霍布斯对"所有将代数应用于几何的人"的尖锐批评. 牛顿在《算术》一书中表达的观点表明他在现代意义的解析几何学上比笛卡儿和费马都要走得更远;但从《枚举》和《解析几何》中可以清楚地看出,他充分认识到了坐标方法的价值和力量. 这一矛盾也许可以通过牛顿显然否认代数方法在初等几何而非高等几何中的有效性这一事实而得到解决. 在这方面,他的态度与同时代的人没有太大的不同. 然而不幸的是,对他的同胞影响最大的是《算术》,因为它在当时至少出现了三个英文版本(1720,1728,1769 年版)和五个拉丁文版本(1707,1722,1732,1752,1761 年版),以及一个 1802 年的法文版. 也许正是由于这个原因,笛卡儿几何发展的下一步是在欧洲大陆上进行的.

1705 年和 1707 年的两部流行法国著作很好地代表了当时解析几何在欧洲的状况. 其中一部是居西尼(N. Guisnée,逝于约 1718 年)的《代数在几何上的应用》. 这本书的书名在整个 18 世纪作为让·伯努利所说的"笛卡儿几何"的惯用名称被广泛采用. 这部作品直接延续了 17 世纪笛卡儿、维特、拉伊尔和奥扎南确立的传统. 它遵循笛卡儿将曲线分为几何或机械(其坐标之间的关系不能用几何表达)的分类. 与笛卡儿一样,居西尼通常不是从笛卡儿方程开始讨论给定曲线,而是从运动学或几何定义或性质开始推导出方程. 作者认识到解析几何中的两个主要问题:(1)通过相交曲线构造定方程的根;(2)构造不定方程(或轨迹). 在此,"构造"一词是在笛卡儿的狭义意义上使用的,而不是指以现代方式图示或绘制曲线. 因此,居西尼对曲线

$$x^4 - ayxx + byyx + cy^3 = 0$$

给出以下描述:令 $az = x^2$,然后在给定方程的前两项用 $az$ 代替 $x^2$,得到

$$zz - yy + \frac{byyx + cy^3}{aa} = 0$$

对于给定的 $y$ 值,最后的方程为关于 $z$ 和 $x$ 的抛物线. 该抛物线与抛物线 $az = x^2$ 的交点确定了对应于给定 $y$ 值的 $x$ 值;或者,如果愿意,他可以结合抛物线的方程得到一个圆,然后使用该圆与任一抛物线的交点. 对 $y$ 的其他值重复此操作,可以找到 $x$ 的相应值,从而构建不定方程或轨迹. 用类似的方法也可以求解定

---

[1]　*Universal arithmetick*, p. 494-496.

方程. 例如, 方程 $a^6 = x^6 + a^4 x^2$ 可由 $a^2 z = x^3$ 和 $a^2 = z^2 + x^2$ 的交点①构造. 居西尼并没有像笛卡儿那样停止几何作图. 随后他以古人的方式综合地证明了这满足给定的问题. 圆锥曲线的处理是广泛的, 但正如在早期作品中一样, 它并不完全是解析的. 顺便说一句, 居西尼也许是第一个使用字母 $a$ 和 $b$ 来表示椭圆半轴的人, 他将其方程(关于中心和顶点)写为 $(aa-xx) = \dfrac{aayy}{bb}$ 和 $(2ax-xx) = \dfrac{aayy}{bb}$. 从那时起, 这些变形一直作为标准形式. 因为居西尼(像莱布尼茨一样)使用两个轴, 并且讨论了圆 $y^2 = a^2 - x^2$ 坐标的正值和负值, 因此他的工作说明了在使用坐标方面取得的逐渐进步. 此外, 这本书似乎是第一本将笛卡儿直角坐标系中的 $x$ 和 $y$ 坐标解释为在两个轴上由给定点的垂线截断的线段的书. 然而, 在居西尼和 20 世纪上半叶的其他书籍中, 诸如 $ay = bx$ 之类的线性方程仅被认为是第一象限中的确定半线. 通过使用各种变换②, 作者将形为 $ax - by = aa$ 或 $ax = bc + by$ 的方程简化为标准形式 $ax = bz$.

就在牛顿发表反笛卡儿的《算术》那一年, 法国出现了一本沿着居西尼路线的关于笛卡儿几何的非常成功的教科书, 就是洛必达侯爵(1661—1704)的《阐明曲线的无穷小于分析》, 这本书的原始材料少于居西尼的, 但内容更为广泛, 也更接近现代方法. 这本书本打算在 1696 年作者的著名微积分教科书出版时出版, 但洛必达的病情显然推迟了这一进程, 这本书在他死后 1707 年才出版. 它强调笛卡儿的方式, 虽然只有一卷, 但在大体上遵循拉伊尔和奥扎南的三步计划: 首先按照阿波罗尼奥斯理论对圆锥曲线进行代数拟解析处理; 然后是对轨迹的解析研究; 最后是关于三次和四次多项式方程根的圆锥曲线惯常构造法. 最后一个仍然是当时解析几何的目标. 洛必达有时会使用两条坐标轴, 并且似乎已经认识到这两条坐标轴的互换性, 但他表现出了一些犹豫. 他没有沿着纵坐标轴(appliquées)测量坐标, 而是试图将自己限制在第一象限. 同样地, 他知道一条轨迹必须经过代表 $y$ 的真(正)值和假(负)值及相对应的 $x$ 的真值和假值的所有直线的端点; 但是他只列出了线性方程的四种常见情况, $y = \dfrac{bx}{a}$, $y = \dfrac{bx}{a} \pm c$ 和 $y = c - \dfrac{bx}{a}$. 大概是因为该直线在第一象限中不包含任何点, 因此省略了 $y = -\dfrac{bx}{a} - c$ 的形式. 直线 $y = \dfrac{bx}{a}$ 和圆 $y^2 = a^2 - x^2$ 正确给出, 但在其他情况下, 图像仅限于与正坐标对应的部分. 洛必达明确表示, 如果"假定纵坐标趋向于轴的一

---

① 参阅 *Application de l' algèbre à la géométrie*, p. 228 ff.
② 同上, p. 141 ff.

侧",那么它们在另一侧就被认为是负的;如果假设横坐标"落在起始点的一侧",那么横坐标在另一边则为负值;但他接着补充了一句警告:

接下来,当我们要构造一个给定方程的轨迹时,总是假设 $x$ 和 $y$ 是正的,也就是说,所有的点都在同一个象限角内.我们将包含在该角度内的轨迹部分作为给定方程的轨迹①.

可能是因为在使用负坐标时的胆怯,他将双曲线的两个分支称为"对立双曲线".

洛必达以每种类型的平面定义和运动学构造开始了他对圆锥曲线的处理.直到后来(在第六卷中),他才从体积测量的角度简要地研究了它们.椭圆是由熟悉的弦结构定义的,而抛物线是由众所周知的"弦和平方"生成(string-and-square generation)定义的.双曲线是由焦半径之差为常数这一性质的机械对应定义的.从这些定义性质出发可以解析地推导出曲线的方程.抛物线的形式为 $yy=px$ 和 $yy=4mx$.对于中心二次曲线,洛必达给出了关于中心的标准方程.对此,他使用了现在常见的半轴,但他把方程写成了不太对称的形式

$$y^2=c^2-\frac{c^2x^2}{t^2}=\frac{pt}{2}-\frac{px^2}{2t} \text{和} y^2=\frac{c^2x^2}{t^2}\mp c^2=\frac{px^2}{2t}\pm\frac{pt}{2}$$

其中 $t$ 为长半轴,$c$ 为短半轴,$p$ 为参数.圆锥曲线的主要性质部分是由这些方程,部分是由许多几何图形推导出来的.后来,圆锥曲线以多种方式(包括牛顿自然描述)生成为轨迹.

关于洛必达对负坐标以及勾股定理作为距离公式的运算的犹豫的恰当说明,可以从他从加德纳构造(gardner's construction)②开始,推导出椭圆关于其轴的方程中找到(没有目前根的习惯用法).设 $M$ 为以 $C$ 为圆心,且顶点为 $A$,$a$,$B$,$b$ 的椭圆上任一点(图28),长轴 $Aa$ 和短轴 $Bb$ 的长度分别为 $2t$ 和 $2c$,焦点之间的距离 $Ff$ 为 $2m$.设 $MF=t-z$,$Mf=t+z$(因此 $2z$ 为焦半径的差值),洛必达用勾股定理计算距离,得出

$$MF^2=t^2-2tz+z^2=y^2+m^2-2mx+x^2$$

和

$$Mf^2=t^2+2tz+z^2=y^2+m^2+2mx+x^2$$

减去这些方程,他发现 $z=\frac{mx}{t}$,对上述任意一个方程消去 $z$ 得到了"完美表达椭圆性质"的 $y^2=c^2-\frac{c^2x^2}{t^2}$.值得注意的是,对于中心另一侧的 $M$(洛必达因此避免

① *Traité analytique des sections coniques*(Paris, 1707), p. 208.

② *Traité analytique*, p. 22-25. 或参阅 Coolidge, *History of Conic Sections*, p. 77.

解析几何学史

参考一个纵坐标轴),他得出了 $MF = t+z$ 和 $Mf = t-z$,从而暗示无论是从中心的右侧还是左侧测量,$x$ 的值将被视为正值. 此外,需要注意的是,在这里和全书中,线段都是用综合方式(用字母表示端点)和解析符号(使用变量和参数)来命名的.

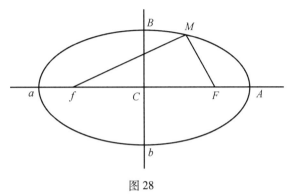

图 28

显然,洛必达的教科书具有折中主义的本质,但作者并没有对他的资料来源给予支持. 例如,他在处理含两个未知数的一般二次方程时过于依赖克雷格的工作,以至于冒着被指控剽窃的风险. 无论是在图形还是符号上,克雷格的《曲边形求积》与洛必达的《圆锥曲线》[1]中的相应处理方法都有明显的相似之处. 关于任意位置的坐标轴选择,从三种类型的圆锥曲线中的每一种开始推导出一般的标准方程;然后将标准方程作为比较二次方程在给定特殊情况下的系数的基础,以确定所讨论的圆锥曲线的位置和形状. 与克雷格一样,洛必达也认为有必要根据 $x$ 轴或 $y$ 轴对每条曲线分别处理,这表明轴互换性的想法发展得有多慢. 然而,洛必达确实明确说明了克雷格和维特工作中隐含的特征性质. 也就是说,如果在 $x$ 和 $y$ 的一般二次方程中,$y^2$ 的系数为1,则可以根据 $xy$ 的系数一半的平方小于、等于或大于 $x^2$ 的系数,得出曲线为椭圆、抛物线或双曲线的一般性法则[2].

洛必达和居西尼一样,认识到了圆锥曲线的两种用途,正如其全称所示:《圆锥曲线分析论及其在确定和不定问题中的应用》(*Traité analytique des sections coniques et de leur usage pour la resolution dans les problémes tant déterminez qu'indéterminez*). 他首先处理了产生圆锥曲线的轨迹或不定问题,然后花了50页的篇幅讨论了第二个方面,即当时惯用的通过圆锥曲线"构造等式". 对于大于四次的方程,洛必达提出了一个类似于费马、拉伊尔和伯努利的取决于方程

---

① *Traité analytique*, p. 213 ff.

② *Traité analytique*, p. 247. Tropfke, *Geschichte*, Ⅵ, 164 ff. 错误地将这种说法归因于欧拉和拉克鲁瓦.

次数平方根的简单构造规则①. 然而,在著作最后的几页中,洛必达提出了以下重要修改:"通过直线和相同次数的轨迹可以构造任意次数的等式."这可能是根据他的老师让·伯努利的研究提出的. 通过确定多项式曲线

$$y = \frac{x^5}{a^4} - \frac{bx^4}{a^4} + \frac{cx^3}{a^3} - \frac{dx^2}{a^2} + \frac{x}{a}$$

和直线 $y=f$ 的交点求解

$$x^5 - bx^4 + acx^3 - aadx^2 + a^3x - a^4f = 0$$

来说明. 因为它与当时惯用的仅将轴简单平移方法不同,基本上可以看出多项式的现代图示和多项式方程的结果解. 然而,有趣的是,作者并未强调该方法. 他似乎对作为求解方程手段的图形表示不太感兴趣,而更感兴趣的是确定使方程一些根变成虚数的常数项取值范围的方法. 总的来说,洛必达(像笛卡儿一样)更感兴趣的是将解析几何作为一种代数地表示轨迹的方法,而不是从方程中推导出曲线性质的方法②. 他似乎觉得后一方面更适合于微积分的工作. 他在 1696 年出版的第一本关于这门学科的教科书《无穷小分析》中使用了莱布尼茨的微分方法,并且其中包含了许多关于平面曲线的性质和奇点的内容.

1708 年出现了雷诺(Charles René Reyneau)的《分析论证》(*Analyse démontrée*),该作品在某种程度上与洛必达更受欢迎的论文非常相似.《分析论证》的第一卷是以笛卡儿方式对代数的完整处理. 第二卷是关于解析几何和微积分的,并且使用了单轴;关于负纵坐标和横坐标的明确说明(但仍将 $y = \frac{bx}{a}$ 和 $-y = -\frac{bx}{a}$ 解释为补充射线);以及以克雷格的方式处理的二次方程以及特征性质的表述. 雷诺不仅用曲线来构造方程,还用曲线来解决许多物理数学问题. (第二卷)序言包含了一个新颖的元素,它坚持"分析(代数)与几何的完美结合……如果方程有两个解,则在几何作图中表示两条线. 当分析表明这些值是不可能的时候,就会出现几何解的矛盾."雷诺的极坐标以伐里农的方式使用,并与螺线 $cx=ry$ 以及高次有关,并用混合坐标系研究摆线.

《分析论证》在 1736—1738 年出现了第二版,但它似乎并不为人所知. 与此同时,居西尼和洛必达的著作有许多版本(前者有 1705,1733 和 1753 年版,后者有 1707,1720,1740 和 1770 年版),它们可以被认为是 18 世纪上半叶解析

---

① *Traité analytique*, p. 346.

② 在 1672 年未发表的著作中,格雷戈里通过画出相应的多项式曲线,图解地说明了六次方程的根,但这并不是专门为了求解方法. 参阅 James Gregory, *Tercentenary volume*(ed. by Turnbull, London, 1939), p. 213-216.

几何的一般代表作①. 爱德蒙·斯通(逝于约 1768 年)于 1723 年出版了《圆锥曲线论》的英译本,值得注意的是,在三年后斯通的《新数学词典》中提到了洛必达的影响. 在《新数学词典》关于"双二次方程"和"三次抛物线"的文章中,不仅包括三次和四次多项式的图像,还包括一篇关于"方程构造"这一传统问题的长篇文章.

敢于挑战的米歇尔·罗尔(1632—1719)在 1708—1709 年的法兰西皇家科学院《报告》中对笛卡儿方程图解法的正确性提出了质疑,就像他对洛必达微积分的有效性提出了质疑一样. 他指出,为了求解 $f(x)=0$,可以任意选择一条曲线 $g(x,y)=0$,并将其与 $f(x)=0$ 结合得到新曲线 $h(x,y)=0$,新曲线与 $g(x,y)=0$ 的交点即为 $f(x)=0$ 的解;他意识到以这种方式可能会引入额外解. 虚构的分支使得问题更加复杂,尽管罗尔看到了困难,但却无法解决它们. 此外,他的批判未能影响普遍看法,因此没有严重破坏对作图法的普遍兴趣. 顺便提一下,在罗尔对这个问题的讨论中,"解析几何"一词已出现在出版物中,在某种意义上这也许是第一次使用类似现代的含义②. 罗尔通过解析几何理解并研究了两类问题:一种是将几何问题转化为代数问题,另一种是只专注于这些问题的图解法③. 也就是说,他的观点完全是笛卡儿式的. 然而,他对这个主题的命名并没有受到欢迎. 居西尼和洛必达使用的名称是首选,并且该主题通过这些人的著作得以延续,至少在教科书中主要是受到笛卡儿的影响. 1705 年至 1730 年出版的《几何学》法文版比之前出现或此后出现的要多,这一事实证实了这种情况④. 此外,正是在这一时期,解析几何进入了数学教学《汇编》. 采取这一步骤的最早收集之一是克里斯蒂安·沃尔夫(1679—1754)的《通用数学总论》(*Elementa matheseos universae*). 这项工作包括一大段关于代数在"处理曲线

---

① 菲利克斯·缪勒对这一时期的文献进行了总结, "Zur Literatur der analytischen Geometrie und Infinitesimalrechnung vor Euler," *Jahresbericht*, *Deutsche Mathermatiker-Vereinigung*, ⅩⅢ(1904), p. 247-253.

② 然而,在此之前的几年里,1698 年在加的斯出现了 Antonio Hugo de Omerique 题为 *Analysis geometrica, sive nova et vera methodus resolvendi tam problemata geometrica quam arithmeticas quaesiones* 的著作. 参阅 P. A. Berenguer, "Un geometra español del siglo ⅩⅦ," *El Progreso Matemático*, Ⅴ(1895), p. 116-121. 然而,这里的"分析"一词似乎是在旧柏拉图式的意义上使用的. 论希腊思想的分析与综合参见 J. -M. -C. Duhamel, *Des méthodes dans les sciences de raisonnement*(part Ⅰ, 3rd ed., Paris, 1885), p. 39-68.

③ Rolle, "De l'evanoüissement des quantitez inconnuës dans la géométrie analytique," *Académie des Sciences*, *Mémoires*, 1709, p. 419-450.

④ 参阅 Gustav Eneström, "Über die verschiedenen Auflagen und Übersetzungen von Descartes' 'Géométrie,'" *Bibliotheca Mathematica*(3), Ⅳ(1903), p. 211.

和由此产生的立体部分"①的"更高的几何"中的应用. 从笛卡儿和费马的意义上来说,《通用数学总论》的这一部分实际上是平面解析几何的教科书. 正如在费马意义中,曲线是用方程定义的. 例如,"抛物线是由 $ax = y^2$ 定义的曲线","高次的圆"是由 $y^{m+1} = ax^m - x^{m+1}$ 给出的. 通过笛卡儿方程引入了许多高次代数平面曲线,并且对超越曲线进行了一些处理②. 割圆曲线是以牛顿的方式通过混合极坐标和直角方程 $ay = bx$ 给出的. 一般二次方程的处理是遵循维特、克雷格和洛必达的方法. 解析几何部分以传统的笛卡儿式"高次方程的作图"结束,然而,沃尔夫却将这种艺术归功于斯吕塞③. 在根据简单程度进行分类时,沃尔夫将抛物线排在第二位,圆排在第三位,等轴双曲线排在第四位,椭圆排在第五位,"渐近线内的双曲线"排在第六位. 沃尔夫的作品在 18 世纪上半叶相当流行,并以多种语言的版本出现. 然而,与教科书和《基础原理》(Anfangsgründe)相比,当时的原始研究报告更倾向于遵循费马和牛顿,更重视曲线而非圆锥曲线的绘制,并对被严重忽视的立体解析几何领域做出了一些贡献. 对于后者,人们不禁想起柏拉图《理想国》④中对"立体几何学荒谬状态"的抱怨,这与平面中的情况相反.

1705 年,帕朗(Antoine Parent, 1666—1716)出版了 5 年前就提交给了法兰西皇家科学院的,关于笛卡儿三维几何学的研究报告《数学与物理论文集》(Essais et recherches de mathématique et physique, 简称《论文集》). 自费马和笛卡儿时代以来,人们就知道空间需要三个坐标,含三个未知数的方程表示曲面轨迹. 拉伊尔甚至找到了这样一个轨迹的方程,但他并没有把它当作一个曲面来描绘或研究. 17 世纪关于曲面的其他工作,如雷恩和沃利斯关于单叶双曲面的线条的工作是在没有使用解析几何的情况下进行的. 因此,帕朗在 1700 年发表的论文"Des affections des superficies"基本上代表了对曲面的第一次解析研究. 这是对球面的一种烦琐的处理,但它表现了对空间坐标的全面了解. 他以 $Q$ 为横坐标原点,基准面 $HQ$ 和面上一条定直线 $IMQ$ 为轴(图 29). 假设平面上方的点 $O$ 是半径为 $r$ 的球体的中心,他将垂线 $OH = a$ 平移到平面上,令 $HI = c$ 垂直于 $IQ$,且 $IQ = b$. $a, b$ 和 $c$ 的值是球心相对于给定平面、轴和原点的笛卡儿直角坐标. 然后选择球面上的任意点 $B$,并分别指定坐标线 $BL, LM, MQ$ 为 $z, y, x$. 由于缺乏具体的距离公式,帕朗被迫进行进一步的几何作图,以便求出球面方程. 他过点 $O$ 作一个平面平行于 $HIQ$,交 $LB$ 于点 $G$,并过点 $O$ 和 $G$ 画平行于 $HI$ 和 $IQ$

---

① Christian Wolff, *A Treatise of Algebra*; *with the Application of it to a Variety of Problems in Arithmetic*, *to Geometry*, *Trigonometry*, *and Conic Sections*(transl. from the Latin, London, 1739), p. 227.

② 同上, p. 268 ff.

③ 同上, p. 300-340.

④ Jowett translation, section 528.

的直线,交点为 $F$. 那么 $OB$ 是边为 $a-z, b-x, c-y$ 的长方体的对角线,并设 $OB$ 的平方等于 $r^2$,帕朗得到球体方程

$$c^2 + y^2 - 2cy + b^2 + x^2 - 2bx + a^2 + z^2 - 2az = r^2$$

这表明笛卡儿几何还没有被充分地形式化,甚至在最基本的情况下也不需要经常参考几何图形.

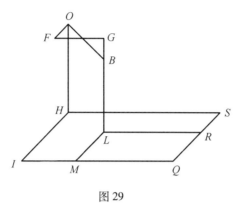

图 29

帕朗接下来展示了如何确定球在某点处的切平面,但从现代的观点来看,在这里要注意一个很大的分歧. 就像在平面几何学中从来没有要求过直线的方程,而只是要求它的构造,所以帕朗认为没有必要给出平面的方程,而只是通过两条相交的直线来确定它. 因此,他取过所求点垂直于坐标平面,且平行于纵坐标和横坐标轴的两个平面. 两条过该点的直线及圆锥曲线的切线的方向是通过偏微分法而非仅坐标法确定的. 所求切平面由这两条切线唯一确定.

帕朗的三维研究不仅包括给定轨迹方程的确定,而且还包括给定方程确定曲面的逆研究. 也就是说,他同时使用代数几何的笛卡儿和费马方式. 他从"曲面方程" $y = (b+x)\sqrt{\dfrac{z-x}{z}}$ 和 $y = \dfrac{z^3}{x^2 + az}$ 开始考虑了这些曲面上的曲线. 然而,他的讨论更多地关注微积分而非解析几何问题,包括用平行于坐标平面或垂直于纵坐标(tiges)或横坐标线(neuds)的平面确定截面的拐点. 他没有给出任何情况下整体的曲面图像. 在两年后的研究报告中,帕朗按照雷恩和沃利斯给出的路线讨论了单叶旋转双曲面. 他描述了其上的线,后来又描述了椭圆、双曲线和抛物线的截面以及渐近锥面,但他在这里的处理不是解析的,也没有给出与曲面和曲线有关的方程[1].

---

① 帕朗关于立体解析几何的工作请参阅他的 *Essais et recherches de mathématique et de physique* (2nd ed. , 3 vols. , Paris, 1713), Ⅱ, p. 181-200, 645-662; Ⅲ, p. 470-528. 或参阅 Cantor, *Geschichte*, Ⅲ, p. 417 f.

帕朗的《论文集》在1713年出版了第二版,但他关于立体解析几何的著作似乎没有留下什么印象.同样的,让·伯努利在1715年与莱布尼茨的通信中也表现出了对空间坐标的熟悉①,即使用了从一点到三个相互垂直的平面的垂线,但是这种首次使用三个坐标平面的方法很久以来都没有发表,也没有引起注意,所以后来的学者们又重新使用单一的坐标平面.

虽然对立体解析几何的贡献是零星且漫无目的的,但当时平面解析几何的新研究主要集中在一个单一的主题上,即沿着牛顿提出的思路研究高次平面曲线.在《三次曲线枚举》中,牛顿没有证明他给出的结论,所以在1717年詹姆斯·斯特林(1692—1770)出版的《牛顿三次曲线》(*Lineae tertii ordinis Neutonianae*)中,《枚举》中的材料得到了证明和详述.事实上,斯特林版实际上是一部新作品,因为原始的牛顿著作在将近200页的篇幅中仅占前三十六页.斯特林证明了,除了其他方面,一条 $n$ 次曲线不能有超过 $n-1$ 条不同方向的渐近线,并且曲线的渐近线不能在超过 $n-2$ 个点上与曲线相切.此外,如果 $y$ 轴是一条渐近线,那么曲线方程就不能包含 $y^n$ 项.斯特林在牛顿的72种列表中增加了4种新的三次曲线,他证明了 $n$ 次曲线一般由 $\dfrac{n(n+3)}{2}$ 个点决定.这里有一个明显的缺陷,斯特林未能证明可能是《枚举》中最困难的定理——关于五种基本类型的三次曲线的射影产生.

斯特林著作中重要的补充之一是一般二次方程的形式化解析处理.从笛卡儿时代起,几何学家就给出了如何把圆锥曲线方程转化为标准形式的指示,沃利斯曾断言,仅从方程的系数就可以确定曲线的特征.维特、克雷格、洛必达和沃尔夫展示了如何根据方程确定圆锥曲线的形状和位置,但斯特林也许是第一个以解析方式详细完成一般二次方程转化为规范形式程序的人.从一般斜坐标中的方程

$$y^2+Axy+By+Cx^2+Dx+E=0$$

开始,他表明可以将其简化为 $y^2=Ax^2+Bx+C$,其中根据图像为椭圆、抛物线或双曲线,$A$ 的值小于、等于或大于0.然后通过在横坐标轴上平移原点,他将第一个和最后一个案例简化为 $y^2=B-Ax^2$ 和 $y^2=Ax^2+B$ 的形式.这不见得是新的,类似的工作早在17世纪给出;但是斯特林更进一步,从这些形式中解析计算出圆锥曲线关于轴、顶点、渐近线和参数方面的特征性质,这些性质是以前的学者用几何方法推导出来的,或者是从阿波罗尼奥斯那里继承来的.对于直角坐标来说,这样的计算是很简单的事情,但是斯特林计算斜坐标的方法就需要聪明才

① 对于立体解析几何早期历史的绝佳阐述请参阅 Coolidge, "The Beginnings of Analytic Geometry in Three Dimensions," *The American Mathematical Monthly*, LV(1948), p. 76-86.

智了. 例如, 在椭圆的情况下, 他是这样进行的: 首先找到 $x$ 轴截距 $CL = \sqrt{\dfrac{B}{A}}$ (图 30). $L$ 在斜坐标系下不是椭圆的顶点. 斯特林通过取一个圆心为 $C$, 半径为 $CL$ 的圆并找到圆与椭圆的另一个交点 $E$ 来确定顶点. 然后 $\angle ECL$ 的平分线在顶点 $H$ 处与椭圆相交, 斯特林根据 $A$ 和 $B$ 计算其坐标, 短轴的端点也可以类似地确定. 对于抛物线 $y^2 = Ax + B$, 斯特林用过点 $L$ 垂直于轴并与曲线交于点 $E$ 的直线代替辅助圆. $EL$ 的垂直平分线与抛物线交于顶点 $H$. 对于双曲线 $y^2 = Ax^2 + B$, 他找到了渐近线 $y^2 = Ax^2$, 并平分轴与渐近线所成的角得到一个顶点[1].

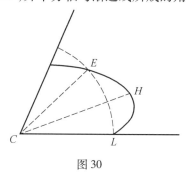

图 30

斯特林的计算方法对于解析性质是有意义的, 预示了欧拉后来的工作; 但值得注意的是, 它关注圆锥曲线的算术方面, 这些方面在现代教科书中起着如此重要的作用. 在斯特林时代, 方程在很大程度上还是附属, 就圆锥曲线而言, 核心问题是识别或构造圆锥曲线. 今天, 人们很少要求构造圆锥曲线, 而是要求计算如某些线的长度或点的坐标等重要量值.

斯特林说, 通过对二次方程的计算, 圆锥曲线和高次曲线之间的相似性更加明显. 因为给出了大量不同的图形, 他对《枚举》的评论通常也很好地介绍了曲线作图. 对于有理函数 $y = \dfrac{f(x)}{\phi(x)}$ 的图像, 他通过将 $\phi(x)$ 设为零来找到垂直渐近线[2]. 牛顿的《枚举》中必然包含三次多项式, 但他仅说明了特殊情况 $y = ax^3$. 斯特林在此更进一步, 第一次真正系统地阐述了多项式方程的现代图示和解法. 他绘制了一系列具有虚根和无虚根的一般二次、三次和四次多项式函数的图像. 结合这些, 斯特林指出了 $x^4 + bx^3 + cx^2 + dx + e = 0$ 的根可由 $y = x^4 + bx^3 + cx^2 +$

[1] 对于这项工作的绝佳叙述及意义, 请参阅 Heinrich Wieleitner, "Zwei Bemerkungen zu Stirlings 'Linea tertii ordinis Neutonianae,'" *Bibliotheca Mathematica* (3), XⅣ (1914), p. 55-62.

[2] 对于这项工作的简要信息及作者生平, 请参阅 C. T. Tweedy, *James Stirling, a Sketch of His Life and Works, Along with Scientific Correspondence* (Oxford, 1922).

$dx+e$ 与 $x$ 轴的交点 $A,B,C$ 和 $D$ 给出;二次和三次多项式方程也类似[1].可以注意到,与当时的许多其他作品一样,这里没有绘制 $y$ 轴;但这对方法来说并不是必不可少的,事实上,省略它确实比使用两个轴更有效地强调了函数关系.在他的方程中放弃齐次性是现代的一步.然而,斯特林并没有在他的坐标轴上清楚地指出 $x$ 的零点或所使用的刻度.事实上,将他的方法应用于数值例子是徒劳的.这里的图像显然与洛必达的一样,不是用来确定根的值,而只是用来表明它们是实数还是虚数.图解法不被视为特定多项式方程近似解的实用方法,这种态度似乎在 18 世纪的大部分时间里一直持续存在.物理和社会科学的情况大致相同.惠更斯在 1669 年绘制了葛朗特的死亡率统计图,普洛特在 1684 年绘制了一系列气压读数图,而哈雷在 1686 年绘制了一条曲线说明了波义耳定律;但这些例子都是孤立的,直到大约一个世纪后,瓦特和普莱费尔开始了图示的系统实践[2].我们确实对斯特林的同时代人未能实际有效地使用图形方法而感到惊讶.也许这一失败是由于当时遵循牛顿在《算术》一书中的建议,导致了代数和几何学过于彻底地分离.

牛顿和斯特林关于平面曲线理论的工作在英国继续进行,尤其是科林·麦克劳林(1698—1746)在 1720 年出版了《构造几何》.在这本 21 岁完成的书[3]中,他以各种方式改变了牛顿的机械结构.例如,他保持一个旋转角度的顶点 $O$ 不变,但允许第二个角度的顶点 $O'$ 沿直线 $O'S$ 滑动,同时角的一边通过固定点 $Q$(图 31).如果第二个角的自由边与第一个角的一边的交点 $P'$ 沿一条直线 $P'R$ 运动,那么这个自由边与第一个角的另一边的交点 $P$ 将绘制出一条三次曲线.后来麦克劳林通过用一条曲线代替 $O'$ 和 $P'$ 沿着移动的一条线或两条线来推广这种构造.例如,他证明了如果 $O'$ 沿着一条线移动而 $P'$ 沿着一条 $n$ 次曲线移动,那么点 $P$ 将绘制出一条 $3n$ 次曲线;但是如果 $O'$ 沿着 $m$ 次曲线移动而 $P'$ 沿着 $n$ 次曲线移动,那么 $P$ 将描绘出一条 $3mn$ 次曲线.

---

[1] 在 1758—1759(1761)年的 *Novi Commentarii Academiae Petropolitanae*,Segner 通过使用坐标的加法简化了多项式曲线的构造,这是牛顿在之前的《枚举》中使用的方法.后来 Rowning 在 1770 年的 *Philosophical Transactions* 给出了这种曲线的机械结构.

[2] 参阅 M. C. Shields, "The Early History of Graphs in Physical Literature," *The American Journal of Physics*, V (1937), p. 68-71;Ⅵ (1938), p. 162. 或参阅 C. B. Boyer, "Note on an Early Graph of Statistical Data," *Isis*, XXXⅧ (1947), p. 148-149;和"Early graphical solutions of polynomial equations," *Scripta Mathematica*, Ⅺ (1945), p. 5-19.

[3] 对他的生平和工作的简要描述,请参阅 H. W. Turnbull, "Colin Maclaurin," *American Mathematical Monthly*, LⅣ (1947), p. 318-322. 这是根据麦克劳林去世后的著作 *Account of Sir Isaac Newton's Philosophical Discoveries*(London, 1748)中的一个更长的描述.

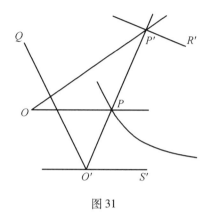

图 31

　　尽管也在特殊情况下顺便给出了曲线方程,但麦克劳林的证明通常采用几何形式①.然而,在解析几何中尤为重要的是他提出的关于曲线相交点数的定理.牛顿已经根据曲线与直线可能的交点数量来解释曲线方程的次数,并且他和他的继任者大概都知道给定曲线与高次曲线的交点的推广.对于特殊情况,多项式方程的早期作图暗示了这一点.在(例如拉伊尔)解法中所需最小次数曲线的冗长列表,相当于承认了雅克·伯努利②和洛必达根据方程次数的平方根给出的一般规则.然而,麦克劳林对定理给出了一个明确表述,即一条 $m$ 次曲线通常与一条 $n$ 次曲线相交于 $mn$ 个点.这通常被称为贝祖定理,以表彰后来第一个给出令人满意的证明的人.在这方面,麦克劳林遇到了通常被称为克莱姆悖论的困难.即 $n$ 次曲线通常由 $\dfrac{n(n+3)}{2}$ 个点确定(如赫尔曼在 1716 年和斯特林在 1717 年所指出的),对于三次曲线是 9 个点;但两条 $n$ 次曲线通常相交于 $n^2$ 个点,对于两条三次曲线,这也是 9 个.一个定理暗示一个三次方程是由 9 个点唯一决定的,另一个定理则暗示它不是.直到几乎整整一个世纪之后,这个悖论才给出了答案.

　　牛顿、斯特林和麦克劳林的工作由威廉·布雷肯里奇(约 1700—1759)在英格兰继续进行,但似乎直到 18 世纪 30 年代末才最终影响了欧洲大陆.从 1729 年开始,研究高次平面曲线的论文开始频繁出现,不仅出现在伦敦《哲学汇刊》中,而且出现在巴黎《研究报告》中.在这里,尼科尔(François Nicole,1683—1758)于 1729—1731 年间详细填补了牛顿的三次方程分类的缺失;克里斯托夫·伯纳德(Christophe Bernard de Bragelogne,1688—1744)在 1730 年和 1731 年尝试系统地分析四次曲线;《科学院研究报告》的编辑弗坦内里

① Chasles, *Aperçu historique*, p. 162-170,给出了关于麦克劳林几何的绝佳叙述.
② *Opera*, Ⅰ, p. 343;Ⅱ, p. 677-679.

（Bernard de Fontenelle,1657—1757）补充了这几年的历史概况.这种对于高次平面曲线的研究与当代微积分的发展密切相关,皮埃尔·路易·莫佩尔蒂(P. L. M. de Maupertuis,1698—1759）于 1729 年发表的关于高次平面曲线奇点的研究报告说明了这一点.然而,它似乎对当时的初等笛卡儿几何没有什么直接影响.1730 年,于克劳德·拉比勒(Claude Rabuel,1669—1728）去世后出版的《论笛卡儿几何学》(*Commentaires sur la géométrie de M. Descartes*)是一部冗长的传统论著,在当时颇受欢迎.拉比勒认为笛卡儿的《几何学》是一个"几乎无法克服的困难",并认为舒滕也更关心名声而非阐述的简单性.因此,与笛卡儿的简洁形成鲜明对比,他的《论笛卡儿几何学》是一卷 590 页的巨著,包括对原始材料详细的解释扩充,而不是对新结果的贡献.即使是笛卡儿在空间曲线的法线上的错误也没有得到纠正.拉比勒保留了笛卡儿的曲线分类法,尽管他提到了按次数排列它们的可能性;他遵循笛卡儿关于方程的规范构造规则,同时指出了费马、拉伊尔、伯努利和其他人提出的反对意见.然而,在坐标的概念上,拉比勒确实背离了其老师的方法,因为他使用了两个坐标轴,并且比至今为止的任何人都更清楚地指出它们处于平等地位.他指出,如果他愿意,可以从给定的点绘制出与 $y$ 轴平行的横坐标线,然后从这些线的端点测量从原点沿轴的纵坐标.然而,对于蚌线的两个分支,他给出了两个截然不同的方程,这表明他没有把握负坐标的意义.在空间坐标的问题上,拉比勒并不比笛卡儿走得更远,但是立体解析几何正是在那个时候由莱昂哈德·欧拉(1707—1783）发展起来的.

1728 年的《石油帝国学术科学评论》(*Commentarii Academiae Scientiarum Imperialis Petropolitanae*)中收录了欧拉的一篇论文"任意曲面上连接任意两点的最短线（De linea brevissima in superficie quacunque duo quaelibet puncta iungente)",可能是因为它的出版被推迟了四年,其对解析几何历史的重要性尚未得到充分重视.拉伊尔很偶然地给出了一个曲面方程,但没有对其进行描述;帕朗讨论了一些由方程给出的曲面;而让·伯努利进一步补充说明.尽管如此,还是欧拉第一次提出了对整类曲面合理系统的解析处理.他的语言令人惊讶,因为它暗示了曲面轨迹的解析表示实际上是未知的.尽管欧拉对曲面测地线的研究是由让·伯努利提出的,但他可能并不了解伯努利使用的三个相互垂直的坐标平面,因此最初使用的是单一坐标平面和单轴.欧拉以拉伊尔和帕朗的方式求出点 $M$ 的坐标,即通过将垂线 $y=MP$ 放到坐标平面上,然后在平面上画一个垂直于轴的纵坐标 $x=PQ$,取从定点 $A$ 到轴的距离 $t=QA$ 为横坐标(图 32).在以最简单的形式给出球体方程 $a^2=t^2+x^2+y^2$ 之后,欧拉将他的分析应用于三大类曲面——柱面、锥面和旋转曲面.在所有这些类中,他所指的不是特殊情况,而是像迄今为止一样是一般类型.因此,他所说的圆柱体不仅指具有圆形底面的普通圆柱体,还指"任何垂直于轴的截面相似且彼此相等的物体". 他没有定义轴这个词,而是认为任意平行于曲面元素的线都可以为轴. 目前尚不清楚曲面是否一定是封闭的,但"体"一词暗示了立体的考虑,也似乎暗示了欧拉将曲面视为立体的边界. 多年后,欧拉在 1771 年发表的一篇关于可展曲面的著名论文中提出,除了圆柱体和锥体之外是否还有"立体"的曲面可以在平面上展开,他的措辞再次表明,曲面的观点必然与体积相关①. 克斯特纳也提到了"用方程表示立体曲面的性质". 关于被视为真正独立对象的曲面的权威性工作通常归功于多年后的高斯②;但欧拉的工作是他那个时代最先进的.

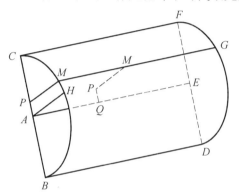

图 32

在求柱面方程时,欧拉以一个曲面外的固定点 $A$ 为原点,以一条平行于圆柱面元素的直线 $AQE$ 为轴,以过轴线和柱面内两条线段 $BD$ 和 $CF$ 的平面为坐标平面. 欧拉随后观察到曲面的微分方程为 $P\mathrm{d}x=Q\mathrm{d}y$,其中 $P$ 和 $Q$ 不包含字母 $t$,这也是"基底面"$ABHC$ 的方程. 对于底为以 $A$ 为圆心的圆的特殊情况,方程将为 $x\mathrm{d}x=-y\mathrm{d}y$. 这些以微分形式给出的方程对于解析几何的历史并不重要,因为它们很容易被分别看作 $F(x,y)=0$ 和 $x^2+y^2=a^2$ 的等价形式.

欧拉以同次数性将锥体定义为"由通过任何曲线上的点绘制的直线和曲线平面外的固定点所围成的立体". 令人惊讶的是,他应该将这个定义限制在平面曲线上,因为亨利·皮托(1695—1771)在 1724 年的巴黎《研究报告》中研究了圆柱上的螺旋线,并预言说也许有一天"双曲率曲线"这一首次创造的名称将成为几何研究的对象. 皮托还指出了椭圆和正弦曲线之间的一个有趣联系:如果在直圆柱上沿以与底面成 45°角的平面切割出一个椭圆,那么如果圆

---

① 参阅 Cajori, "Generalizations in Geometry as Seen in the History of Developable Surfaces," *American Mathematical Monthly*, XXXVI(1929), p. 431-437.

② 参阅 Cantor, *Vorlesungen uber Geschichte der Mathematik*, IV, p. 457.

柱体沿一个平面滚动,椭圆将在这个平面上描绘出一条正弦曲线.然而,他并没有进一步的研究,并且在大约六年后才真正开始系统地研究斜曲线.

对于圆锥,欧拉以原点为顶点,过原点的直线为轴,以过切割圆锥的两个元素的平面为坐标平面.然后他说垂直于轴的平面切割的所有截面都是相似的,因此在 $t,x,y$ 的方程中,如果其中两个坐标增加或以给定的比例减小,那么第三个将增加或以相同的比例减小.因此,如果用 $nt,nx,ny$ 代替 $t,x,y$,方程将保持不变;所以"圆锥体"(即圆锥曲面)有这样的性质,即关于顶点的方程是齐次的,可以写成以下形式: $\dfrac{t}{x}$ 等于 $x$ 和 $y$ 的零阶齐次函数.然后,欧拉使用微分方程的语言来表示,以便在曲面上找到测地线.对于后者,他暗示了以后关于可展曲面的工作,他在声明中说如果将曲面展为平面形式,圆锥上两点之间的最短曲线将为两点之间的直线.

欧拉研究的第三种一般类型的曲面包括旋转曲面.自古以来,人们就经常考虑这些特殊情况,但欧拉是第一个通过方程给出整个类的人.如果以旋转轴为 $t$ 轴,欧拉将曲面方程表示为 $x^2+y^2=T$ 的形式,其中 $T$ 为 $t$ 的任意函数.这实际上是此类曲面的现代表述形式.

欧拉在三维曲面上的工作几乎与亚历克西斯·克劳德·克莱罗(1713—1765)在斜曲线上的更著名的贡献是同时进行的.1729 年,年仅 16 岁的克莱罗将他的《关于双重曲率曲线的研究》(简称《研究》)提交给科学院,但却在两年后才出版.正如笛卡儿的《几何学》一样,《研究》在扉页上没有作者的名字,尽管这是众所周知的.它通过考虑两个坐标平面上的投影实现了笛卡儿在近一个世纪前提出的关于空间曲线研究方案.从序言中可以看出,他只知道笛卡儿、伯努利和皮托在三维空间中的工作,而不知道拉伊尔、帕朗和欧拉更为重要的贡献.显然,让·伯努利的研究报告首次引起了他对曲面研究的注意.

人们也许以为克莱罗会以直线开头,或者至少先考虑一下曲面理论,但他却直入本题地研究关于单轴的空间曲线.他称他的坐标为 $x,y,z$,并说如果 $z$ 的坐标通过非线性方程与 $x$ 和 $y$ 相联系,那么它们就确定了一条空间曲线.他遵循皮托称其为"双曲率曲线",因为它的曲率是由原始曲线在两个垂直平面上的投影曲线的曲率决定的.克莱罗说他只会给出代数曲线,但他断言超越曲线同样容易处理.他在序言中承诺,稍后会发表一篇关于"由点坐标确定的曲线",即三维空间极坐标的论文.这将是此类坐标系的最早使用,但不幸的是,这项工作从未出现过.

克莱罗通过指出这样一条曲线有无限多条法线,含蓄地纠正了笛卡儿在法线上的错误;他发现对于给定的空间曲线,任意两个投影柱面 $y=f(x)$ 和 $z=g(y)$ 决定了第三个 $z=F(x)=g[f(x)]$.这就表明应该使用三个相互垂直的坐标平面,而不是他一开始使用的单一平面和轴.

克莱罗对曲面的讨论与欧拉惊人地相似,但缺乏系统性.他首先以球面 $a^2 = x^2 + y^2 + z^2$,锥面 $(n/m)z = \sqrt{x^2 + y^2}$ 和抛物面 $y^2 + z^2 = ax$ 为例.接着又给出了其他旋转曲面的方程,如椭球面、单叶双曲面以及抛物线 $ay = x^2$ 绕顶点处的切线旋转而得到的曲面.克莱罗使用作为生成曲线的高次抛物线、椭圆和双曲线 $\left( x^r = a^{r-1} \text{和} \dfrac{ax^{r+q}}{c} = y^r \ (a \pm y)^q \right)$ 对一般的圆锥曲面进行了研究.和欧拉一样,他知道以原点为顶点的圆锥曲线方程是齐次的.克莱罗还给出了许多通过其他曲面的交点而非由投影柱面定义的曲线的例子;他考察这些曲线是否位于给定的曲面上.尽管只给出了部分图形,他还是考虑了正坐标和负坐标.他展示了如何通过平面截面来绘制曲面,并以伯努利曲面 $xyz = a^3$ 为例阐述.他知道含变量的平面方程是线性的,于是在 1731 年的巴黎《研究报告》(他的《研究》出版的那一年)中给出了截距形式 $\dfrac{ax}{c} + \dfrac{ay}{b} + z = a$,但没有进一步研究线性方程.克莱罗的卷二中包括了一些关于利用微积分求空间曲线切线和法线的内容,《研究》结束于积分应用于曲线和曲面的第三册.这项工作是以依赖于图的几何形式进行,这表明微分几何的发展有待于欧拉和蒙日的进一步工作.

在平面坐标几何中,克莱罗进行了一项有趣的创新.解析几何的历史叙述相当强调距离公式的引入,一般认为[①]发生在 1797 年和 1798 年.然而,我们在克莱罗的《研究》中找到了熟悉的二维和三维公式.当然,它们对其他问题来说是次要的,但在确定球面方程时被明确地说明了.设中心 $C$ 相对于轴 $AB$ 和基面 $ABD$ 有坐标 $AB = \pm a$,$BD = \pm b$ 和 $DC = \pm c$(图 33);并令 $N$ 为球面上任一点,坐标为 $AP = x$,$PM = y$ 和 $MN = z$.接着,克莱罗写出了[②]

$$EN = MD = \sqrt{x \mp a^2 + y \mp b^2}$$

他遵循这一方法得出了类似的三维公式

$$f = \sqrt{x \mp a^2 + y \mp b^2 + z \mp c^2}$$

其中 $f = CN$.这可能是这两个公式中的首次出版.因此,在缺乏进一步证据的情况下,可以将它们归功于克莱罗.他的形式与现代的略有不同,主要是未能将文字量 $a$,$b$ 和 $c$ 视为无关正或负,这一点胡德早在 1659 年就提出了.

---

① 例如,参阅 Tropfke, *Geschichte*, Ⅵ, p. 124. Loria, " Da Descartes r Fermat a Monge e Lagrange," p. 840-842; Wieleitner, *Geschichte*, Ⅱ(2), p. 42; Coolidge, *History of Geometrical Methods*, p. 134.

② *Recherches, sur les courbes à double courbure*(Paris, 1731), p. 98.

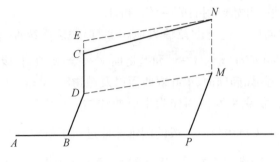

图 33

但是,不应夸大克莱罗在这方面的贡献. 毕竟,距离公式是一个以毕达哥拉斯命名的古老定理的明显解析表达式,并在大约四千年前就为巴比伦人所知. 毫无疑问,包括笛卡儿和费马在内的最早的解析几何学家都知道它们的等价形式. 相当于距离公式的圆和球体的方程在克莱罗之前很久就给出了,并且自1659 年以来已知的曲线校正依赖于某些这样的类似东西. 微积分中的距离公式

$$\mathrm{d}s = \sqrt{\mathrm{d}x^2 + \mathrm{d}y^2} \text{ 和 } \mathrm{d}s = \sqrt{\mathrm{d}x^2 + \mathrm{d}y^2 + \mathrm{d}z^2}$$

在《研究》中经常出现,但这些并不归功于他. 事实上,如果进一步的研究能够揭示克莱罗距离公式对微积分和解析几何的显式和隐式预示,那就不足为奇了. 然而,值得注意的是,在形式化方面,当时的微积分远远超过了笛卡儿几何学,尽管后者的发明比前者早了大约半个世纪. 公式是牛顿和莱布尼茨算法的自然产物,但笛卡儿和费马的解析几何仍然严重依赖辅助图. 因此,距离公式直到拉格朗日时期才系统地出现.

1731 年,也就是《研究》发表的一年,克莱罗在《科学院研究报告》中发表了一篇论文,将他的立体解析几何与高次平面曲线理论联系起来. 这项工作"在通过给定位置的平面上切割任何曲面形成的曲线"(Sur les courbes quel'on forme en coupant un surface courbe quelconque, par un plan donné de position)[1] 中,他证明了牛顿关于三次曲线投影变换的著名定理. 利用圆锥曲面方程

$$xyy = ax^3 + bxxz + exzz + dz^3$$

其在平面 $x=k$ 中的轨迹是发散的抛物线,克莱罗证明了该曲面的平面截面包括《枚举》中各种形式的三次方程. 关于思想同时性的一个有趣的例子是,尼科尔正是在《研究报告》的同一卷[2]中提出了这个定理的类似解析证明. 圆锥曲线

---

[1]  *Académie des Sciences*, *Mémoires*, 1731, p. 483-493.

[2]  "Maniére d'engendier dans un corps solide toutes les lignes du troisième ordre," 同上, p. 494-510. 或参阅 Nicole 同一卷的另一篇论文"Sur les sections coniques," p. 130-143.

的相应定理也在这一卷中由查尔斯·玛丽·德拉康达明(1701—1774)证明. 他证明了圆锥曲面可以作为圆锥 $nnxx = yy+zz$ 的平面截面推导出来,这显然是立体解析几何应用于这个古老定理的第一个实例.

次年,雅各布·赫尔曼(1678—1733)恢复了对平面和其他空间曲面的研究. 他在 1732 年至 1733 年于彼得斯堡《评论》中发表的论文"回顾曲面的局部方程及其不同影响"(De superficiebus ad aequations locales revocatis, variisque earum affectionibus)中说道,直到那时,几乎没有考虑过除平面和旋转面以外的曲面几何①. 这表明他不知道克莱罗的《研究》,也不知道他自己的伙伴欧拉的工作. 赫尔曼把立体解析几何的忽略归因于使用三个未知数造成的冗长,而对于平面来说,两个就足够了. 赫尔曼使用根据单个坐标平面和一条准线(或轴)定义的坐标 $x$, $y$ 和 $z$;他将自己完全限制在前四个卦限内,甚至通常只限于第一个. 他对方程 $az+by+cx-e^2 = 0$ 的研究比之前给出的任何方程都要详细,因为他通过找到方程轨迹和截距来确定这个平面的位置;然后反过来证明了这个平面上的每一点都满足给定的方程. 他发现这个平面与坐标平面夹角的正弦是 $\sqrt{b^2+c^2} : \sqrt{a^2+b^2+c^2}$,据此开始了方向性和度量方面的重要研究. 用正弦代替余弦对结果没有太大的意义,但仅使用一个坐标平面掩盖了对称性,这鼓励了后来在三维度量研究中进一步使用解析方法. 赫尔曼发现立体解析几何可以应用于球面三角学,但这个想法直到一个多世纪后,切萨罗将其复兴时才被有效地利用起来.

赫尔曼在立体解析几何方面的工作似乎是独立于他的前辈而进行的. 令人惊讶的是,这一领域的思想传播之慢,即使是在同一学院的成员之间也是如此. 他对曲线曲面的研究不像欧拉那样笼统,而且涉及的领域与克莱罗大致相同. 他成功地给出了抛物柱面 $z^2-ax-by = 0$ 及锥面 $z^2-xy = 0$ 和 $az^2-bxz-cyz+cy^2 = 0$,但两个更一般的二次曲面

$$z^2-ax^2-bxy-cy^2-ex-fy = 0$$

和

$$az^2+byz+cy^2-exz+fx^2+gz-bx = 0$$

他只描述为截面是圆锥曲线的"圆锥曲面". 他对曲面最一般的表述是,如果 $u$ 是"任何关于 $z$ 的量和常数",则 $u^2-x^2-y^2 = 0$ 表示一个旋转体. 对于上述曲面,赫尔曼给出了极大极小值、切平面和测地线,但是他类似于帕朗利用偏导数的方法不如欧拉的简洁. 他还补充了一项被沃利斯描述为"锥楔"的直纹曲面的

---

① 在彼得斯堡学院《评论》的同一卷(Ⅵ, 1732—1733, p. 13-27)出现了 G. W. Krafft 的一篇论文, "De ungulis cylindrorum varii generis," 其中考虑了摆线柱面、蔓叶类柱面和其他类型的柱面;但它们不是用三维坐标下的方程来解析研究的.

研究. 在此第一次给出了解析方程

$$(b-z)\sqrt{a^2-y^2}=bx$$

赫尔曼的工作没有组织地很好,但显示了对立体解析几何研究的真正热情. 他承诺对曲面进行进一步的研究,但在完成之前就去世了,所以仍是欧拉第一次对二次曲面进行了一般化处理. 然而,在讨论这个问题之前,最好简要地参考一下赫尔曼在平面解析几何中对一般二次方程的分析. 1729 年,他发表了一篇论文,文中回忆并扩展了笛卡儿用来鉴别圆锥曲线的方法①. 从一般方程

$$\alpha yy+2\beta xy+\gamma xx+2\delta y+2\varepsilon x+\phi=0$$

(其本质形式上已经出现在洛必达的《圆锥曲线论》中)开始,他解出了 $y$ 并根据 $\beta^2-\alpha\gamma$ 小于、等于或大于零确定该曲线为椭圆、抛物线或双曲线;这一结果早先被赫尔曼所参考的克雷格、洛必达以及德博纳、维特和舒滕所知. 他进一步指出,如果在用 $x$ 表示 $y$ 的解中,根号消失了,即如果

$$(\alpha\varepsilon-\beta\delta)^2=(\delta^2-\alpha\phi)(\beta^2-\alpha\gamma)$$

那么方程表示一对相交的直线($\alpha\neq0$). 在这种情况下,笛卡儿认为结果是一条线,因为他没有在根号之前使用双号. 赫尔曼关于圆锥曲线和二次曲线的工作表明,二次平面曲线的解析研究已经达到了成熟阶段,而二次曲面的解析研究还处于起步阶段.

18 世纪在许多方面都值得一提,因为它继承了早期的详细阐述和完善含义,赫尔曼对此做出的重要贡献——极坐标就是一个很好的例子. 牛顿对极坐标的使用尚未发表,但雅克·伯努利继续研究了费马的抛物螺线,特别是在 1691 年和 1694 年提出使用矢量线②. 大约十年后,伐里农通过将前者中笛卡儿直角坐标系的变量表示为后者的极坐标这一简单的权宜之计,从已知曲线中发现了新类型③. 例如,高次抛物线变成了抛物螺线,而高次双曲线变成了双曲螺线. 在克莱罗的序言中发现了空间极坐标的线索,他提到双曲率曲线"的坐标从一个点开始",但这一想法就像其他人的一样没有被详述.

比这些有点模棱两可的暗示更重要的是赫尔曼在 1729 年的另一篇论文④中提出的明确建议,即极坐标与笛卡儿坐标一样适用于几何轨迹的研究. "但

---

① "De locis solidis as mentem cartesii concinne construendis," *Commentarii Academiae Petropolitanae*, Ⅳ(1729), p. 15-25.

② 参阅 Jacques Bernoulli, *Opera*(2 vols. , Genevae, 1744), Ⅰ, p. 431f.

③ 参阅 *Académie des Sciences*, *Mémoires*, 1704(1722). 这种坐标变换是 18 世纪流行的几何变换的解析等价.

④ "Consideratio curvarum in punctum positione datum projectarum, et de affectionibus earum inde pendentibus," *Commentarii Academiae Petropolitanae*, Ⅳ(1729), p. 37-46.

解析几何学史

132

(轨迹学说)有平等地位也可以解释为通过具有投影角正弦或余弦的矢量半径之间的关系,在这种关系中,曲线的性质流动就像它们以通常的方式表现出来的一样简洁."赫尔曼用字母 $m$ 和 $n$ 表示矢量角的正弦和余弦,$z$ 表示向径,给出了将直角坐标系转换为极坐标的方程. 他提出的形式比现在通用的更为普遍,因为极点不一定与原点重合. 如图 34,如果曲线 $ABC$ 上一点的横坐标为 $AF$(或 $AG$),纵坐标为 $BF$(或 $CG$),取 $E$ 为极点,其中 $EA = a$,那么转换方程为 $x = nz - a$ 和 $y = mz$. 作为示例,赫尔曼将抛物线 $y^2 = px$ 的笛卡儿形式转换为极坐标方程 $m^2z^2 = npz - ap$,这可能是将极坐标应用于圆锥曲线或除螺线以外曲线的第一个实例①. 另外,赫尔曼还将笛卡儿叶形线 $y^3 = bxy - x^3$ 转化为 $z = \dfrac{bmn}{m^3 + n^3}$,其中极点和原点重合. 他还建议研究例如涉及变量 $y$ 和 $z$ 的混合形式的方程.

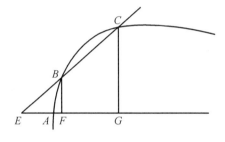

图 34

鉴于赫尔曼阐述极坐标例子的清晰性和一般性,很难理解为什么历史学家要把这一体系的大部分功劳归于很久以后的其他人. 例如,史密斯报告说,"极坐标的概念似乎源于格雷古廖·丰塔纳(1735—1803),这一名称被 18 世纪的许多作家使用②". 如果不是更早的牛顿或伯努利的话,这一乃至更多想法显然必须归功于赫尔曼. 然而,赫尔曼在这方面的工作似乎并不广为人知,因此极坐标的最终应用可能有理由归功于几十年后的欧拉.

在克莱罗和赫尔曼之后的十五年里,几乎没有涉及解析几何的重要新论文. 让·保罗·德古阿·德马尔弗(1713—1785)出版于 1740 年的著作《在不借助微积分的情况下,使用笛卡儿的分析发现各次数的几何线的性质或主要影响》(*Usages de l'analyse des Descartes pour découvrir, sans le secours du calcul différentiel, les proprietés, ou affections principals des lignes géométriques de tous les orders*,简称《用法》)除外. 标题中暗示德古阿认为笛卡儿几何在当时被微积分所掩盖有一定道理,因此他遵循牛顿《枚举》的路线提出了平面曲线理论,使用

---

① Tropfke (*Geschichte*, Ⅵ, p. 169)错误地将极坐标方程归功于拉克鲁瓦.

② *History of Mathematics*(2 vols., New York, 1925), Ⅱ, p. 324. 或参阅 Cantor, *Geschichte*, Ⅳ, p. 513, and Encyklopädie, Ⅲ, p. 596, 656.

无穷小方法只是为了缩短计算时间. 他的作品因其对曲线草图(特别是关于奇点)的彻底处理,以及使用牛顿平行四边形新形式(称为德古阿的解析三角形)而著称. 在他的"代数三角形"中,所有的边具有相同地位,这种情况有利于研究曲线的无限分支. 德古阿在曲线理论中添加了新的结果,例如定理(隐含在克莱罗 1731 年的论文中),即如果一条三次曲线有三个拐点,则这些拐点位于一条直线上. 他以一般方式表明,奇点是由单点、尖点和拐点组成的. 像克莱罗和尼科尔一样,他还证明了关于发散抛物线的牛顿定理,并在斯特林认可的 76 种三次曲线中添加了两种新的. 德古阿使用了各种形式的轴的平移和旋转,但没有使用三角符号. 总的来说,他的工作对于将曲线理论作为一门学科建立以及初等解析几何范围之外的新成果,比对解析几何方法的任何影响更有意义. 此外,他的书似乎鲜为人知,直到十年后在克莱姆一本更受欢迎的关于代数曲线的著作中才被提及①.

德古阿的《用法》出版当年还出版了卡拉奇奥利(J. B. Caraccioli)的《曲线》. 在笛卡儿《几何学》后的一个世纪里,意大利对解析几何的发展贡献甚微,但在 1738 年,罗马出现了一本颇为流行的书——宝琳·切鲁奇(Paolino Chelucci)的《几何中的分析方法和应用,附立体构造问题》(*Institutiones analyticae earumque usus in geometria cum appendice de constructione problematorum solidorum*). 这对解析几何思想没有什么实质性的新贡献,现代读者觉得它非常乏味,并且高度缺乏解析性;但到 1761 年它至少出现了四个版本,因此无疑有助于代数方法在意大利的传播. 卡拉奇奥利的《曲线》也只是部分解析的,但它在处理上比切鲁奇的作品更加现代. 这尤其是在所呈现的各种超越和代数等曲线中是不寻常的. 相当多的篇幅被专门用于广义椭圆和双曲线 $y^{m+n} = \left(a \mp \dfrac{ax}{b}\right)^m x^n$. 尽管这本书的主要形式是综合的,但极坐标(使用当时的习惯符号 $x$ 和 $y$)应用于高次螺线 $b^m x^n = a^n y^m$. 如牛顿一样,混合坐标应用于一般二次方程 $a^n y^m = b^m x^n$;并且和雷诺一样,在摆线的解析方程中使用了三个相互依赖的坐标.

18 世纪中叶产生了许多与解析几何有关的非常受欢迎的著作,特别是 1748 年出现了三部具有国际意义的著作. 这三本书来自不同的地区,每本书后来都被翻译成其他语言. 三本书分别为麦克劳林(去世后)在英国出版的《代数论》,意大利的玛利亚·阿涅西(Maria Gaetana Agnesi,1718—1799)的《分析讲义》,以及住在德国,去世在俄国,说法语的瑞士人欧拉用拉丁文写的《无穷分

---

① 关于德古阿工作的叙述,请参阅 Paul Sauerbeck, "Einleitung in die analytische Geometrie der höheren algebraischen Kurven nach den Methoden von Jean Paul de Gua de Malves," *Abhandlungen zur Geschichte der mathematischen Wissenshaften*, XV(1902), p. 1-166.

析引论》(简称《引论》). 这三部著作中的每一部都包括了"代数在几何学中的应用"章节,这个主题现在被称为解析几何学. 麦克劳林原计划在 1729 年作为对牛顿《算术》的评论出版这本书,但他不太愿意将代数和几何结合起来. 在该书的三个主要部分中,第三部分为"代数在解决几何问题中的应用,或几何图形的推理以及几何线条和图形在方程求解中的使用". 正如在笛卡儿《几何学》中一样,量是用线表示的,方程是按几何方式"构造"出来的,但麦克劳林更仔细地考虑了线性方程. 他发现给定方程 $ay - bx - cd = 0$ 的轨迹如下:参考一对垂线 APE 和 PNM 画一条倾斜角为 NAP 的直线 AN,使得余弦与正弦之比为 $a:b$(图 35). 然后作 $AD = \dfrac{cd}{a}$ 平行于 PM,如果 $bx$ 与 $cd$ 同号,则把 AE 同侧的 AD 取为 PN,否则取相反一侧. 然后过点 D 画一条平行于 AN 的直线 BDM. 显然,直线 BDM 即为以 AP 和 AD 为轴的所求轨迹. 在此可以看到直线斜截式思想的逐渐发展,但现代形式又过了五十年才最终出现. 此外,面对负坐标的旧犹豫,在麦克劳林列举各种类型的线性方程($y = ax + b$,$y = ax - b$ 和 $y = -ax + b$[①])时对 $y = -ax - b$ 形式的疏忽中很明显,这也让人想起维特和洛必达的疏忽.

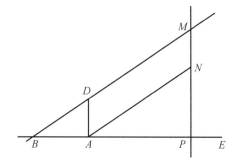

图 35

麦克劳林给出了二次方程的作图和二次曲线的讨论,但这些都是普遍的. 在《代数》[②]"关于几何线的一般性质"的附录中,作者承认了牛顿《枚举》的持续影响. 麦克劳林在这部最后作品之一中写道,曲线不是构造的,而是以现代方式绘制的. 麦克劳林还给出了伯努利、洛必达和斯特林方法在多项式方程图解上的应用. 在此,他使用三次多项式的图像来说明虚根的存在. 在代数中使用图解法在当时是不寻常的. 一百多年来,由克莱罗、桑德森、辛普森、欧拉、波苏、拉克鲁瓦、路明思和戴维斯等人编写的最流行的初等代数教科书都完全缺乏图形化方法. 克莱罗的一份声明表明,这种遗漏并不是由于不熟悉图形工作. 他在

---

① 参阅 *Algebra*(London, 1748), p. 305 f. and also appendix.

② 同上. 附录中也包含拉丁原文和英译本, *De linearum geometricarum proprietatibus generalibus*.

1746 年《代数论》的序言中指出,除了特殊情况外,关于四次以上的方程在这里都简化为简单的近似形式;"而且由于在几何学的辅助下这些近似形式往往是最简单的,所以我建议在阐述曲线理论时使用这些方程."克莱罗的这篇论文似乎还没有完成,但他的计划表明了代数和解析几何是如何清晰地分离.麦克劳林的《代数》在这方面是个例外,但这本书(包括 1753 年的法语译本至少出现了六种版本)也表明,英国缺乏一个明确的解析程序来取代笛卡儿传统.

笛卡儿和费马观点之间平衡的一个完美例子可以在玛利亚·阿涅西为指导弟弟而写的《分析讲义》[①]中看到.这不仅是现存的第一部由女性撰写的重要作品,也是少数来自意大利的解析几何早期贡献之一.它不包括任何实质上的新材料,但其清晰阐述和作为教科书的广泛影响[②],以及对当时这一主题状态的描绘都具有重要意义.这是第一本致力于"有限量分析"(作者说"通常称为笛卡儿代数")的书.从中确实可以看到《几何学》的一些重新排列和详述.尽管使用了直线代替圆的替代方案补充,甚至描述了笛卡儿的切线方法.其中给出了笛卡儿对代数表达式、方程和轨迹的几何作图的强调,并根据维特在拉丁版本的《几何》中给出的方法,增加了一节一次方程的构造.阿涅西的著作中存在一些关于负坐标的旧错误,$y=\dfrac{ax}{b}$ 被认为是一条完全位于第一象限的射线,$y=-\dfrac{ax}{b}$ 则是它的互补半线.由于方程的系数在符号上不具有普遍性,因此将含一个未知数的二次方程分为四种类型.这里考虑的不是一种,而是六种不同形式的线性方程,这些线(或射线)以类似于麦克劳林《代数》中的几何图形方式构建.右坐标和斜坐标或多或少不加区别地使用,并且通常采用单轴,尽管有时暗示了第二个轴.对圆锥曲线及其在方程求解中的应用的研究仍是传统.圆和一般圆锥曲线的方程是相对于中心和顶点给出的.其他情况则通过等效的坐标轴平移来处理.其中有很长的一节是专门用于用规则确定所需最简单的可能轨迹以构建确定方程;但是多项式方程的笛卡儿式构造方法通过洛必达方法的说明进行了简要补充,例如

$$x^5 - bx^4 + acx^3 - aadx^2 + a^3cx - a^4f = 0$$

是通过曲线

$$z = \frac{x^5 - bx^4 + acx^3 - a^2dx^2 + a^3cx}{a^4}$$

和 $z=f$ 的交点求解的.牛顿曲线绘制的影响体现在她对构造轨迹或不定方程的

---

① The *Éloge historique de Marie-Gaetane Agnesi*(transl. from Italian, Paris, 1807)由 A. -F. Frisi 提供生平细节,但并没有对她的工作做出适当分析.

② 英译版的序言 *Analytical Institutions*(London, 1801)表明,John Colson 学习意大利语的唯一目的是翻译这部"在欧洲大陆家喻户晓"的作品.译者还补充了对第一卷的广泛评论.

两种方法的认识中:"绘制它们的第一种方法是找到无限数量的点. 第二种是通过其他已经绘制出的低次曲线. "大概是因为还不太为人所知,她对第一种方法(或费马式)作了详细的解释,之后补充道:"这种用无数个点描绘曲线的方法也许可以通过使用几何作图而简化到更完美的程度. "古老的笛卡儿曲线层级结构在这里很好地通过"第二种"方式得到了说明,即通过关于阿波罗尼奥斯抛物线的线运动来绘制 $a^2y = x^3$. 设抛物线在直角坐中由 $x^2 = az$ 给出,其中 $OR = a, OB = z, QP' = y$ 和 $BP = OQ = x$,作 $PQ$ 垂直于 $OR$,并画直线 $BR$(图 36). 正如可由比例 $OR : OB = OQ : QP'$ 立即得出的那样,若 $OP'$ 平行于 $RB$ 绘制,那么 $P'$ 的轨迹即为所求曲线. 这条曲线现在反过来被用于其他高次曲线的构建.

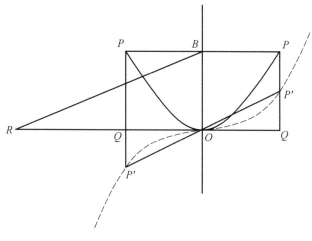

图 36

著名的"阿涅西箕舌线"就是作者对曲线"双重标准"的一个很好的例子. 1703 年,圭多·格兰迪(1671—1742)重新发现了这条曲线,并将其命名为箕舌线①. 玛利亚·阿涅西首先根据费马在一个多世纪前给出的方程绘制了它,然后通过众所周知的关于圆的线轨迹(半个世纪前由牛顿给出)的严格笛卡儿方法构造了它. 使用与上述类似的符号,其中 $OR = a, OB = y, BP = z, BP' = RQ = x$ 和圆 $z^2 = ay - y^2$(图 37),我们有 $\dfrac{RQ}{RO} = \dfrac{BP}{BO}$,平方并代入可得

---

① "箕舌线"这个名字通常用在英语中显然是由于一个错误的翻译. 1718 年,格兰迪创造了"versiera"一词表示曲线的生成方式,这个词在意大利语中也有"箕舌线"的意思,但这与格兰迪和阿涅西的想法没有关系. 参阅 Gino Loria, *Spezielle algebraische und transcendente ebene Kurom* (Leipzig, 1902), p. 75. 关于这条曲线和其他曲线的起源和性质,以及大量参考文献的来源,洛里亚的工作是最有价值的. 也可参阅 R. C. Spencer, "Properties of the Witch of Agnesi," *Journal of the Optical Society of America*, XXX(1940), p. 415-419.

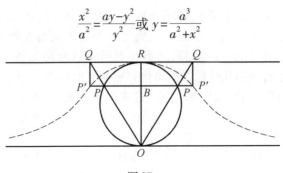

$$\frac{x^2}{a^2}=\frac{ay-y^2}{y^2} \text{ 或 } y=\frac{a^3}{a^2+x^2}$$

图 37

　　1748 年麦克劳林和阿涅西的工作显示了作者在构图上向笛卡儿传统妥协的倾向,而同年欧拉的贡献则标志着费马态度的彻底胜利. 正如洛里亚所说,在解析几何的历史上,1748 年几乎与 1637 年一样重要,因为这门学科在当时具有"坚固的结构",为大学课程提供了材料①. 欧拉的《引论》经常被历史学家提及,但其重要性一般被低估了. 这本书可能是近代最具影响力的教科书. 它使函数概念成为数学的基础. 它普及了对数作为指数的定义和三角函数作为比率的定义. 它明确了代数函数和超越函数以及初等函数和高次函数之间的区别. 它发展了极坐标的使用和曲线的参数表示. 许多我们常用的符号都是从它派生而来的. 总而言之,《引论》在初等分析中的作用就像欧几里得《原本》在几何学中的作用一样. 此外,它是现代学生可以轻松愉快地学习的最早的大学数学教科书之一,因为其中几乎没有使许多经典论文的读者感到困惑和烦恼的时代错误. 然而,它只能用拉丁语、法语或德语阅读②,而麦克劳林的《代数》可以用英语和法语阅读,阿涅西的《讲义》则有意大利语、法语和英语版本.

　　《引论》第一部分致力于"纯分析",第二部分是"代数在几何中的应用". 后者是关于费马意义上的解析几何的系统论述. 欧拉清楚地阐述了这一基本原理的两个方面:通过笛卡儿,他认识到"任何曲线的本质都是由含两个变量 $x$ 和 $y$ 的方程给出的,其中 $x$ 是横坐标,$y$ 是纵坐标";对于费马,他认为"任何关于 $x$ 的函数都能产生一条可以通过绘图来描述的连续曲线". 请注意,欧拉在这里使用了"绘图"一词,而不是笛卡儿式的"构建".《引论》是最早给出带有数值系数的特定曲线图形的著作之一,它清楚地表明了横坐标轴上使用的单位. 欧拉并没有系统地研究笛卡儿式的轨迹方程推导,对他来说,解析几何在方向上

　　①　"Da Descartes e Fermat a Monge e Lagrange," p. 825-827.

　　②　俄文翻译曾经计划过,但似乎没有出现. 关于欧拉著作的完整参考书目,请参阅 Gustaf Eneström, "Verzeichnis der Schriften Leonhard Eulers," *Jahresbericht der Deutschen Mathematiker-Vereinigung*, Ergänzungs-bände, Ⅳ, 1910—1913. 其中包含 866 个词目,但不包括多个版本!

更像是费马式的,并且以方程确定曲线作图为中心. 到了 1748 年,古老的笛卡儿曲线分类法实际上已经被抛弃了,因此欧拉、阿涅西或麦克劳林都没有给出这种分类法. 欧拉屈从于笛卡儿传统,甚至在书中加入了一个关于"(确定)方程的构造"的章节,但这只是二十二章中的一章,而在笛卡儿那里,这一主题就占据了三本书中的两本. 此外,出于描述的简单性,欧拉在选择相交曲线时,更倾向于遵循牛顿的方法而非笛卡儿的次数规则;他用道歉的声明结束了关于结构的简短章节,即他"在这个问题上花了很长时间,更多的是因为好奇而不是有用".

从平面解析几何的发展观点来看,《引论》最值得注意的特点无疑是欧拉处理方法的普遍性. 现代分析方法与古代综合方法相比的主要优势之一,就是许多特殊情况可以包含在一个综合的公式中;但费马和笛卡儿在一定程度上理解的这一方面却在新分析的第一个世纪期间被很大程度地忽视了. 哈雷在1694 年很好地表达了这一优势:

现代几何学的卓越之处在于它对问题给出的那些完整而充分的解决方案仅仅是更明显而已;从一个观点代表了所有案例……①

但他和他的继任者都没有充分理解这句话. 笛卡儿本人曾费力地计算出不同情况下符号的变化;直到 1748 年,麦克劳林和阿涅西的著作继续将线性方程分为许多不同的情况. 距离和方向公式很少被引入,坐标变换仍然是即兴(临时)的,依赖于图表使用仍然是规则. 欧拉并没有改变这一切,但他比其他任何人都做得更多,包括推广了解析方法,并利用坐标为起点系统地阐述了代数几何. 首先,在介绍圆锥曲线这一"直到那时几乎是这个数学分支的唯一对象"之前,他以《引论》第一卷中发展起来的函数概念为基础,给出了一般的曲线理论. 在现代术语中,几何曲线和机械曲线之间的笛卡儿式区分被称为代数的和超越的,并且通过将函数细分为连续和不连续、单值和多值来补充.

继一般曲线的简要介绍之后,欧拉依次转向了不同次数的曲线. 他对简化的线性方程的处理具有一般性的特点. 为了涵盖所有形式的直线,欧拉给出了一个简单的一般方程 $\alpha x + \beta y - a = 0$,顺便指出,其截距为 $\frac{a}{\alpha}$ 和 $\frac{a}{\beta}$ $(\alpha \neq 0 \neq \beta)$. 他提到了具体例子——$\alpha = 0, \beta = 0$ 和 $\alpha = a = 0$,可能因为他使用的是单轴,所以不是 $\beta = a = 0$. 值得注意的是,直线的几何作图完全被放弃了,这里也没有使用图像. 欧拉指出一条直线是由两点唯一确定的,这显然意味着直线方程可以用待定系数法来求;但由于"直线的几何学是众所周知的",他没有进一步研究一次方

---

① *Philosophical Transactions*, 1694, p. 960. 哈雷作品的列表请参阅 *Correspondence and Papers of Edmond Halley*(ed. by E. F. Mac Pike, Oxford, 1932), p. 272f.

程. 这是非常令人遗憾的,尤其是因为他正在编写一本初级教材. 如果他扩展线性方程研究,解析几何学的历史可能已经向前推进了近半个世纪,因为直到1797—1798 年,一次方程才成为该学科教科书不可分割的一部分. 圆的情况类似. 据推测,欧拉和牛顿的感受差不多,即解析几何不适用于涉及直尺和圆规的基本问题. 仅仅半个世纪之后,情况是多么不同啊!

欧拉可能以研究直线和圆的类似方式研究了圆锥曲线. 这种真正的解析方法具有一般性,并且无须参考图表. 沃利斯把圆锥曲线从圆锥中分离开来,但欧拉走得更远. 他指出,以前的作者是从圆锥或几何作图中推导出了曲线的性质,并且补充道:"为了达到目的,我们仅检验从他们的方程中推导出的东西,而并不求助于其他方法. [①]"和赫尔曼一样,欧拉从一般方程

$$\zeta yy + \varepsilon xy + \delta xx + \gamma y + \beta x + \alpha = 0$$

开始解出了 $y$ 关于 $x$ 的方程,并通过根的和找到了直径,这和牛顿、斯特林以前的方法差不多. 首先找到直角坐标或任意角度斜坐标下,所有平行于纵坐标的弦的直径,那么这些直径的交点就是圆锥的中心. 然后从中心二次曲线关于主轴的笛卡儿直角坐标方程开始,欧拉很容易地找到了与曲线相关的常见点、线和比率,完成了由维特开始并由沃利斯、克雷格、洛必达、斯特林和赫尔曼继续的解析研究. 当然,他很熟悉这个特征,他指出如果 $\varepsilon\varepsilon > 4\delta\zeta$ ,那么这个圆锥曲线为双曲线,并且对于双曲线关于其轴的方程,使最高次项为零可以得到渐近线. 他在微积分中处理无穷小的松散性类似下述说法:令椭圆长轴增加到无穷大即可得到抛物线. 与现代的处理方法不同,欧拉从椭圆的性质推导出抛物线的性质. 他首先考虑了椭圆关于它的中心和轴的方程

$$yy = \frac{bb}{aa}(aa - xx)$$

然后是关于一个顶点和一条轴的方程

$$yy = 2cx - \frac{c(2d-c)xx}{dd}$$

其中 $c = bb$ 是参数或正焦弦的一半, $d = a - \sqrt{aa - bb}$ 是顶点和焦点之间的距离. 在欧拉看来,当 $2d = c$ 时,椭圆变成抛物线,半轴 $a$ 和 $b$ 变成无限长.

欧拉全面研究了直角坐标和斜坐标下的圆锥曲线. 使用单轴并不妨碍他对坐标变换进行也许是第一次解析的研究. 例如,单对方程就足以涵盖从直角轴到斜轴的变换,无须求助于几何图形

$$x = nr - (nv - m\mu)s - f$$
$$y = -mr + (\mu n + vm)s - g$$

---

① *Introductio*, vol. II (1797), p. 40.

其中,f 和 g 为新原点的直角坐标,m 和 n 是新旧轴夹角的正弦和余弦,$\mu$ 和 $v$ 是新纵坐标倾角的正弦值和余弦值;并且其中任意点的旧坐标和新坐标分别为 x,y 和 r,s. 假定 $\mu=1$,$v=0$,并且轴之间角的符号相反,容易看出这些方程与直角坐标系下的现代形式一致.

欧拉放弃了笛卡儿式的曲线分类,改用牛顿式的按次数分类曲线,尽管他仍然觉得有必要证明这一步骤的合理性. 在研究二次曲线之后,他从一般三次曲线开始,根据主要性质将这些曲线细分. 接下来,他又对四次方程进行了类似的处理,其中包括 146 个范式. 接着,欧拉又回归到一般曲线的性质,即切线、渐近线、直径、曲率和奇点. 他似乎没有意识到斯特林和德古阿的早期工作. 更具一般性的说明可从以下事实得出:鉴于拉伊尔和德古阿都注意到了 $y^3=x^3$ 表示三线,其中两个是虚数,但欧拉阐明了如果 f 是 m 次的齐次代数函数,那么 f(x,y)=0 表示过原点的 m 线(实或虚)系统理论. 在关于曲线交点的章节之后,欧拉添加了一个前面提到的关于方程构造的章节. 在这里,分别通过 m 次和 n 次的两条曲线可以构造不大于 mn 次方程的根,但这一结论只是费马对笛卡儿的修正重置和麦克劳林关于代数曲线的可能交点数理论.

欧拉在解析几何方面的著作有一个不寻常的特点,即包含了关于超越曲线的一章. 牛顿学派效仿笛卡儿,主要考虑代数曲线;尽管对数和三角函数早已广泛使用,但它们的图形很少出现. 这些曲线的形式在《引论》之前的一个世纪就已经给出了,但欧拉的工作似乎在将它们带入初级书籍方面具有决定性意义. 事实上,在 18 世纪后半叶,有相当多的理由将三角函数的解析慷慨地归功于欧拉. 欧拉系统地列出了所有常用的测角公式,特别提到了倍角公式;他把圆函数看成比率而非几何线;他强调了函数的周期性并画出了它们的图像;他通过使用虚数量联系圆函数和指数函数;他利用对数而非几何性质对正反三角函数的表达式进行了微分和积分. 简而言之,他将三角函数和其他基本超越曲线的研究作为解析几何和微积分的一部分. 初等函数的曲线通常并不是欧拉的解析几何中包含的唯一曲线. 关于超越曲线的一章包括诸如 $y=x^{\sqrt{2}}$,$y=x^x$,$y^x=x^y$ 和 $y=(-1)^x$ 等特例,其中一些来源于他的老师让·伯努利.

《引论》中还包括两种对极坐标非常全面和系统的描述,以至于该坐标系经常被归功于欧拉[1]. 然而牛顿、伯努利和伐里农仅将矢量坐标应用于超越曲

---

[1] 例如,参阅 E. Müller,"Die verschiedenen Koordinatensysteme," *Encyklopädie der mathematischen Wissenschaften*, Ⅲ(1),596-770,especially p. 656-657. 参阅 *Encyclopédie des sciences mathématiques*, Ⅲ(3),1, p. 47. 另一方面,Coolidge(*History of Geometric Methods*, p. 171-172)在 1691 到 1794 年间,没有提到对平面极坐标的贡献.

线,赫尔曼仅将它们应用于代数曲线,欧拉专门用一节全面介绍了以上两类. 对于后者①,他给出了将现代三角符号引入极坐标的变换方程 $x = z\cos\phi$, $y = z\sin\phi$. 他对 $z$ 作为 $\sin\phi$ 和 $\cos\phi$ 的函数作了一般性考虑,并更详细地指出了蚌线 $z = b\cos\phi \pm c$ 和蚌线 $z = \dfrac{b}{\cos\phi} \pm c$. 和赫尔曼一样,欧拉也将圆锥曲线方程转化到极坐标形式.

令人惊讶的是,赫尔曼和欧拉都没有提到现在使用极坐标的典型曲线——$r = a\sin n\phi$ 和 $r = a\cos n\phi$. 这些曲线早在 1713 年格兰迪写给莱布尼茨的信中出现过,正式出版是在 1723 年的英国②和 1728 年的意大利③. 然而,格兰迪并没有对他的"玫瑰线"进行分析处理,而是用文字描述了它们. 以曲线 $r = \sin\dfrac{a}{b}\phi$ 为例:在以 $C$ 为圆心,$CA$ 为半径的圆中(图38),以给定的比例 $\dfrac{a}{b}$ 取 $\angle ACD$ 和 $\angle ACG$;沿着 $CD$ 取 $CI = HG$,以及 $\angle ACG$ 的正弦值. 那么点 $I$ 的轨迹就是所讨论的曲线. 也就是说,"玫瑰曲线是由线段组成的,被从中心向外的无数分支切割,等于与分支相应角度成给定比例的角度的正弦值.④" 如果格兰迪熟悉极坐标,他就不会说那么多饶舌的话!

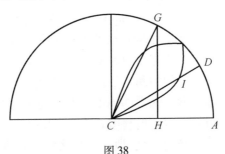

图 38

在对超越曲线的极坐标研究中,欧拉对自变量采用了稍微不同的概念和符号⑤. 在此,他研究了 $z = f(s)$ 形式的曲线,其中参数 $s$ 是单位圆中角度为 $\phi$ 的圆弧. 从表面上看,即使在《几何学》出现一个多世纪之后,欧拉也认为坐标必须

---

① *Introductio* (1748), Ⅱ, p. 212 ff.

② Guido Grandi, "Florum geometricorum manipulus," *Philosophical Transactions*, ⅩⅩⅫ(1723), P. 355-371. 这本书里有许多画得很漂亮的图形——二叶的、三叶的,等等. 格兰迪雄辩地阐述了几何学在自然美中的作用.

③ Guido Grandi, *Flores geometrici ex rhodonearum*(Florentiae, 1728).

④ *Flores geometrici*, p. 2.

⑤ *Introductio*, Ⅱ, p. 284 ff.

表示长度. 结合他绘制的螺旋曲线, 欧拉使用了一般角度, 即允许 $s$ 沿正负无限增加. 由于他使用了负极坐标, 阿基米德螺线在这里可能是第一次以对偶形式出现①.

可以这样说, 虽然可能是牛顿发明了极坐标, 但是欧拉的工作是使极坐标系成为初等解析几何传统部分的关键. 让·勒朗·达朗贝尔 (1717—1783) 在《百科全书》的"几何"一文中, 以文字形式表述了曲线方程可以由平行坐标或向径和横纵坐标其中之一, 或向径和倾斜角的正弦、正割或正切给出. 格雷古廖·丰塔纳 (1735—1803) 于 1784 年将"极坐标方程"一词与 $z = f(u, \sin u, \cos u)$ 形式的极坐标曲线结合使用, 其中 $z$ 是向径, $u$ 是单位圆的弧②; 这一事实似乎导致史密斯毫无根据地将极坐标的想法归功于他③. 当然, 平面极坐标系不应归功于欧拉时代之后的任何人, 因为它早已出现在当时具有代表性的教学著作中. 例如, 黎卡提和萨拉迪尼 (1765—1767) 的《分析教材》(*Instituzioni analitiche*) 包含了使用以 $(x, y)$ 表示 $(r, r\theta)$ 的牛顿方案的极坐标下的曲率半径公式.

主要由欧拉系统化的曲线参数表示法也暗示了一百年前的发展. 在阐述解析几何的基本原理时, 笛卡儿曾指出, 对于一条曲线, 必须有比条件或方程更多一个的未知数. 曲线的参数方程只是这一原理的一个特例. 事实上, 在 17 世纪如此流行但实际上可以追溯到希皮亚斯割圆曲线的运动合成也是对曲线参数表示的一种预示. 但正是欧拉特别指出了这种形式的优点. 例如

$$y^{10} = 2ayz^6 + byz^3 + cz^4$$

其中 $y$ 和 $z$ 与隐式代数函数有关, 他建议替换 $y = xz$ 使得 $z$ 和 $y$ 可以用参数 $x$ 代数表示. 类似的, 在替换 $y = tx$ 后, 借助参数式 $x = t^{\frac{1}{t-1}}$ 和 $y = t^{\frac{t}{t-1}}$, 或者如果 $t - 1 = u$, 由参数式 $x = \left(1 + \frac{1}{u}\right)^u$ 和 $y = \left(1 + \frac{1}{u}\right)^{u+1}$, 可得出曲线 $y = x^x$. 莱布尼茨用微分或积分方程表示摆线, 而欧拉则用现在更常用的方式④参数化表示, 即

---

① 洛里亚错误地将负半径和螺线的对偶形式归功于大约一个世纪后的 Cournot. 参阅 Gino Loria, "Perfectionnements, évolution, métamorphoses du concept de coordonnées," *Mathematica*, XVIII (1942), p. 125-145; XX (1944), p. 1-22; XXI (1945), p. 66-83, 特别是第 139 页. 这篇重要的论文也出现在 *Osiris*, VIII (1948), p. 218-288.

② "Sopra l'equazione d'una curve," *Memorie di Matematica e Fisica della Società Italiana*, II (part I, 1784), p. 123-141, especially p. 128. 或参阅他的 *Disquisitiones physico-mathematicae* (Papiae, 1780), p. 184-185. 在此, 丰塔纳使用字母 $x$ 和 $y$ 代替 $u$ 和 $z$. 早些时候 (1763), 丰塔纳给出了极坐标下的曲率半径公式.

③ Smith, *History of Mathematics*, II, 324. 丰塔纳的工作表明他受到欧拉的影响.

④ 参阅 *Introductio*, I, p. 39-46; II, p. 294.

$$\begin{cases} x = b - b\cos\dfrac{z}{a} \\ y = z + b\sin\dfrac{z}{a} \end{cases}$$

可能 18 世纪对数学最重要的一般性贡献是函数概念的发展. 从笛卡儿和费马到牛顿和莱布尼茨,可知早期的人们对这一概念也很熟悉,但正是欧拉在他的《引论》中坚定地确立了这一点. 欧拉改进了让·伯努利 50 年前给出的定义:"含一个变量的函数是由变量和常数任意组合而成的解析式." 在这一定义中,伯努利和欧拉想到了定义平面曲线的主要方法——通过"解析式"或双变量方程;但与笛卡儿一样,重点是方程式而非曲线. 然而,欧拉至少有一次改变了这种情况,并使用函数这一术语,通过 $xy$ 平面上任意徒手绘制的曲线来表示 $x$ 和 $y$ 之间的关系. 然而,笛卡儿机械运动的这种推广直到一个世纪后才被利用.

《引论》以一篇关于立体解析几何的长而系统的附录结束. 这也许是欧拉对笛卡儿几何最原始的贡献,因为它在某种意义上代表了三维代数几何的第一个教科书式阐述①. 由于克莱罗那本著作提出了双曲率曲线理论,欧拉在他的附录中把大部分篇幅都用来研究曲面,只稍微涉及了斜曲线. 由于欧拉在其平面解析几何中使用了单轴,因此他在三维空间中继续使用早期的单坐标平面作为基础. 然而,他明确表示可以使用三个平面,他自己也经常使用这种方案,尤其是在图示中. 此外,他指出了与这种参考三面相关的八个卦限的坐标符号,并给出了对称性和范围检验,尽管欧拉主要将他的图像限制在第一个卦限内. 材料的处理顺序类似于上面给出的二维处理顺序. 首先考虑一般曲面,并将其分为代数曲面和超越曲面两类. 再以一般方法研究不同平面中的轨迹. 以锥体、球体、柱体和圆锥体为图示. 与他对平面解析几何的贡献相呼应,欧拉给出了第一个三维空间中轴的平移和旋转公式——这种非对称形式至今仍以他的名字为人所知②

$$\begin{cases} x = t\cos\zeta + u\sin\zeta\cos\eta - v\sin\zeta\sin\eta - a \\ y = -t\sin\zeta + u\cos\zeta\cos\eta - v\cos\zeta\sin\eta - b \\ z = u\sin\eta + v\cos\eta \end{cases}$$

此后,这成为立体解析几何的经典部分.

---

① 令人惊讶的是,关于曲面历史的材料很少. 例如,纽约公共图书馆的目录册中包括一系列曲面的参考文献;然而,其中真正具有历史意义的不超过三四个,甚至这些也只是关于近期发展. 在这方面值得注意的是,20 世纪最初的十年产生的关于曲面的论文比以前或以后任何时期都多. 关于曲线的历史至少有六部广泛的论述(见本著作结尾处的附录),但在曲面的历史上找不到类似的著作.

② Wieleitner, *Geschichte*, Ⅱ(2), p. 53, 无意中把这归功于 1785 年的 Meusnier.

类似二维,欧拉对三维线性方程的处理具有典型的一般性但令人失望的简短. 他给出 $\alpha x+\beta y+\gamma z=a$ 形式的平面,并找到了它的轨迹以及与坐标平面和轴的截距. 和赫尔曼一样,他找到了给定平面和坐标平面之间的夹角,但他明智地给出了这个角度的余弦 $\dfrac{\gamma}{\sqrt{\alpha\alpha+\beta\beta+\gamma\gamma}}$ 而非正弦.

欧拉对二次曲面的分类作为该主题的第一个统一处理具有重要意义. 令人惊讶的是,这里明显首次出现了作为二次型家族的类似于平面圆锥曲线的空间二次曲面概念. 欧拉从一般的十项二次方程出发,指出了最高次项的集合确定了实或虚渐近锥面方程. 他指出一般方程可以通过转化为标准形式

$$App+Bqq+Crr+\kappa=0 , App\pm Bqq=ar \text{ 和 } App=aq$$

进行简化,并由此推导出了一类二次曲面. 包括椭球、单叶和双叶双曲面(椭圆双曲面 elliptico-hyperbolica 和双曲双曲面 hyperbolico-huperbolica)以及椭圆和双曲抛物面(椭圆抛物线 elliptico-paraboloca 和双曲抛物线 parabolico-hyperbolica)五个基本类型,但他没有列出所有的退化型. 然而,我们在上面已经看到,他完全熟悉一般二次锥体和圆柱体. 在费马和笛卡儿对二元二次方程做了类似研究一个多世纪之后,欧拉第一次尝试统一处理含三个未知数的一般二次方程. 这种分类从那时起就一直保留在解析几何的标准课程中.

欧拉并没有对曲面的相交曲线进行全面的讨论,但他不仅展示了以笛卡儿的方式如何用投影曲线进行研究,而且还展示了如何以平面中的两个坐标写出曲面的平面截面方程. 他特别研究了球面、椭圆柱面和二次锥面的截面,并指出曲面的平面截面次数不高于曲面的次数.

欧拉的工作可以说是解析几何在很多方面发展的一个转折点. 首先,它标志着严格的笛卡儿观点占主导地位的时期的结束. 这门学科不再以解决几何作图问题为主要目的了. 事实上,它并不只关注二维. 对欧拉来说,解析几何本质上只意味着一件事——用曲线和曲面的方程来描绘和研究它们,也就是说,用图形表示函数. 现在回想起来,人们很容易感激他为使这一主题摆脱旧传统的僵化所做的贡献①. 从某种意义上可以说,欧拉把这个主题从几何的束缚中解放了出来,尽管他也没有超越三维. 在笛卡儿的观点下,解析几何从几何问题开始,以几何作图结束;曲线和方程的代数研究构成了从初始阶段到最终阶段的连接环节. 另一方面,对于欧拉来说,解析不是代数在几何中的应用;它本身就是一门研究变量和函数的学科,而图形只是视觉辅助工具. 在某种程度上,这代表了韦达使用"分析"一词的回归,但它以前指的是代数计算,即将未知量当作

---

① Hermann Hankel, *Die Entwickelung der Mathematik in den letzten Jahrhunderten* (2 ed., Tübingen, 1884), p. 12. 然而,人们应该牢记,普遍性的增加往往伴随着相应的活力丧失.

已知的计算,而现在研究的是基于函数概念的连续可变性. 当然,我们可以从费马和笛卡儿,甚至是韦达的作品中解读出这个意思,但只有在欧拉身上,它才获得了有意识程序的地位.

欧拉的函数解析理论对数学的发展是无价的,但它似乎掩盖了平面解析几何另一个方面的发展. 他和他的大多数继任者都没有意识到代数作为一种适合初等几何概念的语言的优势. 正如洛里亚所指出的①,解析几何现在一般包括四大研究主题:(1)坐标方法的一般性;(2)轨迹方程和曲线绘制;(3)解决点、线、面基本问题的公式;(4)二次曲线和曲面的研究与分类. 除了第三个之外的所有这些都在《引论》中得到了明确发展,因此这本书有时被视为包含解析几何本质的第一本教科书②. 唯一缺少的是直线构型的平面和立体代数几何. 变量 $x$,$y$ 和 $z$ 以及函数关系

$$\alpha x + \beta y = a$$

和

$$\alpha x + \beta y + \gamma z = a$$

是解析的有趣方面,而不是点、线和平面的代数对应. 这可能就是为什么距离、中点、斜率、角度和面积等基本公式在解析几何史上出现得如此晚的原因. 代数几何公式是在《引论》之后的半个世纪中逐渐形成的,然而值得注意的是,二维方法通常紧随立体解析几何引入相应公式之后出现(欧拉作为这一分支的实际奠基人),这是自相矛盾的.

---

① "Qu'est-ce que la géométrie analytique," *L'Enseignement Mathématique*, ⅩⅢ(1923), p. 142-147.

② 参阅 D. J. Struik, *A Concise History of Mathematics*(2 vol., New York, 1948), Ⅱ, p. 138, 169.

# 最终公式化阶段

一个彻头彻尾的正义倡导者，一个直面星空的敏锐的数学家，两者都有神圣的外表.

——歌德

第八章

18 世纪下半叶是解析几何史上的一段矛盾时期. 从广义上说有三种趋势：一种是笛卡儿作图和图解法传统的延续；第二种则强调了欧拉函数理论中所阐述的费马方面；最后是可能以现代代数几何公式建立前兆为特征的第三次运动的逐渐发展. 具有笛卡儿传统的特点的居西尼和洛必达著作在下半叶继续流行，并出现了新的版本. 在著名的《百科全书》中，达朗贝尔花了好几页篇幅写了一篇关于"作图"的文章，即通过圆和抛物线图解方程；并在此很自然地引用了居西尼和洛必达教科书的内容. 这些文本被一些有类似特征的新书所补充，例如 1750 年出版的拉夏贝尔（La Chapelle）的《圆锥曲线》. 这本书的全称是《论圆锥曲线等古代曲线》（*Traité des sections coniques et autres courbes anciennes*），这是由解析几何可能提出的新曲线导致的笛卡儿式兴趣缺失的有趣评论①. 拉夏贝尔认为，起初欧洲只有德博纳和范·舒滕两个人了解笛卡儿的几何学，并且一个世纪以来，几何学一直是最强大的数学家们评论的对象. 他自己的作品从某种意义上说就是这些评论之一. 作者说，这

---

① 两年后，Jean Edme Gallimard（1685—1771）一本书名和拉夏贝尔的非常相似的作品问世，其精神也大同小异——*Les sections coniques, et autres courbes unciennes traités profondlement*（Paris, 1752）.

本书建立在拉伊尔,尤其是居西尼和洛必达的基础之上,他们是他那个时代已知的为数不多的圆锥曲线作家. 拉夏贝尔的书一点也不像现代教科书,甚至也不像欧拉的书. 它使用了古老的比例语言,并且除了偶然地与圆锥曲线有关之外,它没有给出诸如蔓叶线、蚌线、割圆曲线、阿基米德螺线以及摆线的曲线方程. 没有绘制曲线,也较少使用欧拉的几何学解析方法.

拉夏贝尔清楚古老传统,已经在那个时期的说教式《汇编》中根深蒂固. 17世纪,解析几何还没有被普遍收录于数学纲要和教学著作中;但随着进入18世纪,人们在沃尔夫和其他人的教科书中找到了这一主题. 当时的数学方法似乎已经或多或少地在法国的《数学课程》(*Cours de mathématiques*)(如萨里或贝祖的那些),德国的《高等分析基础》(*Anfangsgründe zur höheren Analysis*)(如凯斯特纳或沃尔夫)和意大利的《分析讲义》(黎卡提和萨拉迪尼)中标准化了. 它们总是遵循洛必达和居西尼的模式,包含了"代数在几何中的应用"一节. 1826年,美国第一本解析几何教科书是艾蒂·贝祖(1764—1769)的《课程》,人们仍然可以听到笛卡儿对圆锥曲线研究的巧妙论证的回响:"当想要解决的问题不超过二次时就不需要这些曲线,但超过就需要它们了.[①]"

然而,18世纪后期的多卷文集明显地表现出一种倾向,即笛卡儿和费马二人的观点达成了某种妥协. 欧拉的作品并没有令人印象深刻的多种版本,但他无孔不入的影响在那个时代是相当明显的. 实际上,几乎每一位出版作品的作者都表达了对这位伟大分析家的感激之情,但没有一个人在坐标方法方面有所进展. 所有的作品中都有强调函数概念和专门用于绘制曲线的长段,但关于曲线与微积分的结合有一种自然的倾向,因此解析几何在这种意义上有时会失去它的同一性. 然而,该时期最著名的单卷教科书之一没有参考微积分,而是英勇而有效地保留了费马、牛顿和欧拉而非笛卡儿、洛必达和居西尼的传统. 这就是加百列·克莱姆(1704—1752)的《代数曲线分析引论》(简称《引论》),该书出版于1750年,与拉夏贝尔在"圆锥曲线和其他古代曲线"方面截然不同的工作同一年.

克莱姆的作品在目标和内容上与德古阿[②]和欧拉的非常相似. 然而,作者说他的书在1740年《分析用法》(*Usages de l' analyse*)出现之前就几乎已经完成,而1748年的《引论》出版得太晚了,他来不及使用. 这句话的前半部分在某种程度上被克莱姆对解析三角形的有效利用所掩盖,因为他赞扬了德古阿的引入;但后半部分证实了他未能使用欧拉的解析三角学. 显然,克莱姆主要受到牛

---

① Lacroix and Bézout, *An Elementary Treatise on Plane and Spherical Trigonometry*, *and on the Application of Algebra to Geometry*(Cambridge, Mass., 1826), p. 110.

② Sauerbeck, 同上,认为克莱姆的作品在某种意义上是德古阿的改进版.

顿的《枚举》和斯特林《评论》的影响. 他没有应用微积分,所以他的书可以作为解析几何应用于曲线研究的梗概与欧拉媲美. 它以代数曲线的一般理论和分类开始. 通过 $y=ba^x$ 和 $y^{\sqrt{2}}+y=x$ 来说明超越曲线,但这些例子没有得到系统研究. 其中一整章专门用于讨论轴的变换,但没有使用三角符号. 克莱姆是最早正式使用两个轴并根据这些轴同时对称地定义两个坐标的人之一. 坐标由术语"coupée"和"appliquée"以及更现代的名称横纵坐标定名.

其中强加的关于等式构造这一古老课题的一章很引人注目,一张类似拉伊尔的表格,指出了以传统方法图解方程所必需的最低次曲线. 这个表格从二次方程到一百次方程,最后表明了两条十次曲线是必需的. 克莱姆甚至引用了洛必达《圆锥曲线》中给出的规则来限制所需最简单曲线这一热门笛卡儿主题;但他犹豫地补充道,他不知道这种限制是否是最好的. 他建议将应该寻求几何描述的便利而非代数的简洁作为替代的牛顿思想. 既然如此,他不明白为什么应该拒绝洛必达《圆锥曲线》中发现的多项式方程的图解类型,并且克莱姆将其归功于雅克·伯努利. 上面描述的这种方法是利用直线 $x=a$ 和曲线 $x=by+cy^2+dy^3+ey^4+\cdots$ 的交点来求解多项式方程 $a=by+cy^2+dy^3+ey^4+\cdots$. 十多个这种形式的三次和四次多项式方程用图形表示出来[①]. 克莱姆指出"这种构造是简单且实用的",但他自己遵循洛必达和斯特林的方式也使用了它,主要是为了说明由系数确定的方程根的特征. 没有给出系数是简单数的例子. 然而,克莱姆的确表达了一个有充分理由的惊讶,即这种图解法竟然被拒绝了[②](大概是被他那个时代的代数学家们拒绝了).

和欧拉一样,克莱姆花了大量的篇幅来研究平面曲线的性质,包括初等曲线和高次曲线的直径、奇点和无限分支. 他积极使用牛顿-德古阿三角、原点和无穷远点的奇点的级数展开. 多次给出具有数值系数的方程的具体情况,这是当时的一种特殊做法. 因为当时的作者很少给出形式为 $(y-a)^2+(b-x)^2=rr$ 的圆的一般方程;但直线和圆这两种初等几何曲线都没有被系统地研究过. 直线的一般形式 $a=\pm by\pm cx$ 及各种情况(分别穿过四个象限)以几何方式构造. 其中特别提到了轴的方程 $x=0$ 和 $y=0$. 在确定一条过 $\frac{n(n+3)}{2}$ 个点的 $n$ 次曲线时,克莱姆提出了待定系数法. 因此要通过五个点找到圆锥曲线,将点的坐标代入

---

① Gabriel Cramer, *Introduction a l'analyse des lignes courbes algebriques*(Genevae, 1750), plate opposite p. 108;或参阅 p. 92.

② 其中一个例外请参阅 Andreas Segner, "Methodus simplex et universalis, omnes omnium aequationum radices detegendi," *Novi Commentarii Academiae Petropolitanae*, v. Ⅶ, 1758—1759(1761), p. 211-226. 在这种情况下,多项式方程的图解法可以以现代的方式自由使用(除了继续使用单坐轴).

方程

$$A+By+Cx+Dyy+Exy+xx=0$$

中,并通过由此获得的五个线性方程计算出五个未知系数. 克莱姆承认计算相当冗长,他补充说:"当给定任意数量的不超过一次的方程和未知数时,我相信我发现了一个简便且一般的规则.①"使用指数而不是幂作为区分指标,克莱姆将方程记为

$$A^1 = Z^1z+Y^1y+X^1x+V^1v+\cdots$$
$$A^2 = Z^2z+Y^2y+X^2x+V^2v+\cdots$$
$$A^3 = Z^3z+Y^3y+X^3x+V^3v+\cdots$$
$$\vdots$$

"然后找到未知数的值,其分数形式如下:在分母中写出 $Z,Y,X$ 和 $V$ 等的所有可能乘积,按字母顺序书写并根据上标中的逆序数是奇数还是偶数确定符号. 在分子中,用 $A$ 代替所需未知数的系数." 通过现在被称为克莱姆法则的这一方法,作者被认为是莱布尼茨行列式符号价值的重新发现者. 莱布尼茨在给洛必达的一封信中展示了② 如何利用齐次符号消除三个线性方程组中的两个未知数,并称这个"小模型"表明韦达和笛卡儿并不知道所有的奥秘. 行列式模型在 18 世纪后半叶偶尔被使用,但在克莱姆时代之后将近一百年,数学家们才普遍意识到行列式在解析几何中的作用.

在《引论》引用的曲线性质中,有一个被称为"克莱姆悖论",尽管它在两年前欧拉的《研究报告》中被提及③,并且也被麦克劳林提到过. 这一悖论指出,一般情况下,两条 $n$ 次代数曲线相交于 $n^2$ 个点,但 $n^2$ 通常大于 $\frac{n(n+3)}{2}$,而每条曲线的点数应该是唯一确定的. 唯一的例外是圆锥曲线($n^2$ 为 4,$\frac{n(n+3)}{2}$ 为 5)和三次曲线(这两个数字都是 9). 克莱姆似乎已经模糊地意识到,这里涉及点的无关性问题;但是直到 19 世纪,人们才对这种矛盾的情况做出了明确的解释④.

---

① *Introduction*, p. 60, 657-659.

② 参阅 *Leibnizens mathematische Schriften*(ed. by Gerhandt), v. Ⅱ(Berlin, 1850), p. 239-240.

③ "Sur un contradiction apparente dans la doctrine des lignes courbes," *Mém. De Berlin* v. Ⅳ, 1748.

④ Gergonne, "Sur quelques lois qui régissent les lignes et les surfaces algébriques," *Ann. De Math.*, v. ⅩⅦ(1826—1827), *Plücker*, *Analytische geometrische Untersuchungen*(1828), v. Ⅰ, p. 41. 关于这一悖论的绝佳历史叙述,请参阅 Charlotte A. Scott, "On the Intersections of Plane Curves," *American Mathematical Society Bulletin*, v. Ⅳ(1897—1898), p. 260-273.

克莱姆的《代数曲线分析引论》是这方面的专著. 它包括近 700 页的说明和数百张图示,是牛顿《枚举》的重要继承.

在克莱姆关于曲线的流行论文发表六年后,出现了一部鲜为人知但更具一般性的匿名著作《代数曲线论》(*Traité des courbes algébriques*),对于某种新方向具有重要意义. 这本书的作者实际上是古丁(M. P. Goudin ,1734—1817)和塞古尔(A. P. Dionis du Sejour,1734—1794)[1]. 他们像欧拉和克莱姆一样,通过轴的平移开启了曲线的主题. 随后对直线方程的推导进行了第一次系统处理,有别于先前给定方程的直线构造. 然而,有趣的是,即使在 1756 年,线性方程的研究也不是源自它的内在价值,而是因为它在通过确定切割给定曲线的各种割线次数来揭示高次平面曲线的性质方面是有价值的.

古丁和塞古尔首次给出了过原点的直线的笛卡儿直角方程 $mz-nu=0$,其中 $u$ 和 $z$ 分别为横纵坐标,$m:n$ 为倾斜角的"余弦和正弦之比". 洛里亚夸张地说[2],这标志着"在坐标的相关文献中发现的第一个基本度量问题",因为早前欧拉已经给出了直线的截距(在二维空间中),而他和赫尔曼给出了平面的方向角(在三维空间中). 然而,应该强调的是,这可能是第一部直接从给定数据找到直线方程而不参考几何图像给出具体公式的著作. 基于轴转换的一般直线的表示形式,与现代的稍有不同. 在将轴向右平移 $p$ 个单位或向上平移 $q$ 个单位时,等式 $mz-nu=0$ 变为

$$ms-nr-mq=0 \text{ 或 } ms-nr-np=0$$

其中 $r$ 和 $s$ 分别为新的横纵坐标. 并且考虑了 $m=0$ 或 $n=0$ 的特殊情况. 这本书充满了线性方程的例子,这些例子来自上述形式并用于曲线研究. 这表明解析几何的历史学家给出的一般结论,即直线方程直到 18 世纪末才出现是不准确的. 诚然,古丁和塞古尔给出的线性方程的形式不如现代教科书中的那样方便,也没有那么严格的形式化,但这相对来说是小事. 事实上,由于方程 $mz-nu=0$,加上他们提出的变换 $\begin{cases} x=u+r \\ y=z+s \end{cases}$ 直接推导出形式 $\dfrac{y-s}{x-r}=\dfrac{n}{m}$,表明直线的点斜式应当归功于他们. 然而,后一种形式并未明确出现在他们的工作中,而似乎是在 25 年后由蒙日首次提出,这一点再次被该主题的历史学家所忽视.

除了对线性方程有更明显的关注外,《代数曲线论》是以欧拉和克莱姆的方式写成. 顾名思义,它是对高次平面曲线的研究,而不是现代意义上的解析几何. 例如,作者指出一条 $n$ 次曲线在给定方向上的切线不能超过 $n(n-1)$ 条. 这一观察结果后来被彭赛列综合发展为曲线类的重要思想. 古丁和塞古尔还补充

---

① 参阅 *Académie des Sciences*, *Historire*, 1756 , p. 79.

② "Da Descartes e Fermat a Monge e Lagrange," p. 829.

道曲线的渐近线不能超过 $n$ 条;他们和麦克劳林一样指出,渐近线不能在超过 $n-2$ 个点处切割曲线. 在英国,爱德华·华林(1743—1798)在 1762 年的《代数方程和曲线性质分析杂说》(*Miscellanea analytica de aequationibus algebraicis et curvarum proprietatibus*)中对平面代数曲线进行了类似的研究. 这部著作中最不寻常的部分是华林从一般角度研究了曲面截面. 除此之外,他还得出了 $n$ 次代数曲面的独立系数个数为 $\dfrac{(n+1)(n+2)(n+3)}{1 \cdot 2 \cdot 3} - 1$ 的结论,以及对代数平面曲线的相应结果进行类推的扩展. 他指出,关于平面曲线的大部分定理都可以推广到双曲率曲面和曲线上,但他没有进一步一般化. 比起曲面性质,华林似乎也对体积更感兴趣. 当时流数法的拥护者和微积分的支持者之间的竞争似乎也造成了几何上的鸿沟,因为华林没有参考任何一位欧洲大陆的数学家. 然而,他的工作相对于解析几何来说更像是流数法的一部分,18 世纪下半叶,英国数学家对解析几何贡献不大.

解析几何的性质在欧拉《引论》之后的 25 年里并没有明显的改变. 胡贝(Mich. Hube,1737—1807)在 1759 年的《关于圆锥曲线的尝试分析论文》(*Versuch einer analytischen Abhandlungen von den Kegelschnitten*,简称《尝试》)①中,试图广泛传播欧拉对圆锥曲线的一般解析处理. 胡贝的《尝试》因此被认为是"德国第一本解析几何教科书". 凯斯特纳对此做了关于分析与综合相比的优势的长篇介绍,表明存在更清晰地区分这两种方法的趋势. 文森佐·黎卡提(Vincenzo Riccati)和吉罗拉莫·萨拉迪尼(Girolamo Saladini,1765—1767)以及阿贝·萨里(Abbé Sauri,1774)的论著都表现出欧拉的强烈影响,尤其是在三角学和"高等几何和曲线几何"中;但如果说有什么不同的话,那就是他们在摆脱对笛卡儿和几何背景的旧依赖方面缺乏勇气. 黎卡提和萨拉迪尼的《教材》前六章的思想指导和编排方式显然是笛卡儿式的,即确定方程和问题的几何作图,首先是一次和二次,然后是三次或四次,最后是四次以上的. 萨里的《课程》不太像笛卡儿式,但它也包括关于确定和不定方程作图的长节. 有趣的是,至少在一个方面,当时几乎所有的纲要都在有限的范围内使用极坐标,背离了古老的传统. 黎卡提和萨拉迪尼给出了"与焦点相关的曲线方程"②,其中包括对数

---

① 我没有见过这本书,但是参考了康托(*Vorlesungen über Geschichte der Mathematik*, v. Ⅳ, p. 453f)和维莱特纳(*Geschichte der Mathematik*, v. Ⅱ, p. 21,40)的叙述. 我看过 K. C. Langsdorf 的 *Ausführung der Erlauterungen über die Kästnerische Analysis of Unendlichen, nebst Anmerkungen zu Hubens analytischer Abhandlung von den Kegelschnitten* (Giessen, 1781),但如果没有 Hube 的工作,这几乎是难以理解的.

② *Instituzioni analitiche*, v. Ⅱ, p. 176, 255.

螺线 $u=ly$；而萨里指的是"纵坐标从一个叫作焦点的点开始的曲线"[1]，包括双曲螺线 $z=\dfrac{rc}{y}$，其中 $z$ 是半径为 $r$ 的定圆的弧.

然而，应该注意的是，在这两种情况下，这些应用都是与微积分而非解析几何相关的. 几年之后，古丁在《论所有曲线的共有性质》(*Traité des proprietiés communes à toutes les courbes*，巴黎，1778)中列出了 371 个表达曲线性质的公式（主要来自微积分）；其中有一个是从直角坐标 $(x,y)$ 到极坐标 $(t,z)$ 的等价变换

$$t^2 = x^2 + y^2,\; ry = x\tan z,\; rx = t\cos z,\; ry = t\sin z$$

其中 $r$ 是常数. 贝祖的《课程》(第三版)和凯斯特纳的《基础》也包含对极坐标的简要参考. 尽管如此，18 世纪的人们还是对极坐标的使用有些胆怯. 直到 1797 年，S. 古里耶夫[2]发表了一篇论文，其中方程 $x=z\cos w$，$y=z\sin w$ 从直角坐标转换到极坐标，以及曲率半径的极坐标公式仿佛很新颖般被推导出来. 尽管欧拉和赫尔曼（同一学院的前成员）有一些早期作品，但人们发现发现极坐标的描述比一个多世纪前的牛顿更累赘，更不专业. 在某些方面，解析几何的发展出人意料地停止了.

从笛卡儿和费马到欧拉和克莱姆，解析几何几乎只关注作图和轨迹，而不是直线和圆所涵盖的东西. 在初等几何学问题中很少使用解析方法，因为对于这些问题，使用综合方法就可轻松解决. 欧拉将圆锥曲线、高次平面曲线和二次曲面的分析从几何方面的考虑中解放出来；但他的解析几何并没有进入综合占主导地位的领域——线和圆、球面和平面的研究. 达朗贝尔在《百科全书》关于"几何"的一篇文章中采用了欧拉的观点，他说："代数计算不适用于初等几何的命题，因为没有必要用微积分来帮助论证，而且在初等几何中，除了用直线和圆来解二次问题外，没有什么真正可以用微积分来解决. "

将代数应用于初等几何问题的第一个决定性步骤是在三维空间而不是二维空间中进行的. 很明显，立体解析几何中点和线的历史不同于平面中的历史. 空间中的直线本身不容易在笛卡儿意义上构造，也不容易在费马、牛顿和欧拉意义上逐点绘制. 此外，从表面上看，给定平面中的两点或两条线，它们在距离和方向上的相互关系在平面上是显而易见的，这与坐标系无关；但在三维空间或平面透视图中，情况并非如此. 它们的相对位置是通过参照一些熟悉的结构（例如坐标系）来确定的. 由于可视化和图形表示在三维中比在二维中更困难，

---

[1]　*Cours complet*, v. Ⅲ, p. 70f.

[2]　"Mémoire sur la resolution des principaux problems qu'on peut proposer dans les courbes don't les ordonnés partent d'un point fixe," *Nova Acta Academiae Petropolitanae*. Ⅴ. Ⅻ (1794), p. 176-191. 这篇论文发表于 1797 年 5 月 22 日，但包含它的论著却在 1801 年出版.

因此即使在相对简单的情况下,也需要用代数术语来表示几何元素.当那个时代最伟大的数学家拉格朗日在1773年建议对初等几何的某些方面进行解析处理时,他很自然地选择了三维图示.

约瑟夫·路易斯·拉格朗日(1736—1813)使人联想到欧拉生活的国际特点.他出生在意大利,去世在法国,在这两个国家都生活了二十多年,在德国也生活了相当长的一段时间.他的作品在优雅和一般性方面也与欧拉相似.在一篇题为"关于三棱锥若干问题的解析解法"(Solutions analytiques de quelques problemes sur les pyramides triangulaires)①的论文中,拉格朗日提出了一个古老而熟悉的简单问题——四面体的表面积、重心和体积,以及内切球和外切球的球心和半径的测定.正如拉格朗日所意识到的:"我自认为,我将给出的解法会让几何学家对方法和结果都感兴趣.这些解法纯粹是解析的,甚至不需要图形就能理解.②"这部作品的意义更多地在于观点而不是内容,并且他信守承诺,整部著作中没有一幅图像.这篇论文的特点是其一般性和优雅的对称性.从四个顶点$(0,0,0)$,$(x,y,z)$,$(x',y',z')$和$(x'',y'',z'')$开始,他通过距离公式找到了四面体的六条边.有趣的是,这个公式在很早以前就出现在克莱罗关于斜曲线的著作中.在某种意义上,距离公式没有在这一期间重新出现,这表明在拉格朗日之前,人们对分析作为初等几何表达的几何媒介的价值缺乏认识.在图表容易获得的地方,对公式的需求就更少了.然而,在三维空间中,几何图形往往不是随手可得的,它们的透视图也不那么容易理解.在这种情况下,从解析公式推导出的结论比从综合形式推导出的更精确.这种情况可能因为在解析几何中,直线图形的决定性步骤首先是在三维而非二维中进行的.

为了从坐标原点确定四面体的高度,拉格朗日将相对面的平面方程记为$u=l+ms+nt$,其中系数$l$,$m$和$n$通过确定平面的三个顶点坐标找到.由于平面的标准形式未知,他通过微积分的方法求出了高,得到了从原点到平面的最小距离.然后确定体积$V=\frac{1}{3}Bh$,拉格朗日更进一步,以各种形式(相当于行列式)在边、面和顶点方面优美优雅地表达了这一点.另一方面③,他利用这些公式来表示四个点共面的条件,即这些点决定了一个体积为零的四面体.这篇1773年的文章代表了线性代数与解析几何的最早关联之一.为了再次展示其方法的优点,拉格朗日解决了在四面体中找到一个点的问题,即在连接它与四个顶点时,以该点为顶点的四个锥体的体积和给定四面体的底面积应成给定比例.然后他

---

① *Oeuvres*, v. Ⅲ, p. 658-692. 这篇论文递交于1773年,但却在1775年才发表.

② *Oeuvres*, v. Ⅲ, p. 661.

③ *Oeuvres*, v. Ⅲ, p. 585-586.

用待定坐标找到了外接球的中心,使得中心到四面体顶点的距离相等. 对于内切球的中心(以及旁切球的中心),他再次使用微积分来计算点到平面的距离,然后使得该距离等于到四面体各面的距离. 对于四面体的重心,他找到了过一条边的平面和对边中点的交点. 应该强调的是,三个顶点一般坐标的选择(第四个顶点在原点)使拉格朗日方法的优雅简便 和对称结果成为可能,并将代数几何从不断参考特殊轴以及经常求助于几何图形和定理中解放出来. 笛卡儿几何至少在三维最终被真正算术化了.

拉格朗日在论文结尾抱歉地说,他提出这项工作只是为了举例说明分析在这类研究中的应用;但他对立体解析几何的兴趣在同年的其他研究报告中也很明显. 在一篇题为"关于椭圆球体的吸引力"(Sur l'attraction des spheroides elliptiques)[1]的文章中,他再次提出了一个麦克劳林以前以巧妙的综合形式提出过的问题——向"分析的批评者表明,它提供了一个更简单、更直接、更普遍的解决方案."二维和三维的距离公式都可以自由使用,并且在直角坐标系和球坐标系中都给出了球的一般方程. 这似乎是极坐标在立体解析几何中的第一次应用,尽管克莱罗很早就承诺要完成这样的工作. 这种方法在 1773 年的新颖性似乎被其异常详细的解释所暗示,然而拉格朗日将其称为"普通的",可能是为了表明他自己经常使用它:

其中一个最有用和最普通的转换是引入一个称为半径中心的定点出发的向径以及两个确定半径位置的角 $p$ 和 $q$ 来代替直角坐标 $x,y$ 和 $z$,其中 $p$ 是半径与坐标轴的夹角,比如与 $z$ 轴或平行于 $z$ 轴且过半径中心的夹角;$q$ 是半径 $r$ 在 $x,y$ 坐标平面上的投影与 $x$ 轴的夹角,或类似地,与后者平行且过半径中心的轴的夹角. 如果用直角坐标 $a,b,c$ 表示确定中心的任意位置,那么明显会有

$$r=\sqrt{(x-a)^2+(y-b)^2+(z-c)^2}$$

从中可以很容易地找到

$$\sin p=\frac{\sqrt{(x-a)^2+(y-b)^2}}{r}\text{和}\sin q=\frac{y-b}{\sqrt{(x-a)^2+(y-b)^2}}$$

并由此得出[2]

$$x-a=r\sin p\cos q,\ y-b=r\sin p\sin q,\ z-c=r\cos p$$

也许这篇论文对于解析几何发展最重要的一点在于使用了通常被历史学

---

[1]　*Nouveaux Mémoires de l'Académie Royale des Sciences et Belles- Lettres de Berlin*, 1773. 参阅 *Oeuvres*, v. Ⅲ, p. 617-658.

[2]　*Oeuvres*, v. Ⅲ, p. 626-627. 对于 $r$ 为常数的情况,这些方程是球面的参数形式,但这一点在当时似乎没有得到普遍承认.

家所忽视的现代对称形式的轴旋转[1]

$$\begin{cases} x = \lambda x' + \mu y' + \nu z' \\ y = \lambda' x' + \mu' y' + \nu' z' \\ z = \lambda'' x' + \mu'' y' + \nu'' z' \end{cases}$$

其中九个系数由以下六个熟悉关系连接起来

$$\lambda^2 + \lambda'^2 + \lambda''^2 = 1 \qquad \lambda\mu + \lambda'\mu' + \lambda''\mu'' = 0$$

$$\mu^2 + \mu'^2 + \mu''^2 = 1 \quad 和 \quad \lambda\nu + \lambda'\nu' + \lambda''\nu'' = 0$$

$$\nu^2 + \nu'^2 + \nu''^2 = 1 \qquad \nu\mu + \nu'\mu' + \nu''\mu'' = 0$$

这种比 25 年前欧拉给出的要方便得多的变换方程形式(尽管有时被错误地认为是[2] 1785 年的梅斯尼埃给出的)表现了拉格朗日工作精确、优雅和普遍的显著特征.

就观点而言,拉格朗日的解析几何比他的任何前辈都更接近于该学科的现代形式. 这是与几何图形无关的解析语言中的初等几何[3]. 用解析公式代替几何实体,计算完全通用. 然而不幸的是,拉格朗日不是几何学家,所以他从未写过关于这一主题的教科书. 事实上,他并没有离题太远,足够写出类似于他论文中立体解析几何的二维研究方法的论著. 他转而研究物理学,在 1788 年的《分析力学》中,他对力学做了可能对几何学做的事情——正如他特别引以为荣的那样,他没有参考第一原理就把这门学科发展成了一张图表. 在这本书中,他指出力学可以被视为四维空间(时间是第四维)的几何学,但他没有进一步建立多维解析几何.

在大约二十年的时间里,拉格朗日向几何学家提出的具有完整解析形式的可能性建议基本上没有引起人们的注意,直到他的一个名叫拉克鲁瓦的学生开始把这个想法以教科书的形式体现出来. 但是,拉克鲁瓦不仅受到分析家拉格朗日的启发,还受到 18 世纪最伟大的几何学家[4]加斯帕尔·蒙日(1746—1818年)的启发. 蒙日的解析几何与拉格朗日的一样,在很大程度上局限于三维. 在 1771 年(比拉格朗日早两年)投递但于 1785 年发表的关于可展曲面的重要论

---

[1]　参阅 *Oeuvres*, v. Ⅲ, p. 646-648.

[2]　参阅 Wieleitner, *Geschichte der Mathematik*, v. Ⅱ(2), p. 53.

[3]　Brunschvicg (*Les étapes de la philosophie mathématique* (Paris, 1912), p. 293)在笛卡儿的几何学中看到了拉格朗日等人著作的原型;但 Brunschvicg 和孔德一样,过分强调了纯粹计算在笛卡儿思想中所起的作用.

[4]　良好的传记叙述,请参阅 Louis de Launay, *Un grand francais. Monge. Fondateur de l'école Polytechnique*(Paris, 1933). 有关他工作的更多细节,请参阅 Charles Dupin, *Essai historique sur les services et les travaux scientifiques de Gaspard Monge* (Paris, 1819). 蒙日作品的一个版本非常需要. 然而,在 René Taton, *L'oeuvre scientifique de Monge*(Paris, 1951)一书中有他的工作的精彩总结.

文中,他考虑了解析几何中的许多问题. 第一个是找到过点 $(x',y',z')$ 并垂直于由

$$ax+by+cz+d=0 \text{ 和 } a'x+b'y+c'z+d'=0$$

给出的线的平面. 他以通常的现代方式求解,即令要找的平面为

$$A(x-x')+B(y-y')+C(z-z')=0$$

然后从 $\dfrac{A}{\alpha}=\dfrac{B}{\beta}=\dfrac{C}{\gamma}$ 中确定①系数 $A,B$ 和 $C$ 的比例,其中

$$\gamma=ab'-a'b, \beta=ac'-a'c, \alpha=bc'-b'c$$

当然,量 $\gamma,\beta$ 和 $\alpha$ 是矩阵 $\begin{vmatrix} a & b & c \\ a' & b' & c' \end{vmatrix}$ 的二阶行列式,但拉格朗日和蒙日作品中出现的这些符号和对称性的自然结果直到几乎 19 世纪中叶才被使用.

"发展研究报告"(Mémoire sur les développées)中的另一个问题涉及点到线的垂直距离. 扩展上面的符号,蒙日以一种有点类似于 1773 年拉格朗日工作的紧密结合形式表示了距离

$$\frac{\sqrt{\lambda^2+\mu^2+\nu^2}}{\alpha^2+\beta^2+\gamma^2}$$

其中

$$\lambda=\alpha y'-\beta z'+\delta, \delta=ad'-a'd$$
$$\mu=\beta x'-\gamma y'+\zeta, \xi=cd'-c'd$$
$$\nu=\gamma z'-\alpha x'+\xi, \zeta=bd'-b'd$$

蒙日在这里似乎已经预料到了拉格朗日的符号对称性,以及完全避免了与立体解析几何有关的图像. 在拉格朗日使用它的几年前,三维空间的距离公式也出现了;但值得注意的是,蒙日的这篇论文是在拉格朗日的论文发表十几年后才发表的②. 蒙日论文中的第三个问题主要关于微积分:求曲线 $y=\phi(x),z=\psi(x)$ 过给定点的法平面. 然而,这对代数几何具有重要意义,因为它彻底消除了笛卡儿在将近一个半世纪前所犯的错误,当时他认为这样的空间曲线可以确定唯一的法线,而不是法向平面.

上面的例子表明蒙日的作品无论在符号使用还是方法(method of attack)上是多么现代. 唯一的不足是对二维的相应处理. 这里的缺乏不像拉格朗日那

---

① "Mémoire sur les développées, les rayons de courbure, et les différens genres d'inflexions des courbes a double courbure," *Mém. d. math. et de physique*, *présentés a l'Académie Royale des Sciences*, v. X (1785), p. 511-550.

② Loria("Da Descartes e Fermat a Monge e Lagrange," p. 836-837)忽略了出版的延迟(还有克莱罗的工作),错误地认为了(三维)距离公式是"是在文献中第一次发现".

样明显,十年后蒙日发表了另一篇论文①,其中也许是第一次②明确给出了直线平面方程的现代点斜形式. 这篇讨论中③的文章以这样的陈述开头:"直线方程通常为 $y=ax+b$ 的形式." 这并不新鲜,因为它早已出现在蒙日 1771 年的论文以及很久之前费马的众多著作中. 但蒙日继续说道:"如果想要表示过坐标为 $x'$ 和 $y'$ 的点 $M$,且确定 $b$ 的量的直线,那么方程为 $y-y'=a(x-x')$,其中 $a$ 为直线与 $x$ 的线所成夹角的正切值."

就内容而言,这篇文章没有多大意义. 解析几何早期(可能更早)的数学家们都很熟悉这个方程式的性质,即"直线在其两端之间均匀分布". 事实上,它与古丁和塞古尔给出的形式并没有很大的不同. 蒙日结论的重要性在于解析符号中直线形式化的趋势,这是拉格朗日向几何学家建议的方向. 尽管蒙日是当时最伟大的综合几何学家,但他在坐标方法方面的著作却使人强烈地想起实际上缺乏图解的分析学家拉格朗日. 拉格朗日和蒙日似乎比他们的前辈更充分地认识到,分析和几何学之间的完全联合是多么有用. 解析几何正迅速地走向一个新阶段.

直线的点斜式方程在蒙日 1781 年的论文中经常出现,但在平面解析几何中却鲜有提及. 拉格朗日和蒙日的兴趣主要体现在三维方面,而他们的同时代人也为此做出了贡献. 事实上,从 1771 年到 1781 年的十年可能是三维解析几何发展中最重要的时期. 在此之前,立体解析几何比平面解析几何落后了大约一个世纪,而现在它却处于领先地位. 当时,德国、法国和俄罗斯的学术期刊都证明了人们对这一学科至少在轴的变换方面的持续兴趣. 甚至连最权威工作属于较早时期的年迈的欧拉也参与了该计划.

1771 年,也就是蒙日第一篇论文(尚未发表)的那一年,欧拉写了一篇关于可展曲面的文章,其中以参数方式表示了这些曲面. 在这篇论文中④,他使用了现在常用的符号来表示空间中两条线的垂直——$l\lambda+m\mu+n\nu=0$,其中

$$l^2+m^2+n^2=1, \lambda^2+\mu^2+\nu^2=1$$

---

① "Mémoire sur la théorie des déblais et des remblais," *Mémoires de l'Académie des Sciences*, 1781 (pub. 1784), p. 666-704.

② 这一形式普遍被错误地归功于拉克鲁瓦. 参阅 Wieleitner, *Geschichte der Mathematik*, v. Ⅱ (2), p. 42, 53; Tropfke, *Geschichte der Elementar- Mathematik*, v. Ⅵ, p. 123; Loria, "Da Descartes e Fermat a Monge e Lagrange," p. 841.

③ 同上, p. 669.

④ "De solidis quorum superficiem in planum explicare licet," *Novi Commentarii Academiae Petropolitanae*, v. ⅩⅥ(1771), p. 3-34, especially p. 6 and 22.

一条直线的方向余弦的平方和等于 1,这已被认为是后人的结论[①],但它隐含在拉格朗日、蒙日以及欧拉的工作中. 在几年后的另一篇论文中[②],欧拉以

$$x-f=s\cos\zeta,\ y-g=s\cos\eta,\ z-h=s\cos\theta$$

的形式给出了求过点 $(f,g,h)$ 和 $(x,y,z)$ 的直线方向余弦的熟悉公式,其中 $s$ 为两点间的距离. 这里他具体说明了与给定直线相关联的三个方向角 $\alpha,\beta$ 和 $\gamma$ 等价于两个条件,因为

$$\cos^2\alpha+\cos^2\beta+\cos^2\gamma=1$$

他对轴旋转的拉格朗日公式的赞誉证明了他对其工作的熟悉;欧拉以一种 19 世纪初特别流行的形式来使用它们

$$\cos zA=\cos ZA\cos aA+\cos ZB\cos aB+\cos ZC\cos ac$$

$$\cos zB=\cos ZB\cos bB+\cos ZC\cos bC+\cos ZA\cos bA$$

$$\cos zC=\cos ZC\cos cC+\cos ZA\cos cA+\cos ZB\cos cB$$

同年,欧拉在圣彼得堡的同事莱克塞尔(A. I. Lexell,1740—1784)给出了类似的公式,并且添加了轴平移的方程. 莱克塞尔不仅指出一条直线方向余弦的平方和是 1,而且还补充说正弦的平方和等于 2[③]. 关系

$$\cos^2\alpha+\cos^2\beta+\cos^2\gamma=1$$

也在 1774 年由坦索(Ch. Tinseau,1749—1822)给出,但他的研究报告和蒙日的一样,直到 1785 年才出版[④]. 在这篇文章中,坦索对三维空间的勾股定理做了一个有趣的推广:平面面积的平方等于这一平面在三个相互垂直的坐标平面上的投影的平方和. 1783 年,德古阿声称他早在 1760 年就预见到了坦索的这一发现,而且对于有三直角的四面体的特殊情况的定理早在福尔哈贝和笛卡儿时就已经知道了;但即使到了 19 世纪末,该定理仍不为人所知[⑤]. 对坦索来说,"圆锥体"一词在现代意义上的使用似乎是合理的. 他用它来表示移动以保持与给定的平面平行,并切割给定曲线和垂直于平面的给定直线的直线轨迹. 例如,这里的双曲抛物面 $ky=xz$ 表示为直线的轨迹,而不是(正如在欧拉中)满足

---

①   Wieleitner, *Geschichte der Mathematik*, v. Ⅱ(2), p. 52, 将这一结论归功于 Tinseau, Kommerell(in Cantor, v. Ⅳ, p. 544)也是如此.

②   "Nova methodus motum corporum rigidorum determinandi," *Novi Commentarii Academiae Petropolitanae*, v. ⅩⅩ(1775), p. 208-238. 特别见 p. 219, 230, 235.

③   A. I. Lexell. "Theoremata nonnulla generalia de translatione corporum rigidorum," *Novi Commentarii Academiae Petropolitanae*, v. ⅩⅩ(1775), p. 239-270. 特别见 p. 244, 246-247, 250, 261, 270.

④   *Mém. d. math. et de physique, présentés a l' Académie Royale des Sciences*, v. Ⅹ(1785), p. 593-624.

⑤   参阅 G. Eneström, "Note historiques sur une proposition analogue au théorème de Pythagoras," *Bibliotheca Mathematica*(2), v. Ⅻ(1898), p. 113-114.

方程的点的轨迹. 坦索也给出了一个曲面的切平面方程,但这是可以追溯到 18 世纪的帕朗的熟悉结果.

莫尼耶(Jean Baptiste Meusnier,1754—1793)在关于曲面曲率的著作(1785 年出版,连同蒙日和坦索的研究报告)中,再次使用了欧拉形式的旋转方程①;蒙日在 1784 年再次②给出了拉格朗日的对称形式,表明三维空间的笛卡儿几何学正呈现出其最终的现代形式. 然而,平面解析几何自 1748 年以来并没有发生明显变化. 整个 18 世纪后期,贝祖的教科书出现了好几个版本,其中包括常见的"代数在几何中的应用"部分,在欧拉的曲线几何和笛卡儿的问题作图之间保持了平衡. 1795 年,当拉普拉斯在巴黎高等师范学校任教时,他通过引用克莱姆的《代数曲线分析引论》和欧拉《引论》的第二卷提供"在这方面人们可能需要的所有细节",总结了该学科的现状,并补充说还应该阅读"产生了它们的两部原创作品"——笛卡儿的《几何学》和牛顿的《三次曲线枚举》③. 然而,这种情况在该世纪的最后几年彻底改变了.

1794 年,巴黎综合理工学院(于 1794 年创立的法国工程师大学校,创立时校名为"中央公共工程学院")的创立对解析几何的发展具有决定性意义,因为它将引发这一改变的三个人——拉格朗日、蒙日以及他们的学生拉克鲁瓦聚集在一起. 学校的教学包括两个主要分支,一个专门用于数学,另一个专门用于物理和化学. 前者包括两部分,数学分析(适用于几何学和力学)和画法几何学(具有三个细分——切割术(stereotomy)、建筑学和筑城学(fortification)). 学生仅在第二年和第三年学习力学,包括分析和代数在空间几何中的应用④. 入学要求包括对(平面)几何的代数应用,以及算术、代数(包括通过四次方程求解方程)、几何(包括三角学)和圆锥曲线⑤. 拉格朗日可能是按照他后来于 1797 年出版的教科书《解析函数论》(*Théorie des fonctions analytiques*)中所指出的路线来教授分析学. 蒙日负责立体解析几何学,但他也找不到合适的教科书. 他试探性地向学生们介绍了他 1781 年的经典论文,并着手为他们提供笔记. 称之为《应用于几何的分析》(*Feuilles d'analyse appliquée a la géométrie*)的第一版笔记出现于 1795 年. 并于 1801 年再版,且在修改后以新标题《分析在几何中的应用》(*Application de l'analyse à la géométrie*)在 1807,1809 和 1850 年重新出版.

---

① Wieleitner(*Geschishte der Mathematik*, v. Ⅱ(2), p. 53)说,Meusnier 首先给出了空间坐标变换的完全一般性,但在欧拉,拉格朗日,蒙日,特别是在 Lexell 的工作中都发现了相同结论.

② "Mémoire sur l'expression analytique de la generation des surfaces courbes," *Mém. De l'Acad.*, 1784(1787), p. 85-117. 参阅 p. 112-114.

③ 参阅 *Journal de l'École Polytechnique*, cahiers 7-8, 1796, p. 122-123.

④ *Journal de l'École Polytechnique*, cahiers 1-2, 1795—1796.

⑤ *Journal de l'École Polytechnique*, cahier Ⅳ, p. ix.

正如拉格朗日和蒙日所构思的那样,《分析在几何中的应用》具有解析几何的特征. 直到作者在书的最后三分之一深入研究微分几何时,才使用图形或图表. 然而不幸的是,它只包含了一些关于二维解析几何的介绍性简短段落,甚至这些段落在第二版之后的版本中被省略了①. 这本书以他 1781 年论文中给出的直线方程开始,首先是斜截式 $x=az+b$,然后是更一般的点斜式 $x-x'=a(z-z')$. 然后给出了两条直线 $x=az+b$ 和 $x'=a'z+b'$ 垂直的条件,将其写成 $aa'+1=0$ 的形式. 这也许是这个熟悉的结果第一次出版. 然后,全书主要关注三维,因此它实际上是关于立体解析几何和微分几何的第一本教科书. 通过两点 $(x',y', z')$ 和 $(x'',y'',z'')$ 的直线方程为

$$x(z'-z'')=z(x'-x'')+x''z'-x'z''$$
$$y(z'-z'')=z(y'-y'')+z'y''-z''y'$$

三维空间的距离公式是以一般形式出现的. 平面 $Ax+By+Cz+D=0$ 与坐标平面之间的夹角的方向余弦是以普通根式给出的,两个平面之间夹角的余弦公式也是从前由欧拉给出的公式. 即采用待定系数法求过三个点的平面. 对于通过一点并垂直于平面的直线则采用投影公式 $\begin{cases} x=az+\alpha \\ y=bz+\beta \end{cases}$. 这条直线垂直于直线 $\begin{cases} x=a'z+\alpha' \\ y=b'z+\beta' \end{cases}$ 的条件为 $1+aa'+bb'=0$. 包括点、线、面的常见问题——求一条通过点并垂直于一条线的线;给定两个平面,找到其交线的投影(尽管没有明确说明,这本质上是线的对称形式);求两个平行平面之间的距离;求两条直线之间或直线与平面之间的夹角;求两条直线之间的最短距离并确定公垂线方程. 这些问题以完全现代的方式代数地处理.《分析在几何中的应用》的其余部分(以及目前为止的最大部分)致力于通过微积分研究曲面和倾斜曲线.

值得注意的是,欧拉和蒙日的解析几何重点不同. 前者强调用代数方法研究曲线和曲面,几乎完全省略了直线和平面;后者给出了直线和平面的代数几何,但将曲线和曲面(即使是二次的)的研究归入微积分. 直到拉克鲁瓦在第一本真正现代的平面解析几何教科书中统一了这些观点之后,蒙日和阿歇特(J. N. P. Hachette,1769—1834)才合作发表了欧拉意义上的立体解析几何——二次曲面的代数研究②.

---

① 这一省略可能在一定程度上解释了历史学家未能正确地将直线的点斜式方程归功于蒙日的原因.

② *Traité des surfaces du second degré*, Paris, 1813. 它出现在 1801 年的 *Journal de l' École Polytechnique*(cahier 11);1805 年,蒙日和阿歇特的标题为 *Application de l' algèbre à la géométrie*;1807 年蒙日的版本为 *Application de l' analyse à la géométrie*. 1807 年版还包括坐标变换,尤其是欧拉和拉格朗日形式的旋转方程.

蒙日丰富的想象力和几何学上的创新似乎是拉格朗日本人所羡慕的,但他被政治利益分散了注意力①. 他是一位热情的共和主义者,后来又是一位同样热情的波拿巴主义者(政治独裁者),他缺乏时间和耐心,无法像欧拉那样撰写系统的入门论文. 他在立体解析几何、微分几何和画法几何方面的论文堪称经典;但他几乎没有写过任何关于平面解析几何的文章,甚至他发表的那篇也普遍被忽视了. 尽管如此,在法国新成立的学校里,学生们还是很需要平面代数几何的入门知识,这很快就被蒙日的学生和同事西尔韦斯特·弗朗索瓦·拉克鲁瓦(1765—1843)满足了.

巴黎高等师范学校和巴黎综合理工学院在同一年成立,其教职人员包括拉格朗日、拉普拉斯、蒙日、阿歇特和拉克鲁瓦. 如果允许有多个版本的话,最后一位无疑是近代最多产的教科书作家②;在他的众多著作中,有两部标志着初等平面解析几何史上的最终阶段:《微分学与积分学》(简称《微分学》,1797)和《球面平面角三角学初论及代数在几何中的应用》(*Traité élémentaire de trigonométrie rectiligne et sphérique et application de l' algebre à la géométrie*,简称《初论》,1798—1799). 在此,拉克鲁瓦对二维做了拉格朗日和蒙日对三维空间做的事. 他的目的在其《微分学》前言中已经清楚地说明了.

在谨慎地避免所有几何作图的同时,我会让读者意识到存在一种称之为解析几何的看待几何的方式,它包括通过纯解析方法从尽可能少的原则中推导出广延的性质,正如拉格朗日在他的力学中对关于平衡和运动性质所做的那样.

拉克鲁瓦进一步描述了这个程序,并给出其灵感的一些暗示. 他指出,阿德利昂·玛利·埃·勒让德(1752—1833)在1794年著名的几何学笔记中给出了直线方程的等价形式,并提出了几何学某些部分的解析处理方法③. 鉴于拉克鲁瓦在1787年开始为他的《初论》汇编材料,而于1795年开始出版,参考勒让德(更多的是暗示而非帮助)是否对拉克鲁瓦产生了明显影响是值得怀疑的. 他的灵感可以追溯到更早的时候. 正如拉克鲁瓦所说,拉格朗日在1773年关于锥体的著作是他心目中几何学这一类型的代表作. 然而,他补充说相信蒙日"是第一个想到以这种形式呈现代数在几何中的应用的人". 这句话很有趣,因

---

① 参阅 D. E. Smith, "Gespard Monge, Politician," *The Poetry of Mathematics and Other Essays* (New York, 1934), p. 71-90. 这篇论文也出现在 *Scripta Mathematica*, v. Ⅰ.

② 1848 年在巴黎出现了他的 *Traité élémentaire d' arithmétique* 的第 20 版和 *Élémens de géométrie* 的第 16 版. 他的 *Élémens d' algèbre* 第 20 版于 1858 年在巴黎出版, *Traité Élémentaire de calcul* 的第 9 版于 1881 年出版. 1897 年出现了他关于三角学和解析几何工作的第 25 版! 而且这些数字还只是没有考虑到翻译成大量其他语言版本的情况.

③ 参阅 Legendre, *Élémens de géométrie*(Paris, 1794), p. 287 f.

为它推断出蒙日的工作是有意识程序的一部分,而这种解析几何的观点在拉格朗日向几何学家提出建议之前就已经出现在蒙日的头脑中了.蒙日和拉格朗日的早期作品实际上是在同一时间创作的,了解两者之间是否存在相互影响将是很有趣的.让·巴蒂斯特·毕奥(1774—1862)和皮桑(L. Puissant, 1769—1843)在拉克鲁瓦之后几年写的文章中,共同将新方案归功于拉格朗日和蒙日;但在 1810 年,让·巴蒂斯特·约瑟夫·德朗布尔(1749—1822)写道:"笛卡儿缔结的代数和几何联盟的复兴是因为蒙日的工作."并且他的影响也扩展到了毕奥和拉克鲁瓦的初等作品上①.无论灵感的相对权重如何,将新方案称为"拉格朗日、蒙日和拉克鲁瓦意义上的解析几何"可能是公平的.拉格朗日提出了新的方向,并对一些问题进行了说明;蒙日将它系统地应用于三维几何;拉克鲁瓦首先明确地制定,并以教科书的形式在二维上展示了它.

1798 年,科兰斯(L. A. O. de Corancez)出版了一本奇怪的小书《一种将几何学主要定理的证明简化为简单的分析程序,并从迄今为止使用的图形结构中识别它的新方法概要》(*Précis d'une nouvelle méthode pour réduire à de simples procédés analytiques la démonstration des princiaux théorèmes de la géométrie, et la dégager des figures constructions qu'on y a employées jusqu'à présent*).其中解析观点的功劳主要归功于拉格朗日和勒让德;但这项工作不是通常意义上的解析几何.其重点是通过使用代数来避免图形,尤其是在初等欧几里得几何中,而不是明确引入坐标系.这似乎本质上是勒让德在 1794 年的想法,即通过考虑函数对几何基本命题(特别是相似图形)的简明论证②,但这一方案与拉格朗日、蒙日和拉克鲁瓦的并不严格一致.

甚至在笛卡儿之前,代数和几何就已经以各种方式联系在一起了.希腊几何代数就是一个早期的例子;笛卡儿强调了代数作为几何问题的公式化和作图之间的媒介价值;费马强调代数方程确定的几何曲线研究;欧拉认为曲线是代数函数理论的几何表示.拉克鲁瓦在其《微分学》一书的序言中,抱怨几乎所有书都把几何考虑和代数计算混为一谈.这种控诉很可能特别针对笛卡儿的解析几何的形式,因为它强调方程的构造.甚至直到 1791 年才出现了普隆尼(G. C. F. de Prony, 1755—1839)写的《关于构造不定式方程的一种方法阐述》(*Exposition d'une méthode pour construire les equations indéterminées qui se*

---

① Biot, *Essai de géométrie analytique*(Paris, 1802). L. Puissant, *Recueil de diverses propositions de géométrie résolues ou démontrées par l'analyse algébrique*(2nd ed., Paris, 1809), avant-propos. 第一版出版于 1801 年. Delambre, *Rapport historique sur les progress des sciences mathématiques depuis 1789 et sur leur état actuel*(Paris, 1810), p. 39-42.

② *Élémens de géométrie*, p. 287 f.

*rapportent aux section coniques*). 拉克鲁瓦认为代数和几何"应该分开处理,越远越好,并且可以说对于一本书的文本及其翻译,每个结果都应该用于相互澄清.①"(苏菲·姬曼后来表达了这一观点,即代数不过是书写的几何,而几何不过是图形的代数.)他在其他段落中补充说"代数是一种适合命题的语言",并再次指出"代数在几何中的应用不仅限于在外延研究中使用代数"(笛卡儿的观点),"在其中也能看到代数表达式所表示的所有性质②"(欧拉的观点). 拉克鲁瓦观点的结果是一种与现在教科书非常相似的解析几何."曲线理论"这一章(在《微分学》第一版③中占了 100 多页篇幅)在许多情况下是第一次明确地展示了任何现代教科书前几章中常见的大部分材料;大约一年后,拉克鲁瓦在关于三角学和代数在几何中的应用的教科书中发表了几乎相同的内容. 例如,距离公式以类似形式 $\sqrt{(\alpha'-\alpha)^2+(\beta'-\beta)^2}$ 给出. 系统地给出④了直线的点斜式方程和相关的两点式方程

$$y-\beta=\frac{\beta'-\beta}{\alpha'-\alpha}(x-\alpha)$$

过圆 $x^2+y^2=r^2$ 上一点 $(\alpha,\beta)$ 的切线为

$$y-\beta=-\frac{\alpha}{\beta}(x-\alpha)$$

以 $(0,0)$,$(\alpha,\beta)$ 和 $(\alpha',\beta')$ 为顶点的三角形面积为 $\frac{\alpha\beta'-\alpha'\beta}{2}$. 从点 $(\alpha,\beta)$ 到直线 $y=ax+b$ 的垂直距离为 $\frac{\beta-a\alpha-b}{\sqrt{1+a^2}}$,相当于使用直线的标准形式. 两条直线所成角 $\theta$ 的正弦、余弦和正切公式为

$$\sin\theta=\frac{r(a'-a)}{\sqrt{1+a^2}\sqrt{1+a'^2}},\cos\theta=\frac{r(1+aa')}{\sqrt{1+a^2}\sqrt{1+a'^2}},\tan\theta=\frac{a'-a}{1+aa'}$$

其中,$a'$ 和 $a$ 为斜率,$r$ 为半径. (三角函数仍然作为线而不是比率.)坐标的变换以简单形式给出. 还给出了圆的一般方程. 当然,早在罗伯瓦尔、费马和笛卡儿的时代就已经知道这一点了,而且是克莱姆偶然给出的;但是解析几何一直专注于圆锥曲线和高次平面曲线,因此以前没有出现对圆的系统处理. 拉克鲁

---

① *Traité de calcul*, v. Ⅰ, p. ⅩⅩⅥ.

② *Traité élémentaire de trigonométrie*(10th ed., Paris, 1852), p. 87, 120.

③ 在第二版(巴黎,1810 年)的序言中,拉克鲁瓦写道,他已经停止了平面初等几何的初步工作,因为它已经出现在他的 *Traité d'application de l'algèbre à la géométrie* 中,因此已经进入了许多其他的教科书. 他进一步解释说,他已经开始研究如何使三维的处理更独立于几何考虑.

④ Wieleitner("Zur Erfindung…," in *Zeitschriftfür math. Unterricht*, v. ⅩⅬⅦ(1916), p. 414-426)误导地说直线方程首次出现在 1802 年毕奥的一部解析几何教科书中.

瓦的论著中没有代表新发现的重要部分,它只有在叙述形式上是新颖的. 对公式几乎自动应用的持续强调使该主题类似于一种算法,其中免除了对图形几何性质的无关参考. 然而,出于教学的原因,拉克鲁瓦的工作确实包括了现在初级教材中惯用的图像.

对曲线和轨迹的基本处理(重点是圆锥曲线)与如今的很相似. 共轭直径的基本处理包含在直角坐标中,并指出了特征 $\beta^2-4\alpha\gamma$ 的重要性①. 解析几何的基本原理明确表述如下:"曲线的方程是通过解析地表达它的一个性质而得到的." 相反地,方程"会产生一条曲线,其性质由方程可知". 焦点在极点的抛物线方程在极坐标下为 $z=\dfrac{2c'}{1+\cos\phi}$,其中 $z$ 为向径,$\phi$ 为向量角,$c'$ 为焦点到顶点的距离;中心二次曲线的类似形式为 $z=\dfrac{c'(1+e)}{1+e\cos\phi}$,其中 $e$ 为离心率. (通过代入 $c'=\dfrac{ep}{1+e}$ 可以得到现在常用的极坐标形式. ②)

在 1797 年拉克鲁瓦的《微分学》中发现的平面解析几何也在大约一年后的《三角学初论》中发现了. 后一小卷中只有不到一半是关于三角学的,更大的篇幅用于标题的其余部分——《代数在几何中的应用》. 当然,解析几何学中有些东西在现代论著中是找不到的,反之亦然. 例如,关于用直线和圆来构造方程 $x^2-ax=\pm b^2$ 的根以及用圆锥曲线来构造四次方程的短节中,仍有笛卡儿主义的残留. 另一方面,在超越平面曲线、单参数曲线族或由参数方程给出的曲线方面贡献寥寥. 但是,尽管如此,拉克鲁瓦的著作是第一本(稍加修改后)可以作为平面解析几何现代课程基础的教科书.

《微分学》也有一章是关于曲面和双曲率曲线的,但在《三角学初论》③的最早版本中被省略了. 拉克鲁瓦说,关于一门初等立体解析几何课程材料的这一章理论几乎完全来源于蒙日,"他在某种程度上重新发现了欧拉和克莱罗的结论,并赋予了它一种新的、相当详述的形式." 关于点、线、面、角、距离、投影和坐标变换的初步工作实际上是现代形式的. 以拉格朗日的方式给出从直角坐标到球坐标的变换为

$$r=\sqrt{x^2+y^2+z^2}, z=r\sin p$$

---

① Tropfke ( *Geschichte der Elementar-Mathematik* ) , v. Ⅵ, p. 164,错误地将特征的一般陈述归功于拉克鲁瓦,而实际上至少可以追溯到洛必达.

② Tropfke,同上, p. 169,将圆锥曲线的极坐标方程归功于拉克鲁瓦,但其多种形式更早出现在欧拉和赫尔曼的工作中.

③ 1803 年第三版包括一个关于立体解析几何的附录(233～259 页). 这个版本是我有机会读过的最早的版本,和我后来看到的第四、第八和第十版并没有太大的不同.

$$y = r\cos p \sin q, x = r\cos p \cos q$$

而且更加对称的形式现在通常被称为极坐标①

$$z = r\cos \phi, y = r\cos \psi, x = r\cos \pi$$

其中

$$\cos^2 \phi + \cos^2 \psi + \cos^2 \pi = 1$$

二次曲面则遵循蒙日早期使用的微积分方法而非代数方法.

拉克鲁瓦并没有专门编写解析几何的教科书. 这并没有太大的意义,可能仅仅是因为他写了一系列的文章来涵盖数学的常规程序. 巴黎的课程顺序似乎或多或少地按以下顺序标准化了:算术、代数、几何、三角、代数在几何上的应用、代数补充、画法几何和微积分. 在为中央四国学院②的"数学课程"编写系列教科书时,将三角学和解析几何组合在一起是很方便的. 目前偶尔会发现这种主题的组合. 令人惊讶的是,尽管拉克鲁瓦在 1797 年将几何学中的这种新观点称为解析的,但他并没有在编写的教科书的标题中使用它. 相反,他更喜欢保留居西尼使用的有百年历史的名称. "解析几何"这一词的灵感显然来源于拉格朗日的《分析力学》,但实际上它至少可以追溯到罗尔 1709 年的使用. 在 18 世纪下半叶,"解析"一词被广泛讨论并经常用于标题中. 达朗贝尔在《百科全书》关于"解析"的文章中写道:"将数学问题简化为方程是解决数学问题的正确方法. "因此,他说,"解析"和"代数"这两个词经常被视为同义词③. 达朗贝尔写了一篇为"代数或分析在几何中的应用"(Application de l' algèbre ou de l' analysis à la géométrie)的关于笛卡儿几何的文章,他认为解析和古人的几何学一样严谨. 在关于"二次曲线"的文章中,他说有可能"写出一篇关于圆锥曲线的真正解析的论文,也就是说,曲线的性质可以直接从一般方程中推导出来"——大概就像欧拉所做的那样.

在书籍和文章的标题中,"解析"一词的使用频率越来越高. 缪勒在 1760 年发表了一篇"圆锥曲线解析论"(Traité analytique des section coniques),这个标题类似于前一年胡贝所用的;克吕格尔于 1770 年发表了《分析三角学》,并于 1778 年发表了《论解析屈光度》(Analytische Dioptrik),恰如其分地追随欧

---

① *Traité de calcul*, v. Ⅰ, p. 464. Coolidge(*History of Geometrical Methods*, p. 172) 于 1807 年把这一系统归功于蒙日;很可能拉克鲁瓦是在 1797 年之前从他的老师那里知道的.

② 参阅 S. F. Lacroix, *Essais sur l' enseignement en general, et sur celui des mathématiques en particulier*(Paris, 1805).

③ 这也在 1708 年和 1738 年,雷诺的 *Analyse démontrée and Usage de l' analyse* 中得到了证明,因为这些著作是关于代数以及代数在几何中的应用的. 更多关于"分析"一词使用的广泛讨论和参考资料,请参阅我的论文, "Analysis: Notes on the Evolution of a Subject and a Name," *The Mathematics Teacher*, v. ⅩLⅦ(1954), p. 450-462.

拉."解析几何"这个名字作为霍斯利编辑的《艾萨克·牛顿现存著作全集》的标题出现在 1779 年,以及作为富斯 1780 年和 1781 年两篇论文的标题①. 1779 年,瑞典作家尼尔斯·申马克(Niels Schenmark)写了一本题为《解析几何》②的书;1782 年,"代数与几何分析"一词出现在保罗·弗里西(1728—1784)《论著》(Operum)第一卷的扉页上. 后者的导语包括一份历史履历,其中作者解释说他不太重视三次和四次方程的求解,而是对当时最擅长的代数部分作了更详尽的论述——"分析在几何上的应用,因此得名解析几何." 这就意味着在拉克鲁瓦开始他的研究的前几年,"解析几何学"这个名称早已广为流传.

18 世纪的解析方法在法国和德国比在英国和意大利更加受欢迎. 尤其是克吕格尔和凯斯特纳在德国大力推广分析方法. 除了上述几卷之外,克吕格尔还写了一本关于分析与综合关系的书③. 然而,在这方面,他并没有在明确的代数意义上使用"分析"一词,而是使用了更古老的希腊意义. 因此,构造与计算之间的区别并不大,而在于真理的内在本质和寻求真理的方式. 他指出,分析不仅能更好地适应新发现的产生,而且具有更高的一般性. 他说,圆锥曲线在综合中有三种类型,但在分析中只有一种类型——这一结论似乎暗示他在这里所研究的是现代而不是古代词语的使用. 1759 年,凯斯特纳在胡贝《圆锥曲线》的序言中提到了类似的解析,并将解析方法描述为提供更少的美感,但提供更多的力量.

拉克鲁瓦未能使用"解析几何"一词作为作品的标题,可能是由于克吕格尔含义引起的混淆. 1805 年的《教学论集》(Essais sur l' enseignement,简称《论集》)中的一些段落加强了这种猜想. 在这里,拉克鲁瓦使用了帕普斯所描述的古代逻辑意义上的词,详细解释了分析和综合之间的区别. 拉克鲁瓦指出,从这个意义上来说,在他将代数应用于几何的计划中,解析和综合两个词是交替出现的. 因为担心这可能会模糊柏拉图的早期用法,他很可能没有把他的作品称为解析几何学. 因为以前的分析中没有代数,而只涉及论证中的思想顺序.

《论集》还包括对解析几何发展的启发性批判. 作为这一时期的特征,他直截了当地将这一学科的发明归功于笛卡儿,同时承认最早的痕迹可以在韦达工

---

① "Exercitatio analytico-geometrica" and "Disquisitio analytico-geometrica," in *Acta Academiae Scientiarum Imperialis Petropolitanae*, v. Ⅰ and Ⅱ(1780—1781). "解析几何"一词也出现在赫尔曼 1729 年的工作 *Commentarii Academiae Petropolitanae*, v. Ⅳ(1729), p. 47 中.

② 我还没有机会提到这项工作,引用它是根据 Tropfke, *Geschichte der Elementar-Mathematik*, v. Ⅵ,p. 154.

③ *De ratione quam inter se habent in demonstrationibus mathematicis methodus synthetica et analytica* (Helmstadt, 1767). 我没有看过这部作品,在这里是根据康托(*Vorlesungen*, v. Ⅳ, p. 455-456)的描述.

作中发现.但他指出,笛卡儿仅将其应用于当时几何学家所关心的问题,而不是一般的曲线.因此曲线理论是由牛顿首创,并由欧拉和克莱姆完善的.然而,习惯的力量使得几何学家将古人的方法与新的方法结合起来,因此他们从二次曲线而非直线开始.拉克鲁瓦认为,不应该遵循 18 世纪关于代数应用于几何的观点,因为笛卡儿、欧拉、拉格朗日和蒙日所考虑的只是对广延性质的演绎.然而,在最后的声明中,拉克鲁瓦对他那些杰出的老师们和欧拉都是不公正的.虽然拉克鲁瓦早先把功劳归于蒙日,但他在这里似乎过于自以为是.他声称,在第一版出版时,他的计划毫无疑问是新的,至少就其内容而言,实现它的手段也是新的①.除非有人适当强调这一主张的结束语,否则拉克鲁瓦的声明就太绝对化了.他对平面坐标几何的研究本质上和蒙日、拉格朗日之前对立体解析几何的研究是一样的.在这一点上,这三个人都有足够的荣耀,因为是他们使笛卡儿几何学发展成为今天的样子.

蒙日和拉克鲁瓦 1795 年和 1797 年的作品引发的运动得到了如此迅速和广泛的响应,以至于人们可以恰当地将其称为"分析革命",与几乎同时期的拉瓦锡发起的"化学革命"相媲美②.19 世纪初出现了一系列关于平面和立体解析几何的介绍性著作,它们在观点和内容上都与拉克鲁瓦的模式以及现代教科书惊人地相似.1801 年出现了弗朗西斯(F. L. Lefrancais, or Francais)的《论直线与二次曲线》(*Essai sur la ligne droite et les courbes du second degré*)和皮桑的《遵循蒙日和拉克鲁瓦的原理,通过代数分析解决或证明的各种几何命题集》(*Recueil de diverses propositions de géométrie résolues ou démontrées par l' analyse algébrique*, *suivant les principes de Monge et de Lacroix*).这些书的标题表明了解析几何的重点从高次平面曲线理论转向初等几何问题.弗朗西斯曾是巴黎综合理工学院的学生,他的目标是"揭示解析几何的原理,或处理仅由分析提出的问题的方法,仅从几何中提取绝对不可缺少的东西来表达每个问题的条件".皮桑的情况类似:"永远不要把他的计算建立在几何作图的基础上……以便更好地利用代数的优势."与拉克鲁瓦的观点相呼应,皮桑将这种方法与"从笛卡儿到今天,在解决大多数几何问题时使用的混合方法"进行了对比.几何的算术化正在迅速传播开来.

弗朗西斯和皮桑的教科书说明了对线和圆的日益重视以及对现在熟悉的

---

① *Essais*, p. 381.

② 值得注意的是,蒙日也参与了化学革命,因为在 1783 年,他对水的成分进行了实验,他不知道卡文迪许的早期工作.要了解更多关于蒙日的传记细节,请参阅 Arago, *Oeuvres complètes*, v. Ⅱ, p. 427-592.关于蒙日对气体液化的研究,请参阅 M. G. Beumer"Gaspard Monge as a Chemist," *Scripta Mathematica*, v. ⅩⅢ(1947), p. 122-123.

细节的快速补充. 弗朗西斯的工作中有由直线 $y=ax$ 和 $y=a'x$ 生成的角平分公式 $y=Ax$,其中

$$A = \frac{aa'-1 \pm \sqrt{(1+a^2)(1+a'^2)}}{a+a'}$$

皮桑给出了圆 $x^2+y^2=r^2$ 在点 $(\alpha,\beta)$ 处切线的简化形式 $\beta y + \alpha x = r^2$. 这两本书都给出了初等几何命题的证明:弗朗西斯给出了三角形边的垂直平分线的并行性;皮桑给出了顶垂线的并行性;以及二人都给出了中位数的并行性. 1801 年的这些教科书的一个特点是有许多关于直线和圆的问题,包括(在皮桑中)"四边形边的平方和等于对角线的平方和加上对角线中点连线段的两倍的平方"的解析证明. 坐标变换由弗朗西斯给出,其一般形式为

$$\begin{cases} x = u\cos q + t\cos p + a \\ y = u\sin q + t\sin p + b \end{cases}$$

其中,$p-q=100°$,这是法国大革命对十进制影响的一个有趣例子. 除了符号,在严格的现代形式中,给出了一般二次方程通过轴旋转来消去 $xy$ 项的公式 $\tan 2q = \frac{b}{c-a}$. 作者公开宣称要避免负数这一意图暴露了当时对所有非实和非正数字的怀疑.

弗朗西斯说,他的教科书旨在介绍蒙日和阿歇特关于立体解析几何的讲座,所以它仅限于二维. 然而,皮桑在 1809 年详述的第二版[1]中进一步完善,其中有一部分是关于三维的,还有一部分是关于"超越分析"在几何中的应用.(如拉克鲁瓦一样,该书还包括有关三角学的介绍性章节.)蒙日在 1795 年的《分析》中对线和平面的立体解析几何进行了简要的基本介绍,拉克鲁瓦在《微分学》(1797)的一个章节中对此进行了详述. 蒙日和阿歇特在 1801—1802 年通过展示课程的总结,包括二次曲面的代数处理[2],完成了初等解析几何的教科书. 这篇摘要相当于一门简单的现代立体解析几何课程. 它以点、线、面、角和坐标变换(包括从三个相互垂直的平面到三个任意平面的变换)开始. 给出了坦索对勾股定理的推广的证明. 二次曲面的研究以惯用的代数方式进行,从而确定主直径平面. 符号、术语和方法实际上与当今任何教科书相差无几. 在笛卡儿和费马奠定基础的一个半世纪之后,解析几何终于走向了最终形式.

蒙日和拉克鲁瓦给出了解析几何的最终形式,但没有给出它的传统名称.

---

[1] 第一版只有 121 页,第二版有 442 页. 纽约公共图书馆有每一版的副本,还有 1824 年的第三版.

[2] "Application d'algèbre à la géométric," *Journal de l'École Polytechnique*, cahier XI (1801—1802), p. 143-172.

拉克鲁瓦曾经用"解析几何"一词来描述这一主题,但没有正式采用. 第一本在标题中使用这个名字的新教科书①似乎是毕奥的《论解析几何》(*Essai de géométrie analytique*,1802),一部在流行程度上可与拉克鲁瓦相媲美的作品. 这本书被翻译成许多其他语言,多年来一直是美国西点军校的教科书②. 与拉克鲁瓦的情况一样,这本书以一些相当于代数运算的几何作图的老式内容开头,但主体致力于毕奥认为的解析几何的两个部分——"包含代数确定问题应用的确定几何"和"包括通过分析研究线、面和立体的一般性质的不确定几何.③"除了平面和立体解析几何整合于单独专门用于这一主题的卷中之外,该材料与拉克鲁瓦、弗朗西斯和皮桑的没有明显的不同. 有一些具体的贡献也许值得一提. 一是对一般圆锥曲线判别式 $F(AC-B^2)+E(BD-AE)+D(BE-CD)$ 的识别.

另一个是椭圆和双曲线切线方程 $\dfrac{xx_1}{a^2}\pm\dfrac{yy_1}{b^2}=1$ 的使用. 点到直线的距离是针对斜坐标和直角坐标给出的. 与当时的其他教科书一样,极坐标的使用仅限于以极点为焦点的圆锥曲线,并且在笛卡儿坐标中给出了共轭直径的简单处理. 人们忽略了皮桑所强调的多边形几何学,经常使用 $y=x\dfrac{\sin\alpha}{\sin(\beta-\alpha)}$ 的形式表示过原点的直线,即斜坐标;但在大多数方面,现代读者会觉得这本书相当传统④. 毕奥的论著产生了非常广泛的影响,可能正是这一点导致弗朗西斯在他的第二版(1804)中将标题改为《论解析几何》. 在美国最受欢迎的是毕奥的著作,尽管它直到 1836 年才在戴维斯版本⑤中出现.

从涌现大量新初级教科书及科学期刊文章可以看出,解析几何的这一方面以惊人的速度受到欢迎.《理工学院学报》和《帝国理工学院来函》中收录许多新老材料;在当时的书籍和文章中,还可以找到被纳入现代教科书的更多细节. 1808 年,让·纪尧姆·加尼尔(Jean-Guillaume Garnier,1766—1840)发表了另一著作《解析几何要素》(*Eléments de géométrie analytique*),其中通过解析方法证明了三角形角平分线的并行性以及质心、垂心和外心的共线性. 蒙日在 1809 年给出了平面内三角形的面积公式 $\pm\dfrac{1}{2}(a'b''+c'a''+b'c''-a''b'-c'a'-b''c')$,表明

---

① Tropfke, *Geschichte der Elementar-Mathematic*, v. Ⅵ, 错误地说这个名字第一次出现在书名中是在 Garnier's *Éléments de géométrie analytique of 1808*. 或参阅 Wieleitner, *Die Geburt*, p. 6.

② 参阅 J. B. Biot, *An Elementary Treatise on Analytical Geometry* (transl. by F. H. Smith New York and London, 1840), preface.

③ 同上, p. 13.

④ 我看过 1805 年的第二版和 1823 年的第六版. 后者约有 450 页, 是第二版的一半.

⑤ 参阅 L. G. Simons, *Fabre and Mathematics and Other Essays* (New York, 1939), p. 65.

符号是由三角形的边界被穿过的意义决定的. 通过使面积等于零, 他给出了三点共线的条件. 他还为计算以原点为顶点的四面体体积和空间中三角形的面积添加了相应的公式(包括对符号的注意), 并指出①这些公式在很久以前就由拉格朗日给出了. 在关于三棱锥的其他分析研究中, 蒙日用各种方法证明了重心是连接相对边中点的线的交点. 他还给出了三维空间中欧拉线的类比, 表明对于垂心四面体, 质心到垂心的距离是到外心的两倍②.

蒙日还增加了二次曲面的内容. 他让人们注意到中心二次曲线的切距圆(圆锥与直角相交的点的轨迹), 因此这被称为"蒙日圆", 尽管这一轨迹早前由拉伊尔以综合形式给出. 通过将这个定理推广到三维空间, 他解析地证明了三个相互垂直的, 分别与中心二次曲面相切的平面的交点可产生一个与二次曲面同心的准球面. 对于非中心二次曲面, 轨迹是一个平面③. 在对二次曲面的研究中, 蒙日与他的同事阿歇特合作. 这两个人比欧拉更严格地证明了平行平面的二次曲面的截面是位似的, 他们发现了一般情况下沃利斯和达朗贝尔所指出的特殊情况下的圆截面, 他们注意到由一个移动圆④产生的二次曲面的双代, 并确定了二次曲面的脐点. 蒙日和阿歇特也研究了直纹二次曲面的直母线的性质, 表明存在两个系统, 通过曲面任一点, 每个系统都通过一个直母线, 不同系统的两个直母线相互切割, 以及同一系统的两个直母线不在同一平面上⑤. 蒙日对曲面族和曲率线方面的其他贡献更特别地属于微分几何.

巴黎综合理工学院是 19 世纪前十年解析几何发展的中心, 蒙日、阿歇特和他们的同事在那里继续欧拉和拉格朗日关于三维坐标变换的工作. 蒙日和阿歇特的《代数在几何中的应用》显然包括正交变换⑥. 前学生利维(J.-J. Livet, 1783—1812)在 1806 年发表了论文"从直角坐标系到斜坐标系的转换公式"⑦. 他用这些公式证明了如果 $a, b, c$ 是椭球的轴, $a', b', c'$ 是三条共轭直径, 那么

---

① "Essai d'application de l'analyse a quelques parties de la géométrie élémentaire," *Journal de l' École Polytechnique*, cahier XV (1809), p. 68-117.

② *Correspondance sur l'École Impériale Polytechnique* (1804—1816), ed. by Hachette, 3 vols., 1813—1816. 特别参阅 v. II, p. 1-6, 96-97, 263-266.

③ 参阅 Coolidge, *History of Conic Sections and Quadric Surfaces*, p. 173-174, for the proof of this "Theorem of Monge"; 或参阅 Monge and Hachette, *Traité des surfaces du second degré* (3rd ed., Paris, 1813), p. 234-239.

④ 参阅 *Journal de l'École Polytechnique*, v. I, p. 5.

⑤ 参阅 Monge and Hachette, 同上, p. 34-44. 或参阅 Kötter in *Jahresbericht der Deutsche Mathematiker Vereinigung* (2), v. V, p. 75.

⑥ 参阅 *Journal de l'École Polytechnique*, cahier 11 (v. 4, 1801), p. 143-169.

⑦ *Journal de l'École Polytechnique*, cahier 13 (v. 6, 1806), p. 270-296.

$$a^2+b^2+c^2 = a'^2+b'^2+c'^2$$

这是对阿波罗尼奥斯工作的一般化.另一位以前的学生弗朗西斯通过将一个斜坐标系转换到另一个斜参考系,引入了更大的普遍性.就像利维所做的那样,第一次转换是从直角坐标系 $x,y,z$ 到斜坐标系 $x',y',z'$,然后从 $x,y,z$ 到另一个斜坐标系 $x'',y'',z''$,通过上述两组方程消除 $x,y,z$,他得到了从 $x',y',z'$ 到 $x'',y'',z''$ 的最终转换①.阿歇特接着撰写了两篇关于这个问题的文章,论述了如何在不借助于弗朗西斯的辅助三直角坐标平面的情况下,由一个斜坐标系向另一个斜坐标系的变换②.

《理工学院学报》和《帝国理工学院来函》在 19 世纪最初十年刊载了许多关于初等解析几何的文章.蒙日、阿歇特、弗朗西斯、皮桑等人提出了关于点、线、面的新公式或新证明,或解决了无数的问题,或揭示了圆锥曲线和二次曲面的新性质.在该世纪的前几年,"由于几乎可以自动应用的一般公式,笛卡儿几何具有令人满意的并且可能是决定性的方面.③"但是,在 1798 至 1808 年间出版的大量初等解析几何教科书和文章中,人们忽略了现在熟悉的直线和平面的标准形式.偶尔会出现各种等价形式,但标准方程

$$x\cos\,\alpha+y\sin\,\alpha=d \ \text{和}\ x\cos\,\alpha+y\cos\,\beta+z\cos\,\gamma=d$$

是惠利尔(Simon A. J. L'Huilier,1750—1840)的其他非常规工作《寻找几何轨迹的几何分析与代数分析要素》(*Elémens d'analyse géométrique et d'analyse algébrique,appliquées à la recherche des lieux géométriques*,1809)的鲜明特点.这本书的前三分之一(约 100 页)是专门讨论代数及其不使用坐标的情况下在几何学中的应用,其中分析一词是在帕普斯和韦达的意义上使用的.最后,作者将坐标法应用于直线和圆上,说这些原理是由"现代人"(特别是洛必达、欧拉、克莱姆、拉格朗日、蒙日、拉克鲁瓦、皮桑、毕奥和加尼尔)发展出来的.惠利尔给出的解析几何的第一个方程是直线的标准形式,这实际上用于排除其他线性形式.求与三条直线相切的圆只是他发现的标准形式的应用之一.类似的,三维空间中的平面标准形式占据了显著位置.鉴于标准形式在惠利尔的工作中出现的频率,令人惊讶的是它们通常归功于后来的数学家④,尤其是柯西(1826)或马

---

① "Mémoire sur la transformation des coordonnées," *Journal de l'École Polytechnique*,cahire 14 (1808),p. 182.

② 参阅 Loria,"Perfectionnements…," *Mathematica*,v. XVIII(1942),p. 125-145.

③ Loria,"Perfectionnements…," *Mathematica*,v. XX(1944),p. 1-22.

④ 例如,参阅 *Encyclopédie des sciences mathématiques*,v. III(17),p. 1, 26. 权威人士洛里亚于 1861 年错误地将三维形式的出现与 Hesses 的作品联系在一起.参阅他的"Perfectionnements…," *Mathematica*,v. XX(1944),p. 12.

格努斯(Magnus,1833)或黑塞(1861)!

解析几何的历史记载通常接近于蒙日和拉克鲁瓦的作品,给人的印象是这个学科已经成熟①. 拉格朗日本人显然相信这一点. 拉格朗日正确地预言了蒙日"通过将分析应用于几何学,这个魔鬼般的人将使自己不朽",他错误地低估了数学的未来. 他在写给达朗贝尔的信中说:"(数学)的矿藏已经太深了,除非发现新的矿脉,否则就不得不放弃它. ②"拉格朗日对数学的前景感到非常沮丧,以至于他有一段时间转向了化学. 伟人很少犯这样的错误. 在整个数学领域,特别是解析几何领域,"与 19 世纪相比,17 和 18 世纪的进步几乎可以忽略不计. ③"现在通常在第一门课程中教授的初等解析几何确实达到了它的最终形式,不同之处仅在于添加了一些细节. 但是,更广泛意义上的解析几何即将在一个其发展速度和范围远远超过以往所有时代的时期爆发."仅 19 世纪对数学的贡献就达到了之前所有历史时期的五倍④"这一判断适用于代数几何及其他任何分支. 对这项工作的充分说明超出了本书的范围;但省略对这一时期(无疑是解析几何学的黄金时代)即使是简短的调查,也会助长对数学史的歪曲观点. 因此,在下一章和结语中,我将尝试指出蓬勃发展的 19 世纪初期的一些重要发展路线.

---

① 例如,参阅 Tropfke, *Geschichte der Elementar-Mathematic*, v. Ⅵ; Wieleitner, *Geschichte der Mathematik*, v. Ⅱ(2); Smith, *History of Mathematics*, v. Ⅱ.

② 参阅 Bell, *Men of Mathematics*, p. 157, 187.

③ 参阅 Coolidge in *Osiris*, v. Ⅰ(1936), p. 231-250. 或参阅他的 *History of Geometrical Methods*, p. 422 423.

④ Bell, *Development of Mathematics*, p. 15.

# 黄金时代

第

九

章

解决问题的能力可能会因为数学研究而得到有效提升,特别是因为数学的最高分支,即仅由于逆运算就仿佛是最优秀的一般被人们不公正地称为分析.

——埃德加·爱伦·坡

与解析几何相比,微积分的早期兴起是源于当时的期刊,尤其是莱比锡的《教师学报》、伦敦的《哲学汇刊》和巴黎的《科学院研究报告》上关于这一主题的论文.这些期刊在笛卡儿几何处于起步阶段时尚不存在,因此对笛卡儿几何的宣传程度很低.在这些期刊成立后,人们对解析几何这一笨拙的青少年学科的兴趣自然不如对"茁壮的天才神童"微积分的兴趣.或许在1771至1781年蒙日、拉格朗日和欧拉在巴黎、柏林和圣彼得堡的学院出版物中发表的关于立体解析几何的论文中,可以找到18世纪对解析几何的兴趣最接近持续计划的方法.19世纪解析几何学的黄金时代无疑在很大程度上要归功于新组织期刊撰稿人的活跃精神,其中,《理工学院学报》是最早的.

几乎可以说,目前被称为解析几何的大学课程诞生于法国大革命,并受到拿破仑插曲的滋养,因为于1795年由共和政体建立并由拿破仑本人培养的巴黎综合理工学院是新精神传播到世界各地的中心.在巴黎,作为皇帝最喜欢的几何学家,蒙日启发了赋予初等解析几何目前形式的人,也启发了看到该学科在新方向上的无限可能性的信徒. 炮兵军官热尔贡（Joseph-Diaz Gergonne, 1771—1859）因在巴黎综合理工学院受过教育而充满热情, 过分乐观地投身这一事业. 解析几何学在 19 世纪最初的十年发展得很快, 但在 1810 年因热尔贡创办并编辑的期刊《纯粹与应用数学年刊》得到了进一步的推动, 这是第一份完全研究数学的期刊. 这本期刊包括一个题为"解析几何"的特殊部分, 编辑抓住一切机会指出解析几何学的力量和便利, 并将其现代兴起归因于蒙日. 综合方法同样在蒙日的画法几何学中得到了良好发展, 在巴黎综合理工学院各个领域的学生中, 有人断言解析几何经常在综合方法提供简洁解法之处失败. 热尔贡急切地迎接了这一挑战, 他确信如果解析几何在某些方向上失败了, 那么这种明显的失败只是由于缺乏处理这个问题的正确方法. 因此, 他开始了解析几何发展的一个新方面——将其应用于初等综合几何的经典问题. 构造与三个给定圆相切的圆这一阿波罗尼奥斯问题一直是韦达和费马以及许多其他人最喜欢的主题, 但它主要是通过所谓的纯几何学来解决的. 热尔贡由于阅读了惠利尔的《要素》, 制定了通过分析方法解决问题的任务, 他的成功使得这一优雅的解决方案被称为"热尔贡解法", 尽管其综合基础已经由惠利尔给出①.

在 1813 年提交给都灵学院的这种结构中, 所需相切圆由过圆心（该圆与三个圆正交且经过极点）的线与三个给定圆的交点确定, 并且给定圆的轴与三个圆相似. 因此, 热尔贡希望"彻底为解析几何报仇, 因为人们经常指责解析几何在问题构建上无法与纯几何学相匹敌"; 他试图证明"如果处理得当, 解析几何学就能对两个久经盛名却被视为困难的问题②（与三个圆相切的圆和与四个球相切的球）提供最直接、最优雅、最简单的解决方法". 热尔贡显然对人们对其作品的反响缺乏热情感到失望, 他在 1816 年的《纯粹与应用数学年刊》（简称《年刊》）中进一步阐述了这一观点. 他解释说自己更愿意这样做, 因为"在这方面使用的方法似乎开辟了一个新的思考领域和研究类型, 使解析几何呈现出一个全新的面貌. "他提到的新奇之处大概就在于使用了圆的线性组合. 这一基本原理确实注定要在大约十年后改变解析几何的特征, 但热尔贡因为忽略了缩写符号的引入而未能开发它.

热尔贡的解析几何是多方面的, 在他提出著名构造的那一年, 他还对该学

---

① "Sur les moyens généraux de construire graphiquement un circle determine par trois conditions et une sphère determine par quatre conditions," *Journal de l' École Polytechnique*, cahier 14（v. IX, 1813）, p. 124-214.

② *Annales de mathématiques*, VII（1816—1817）, p. 289-303. 在 19 世纪初, 阿歇特、泊松和普吕克等人也对阿波罗尼奥斯的问题做出了非常巧妙的解析解法; 综合解是由夏莱, 彭赛列, 斯坦纳等人给出的. 这个问题由来已久. 例如, 参阅 J. T. Ahrens. *Apollonische Problem*（Augsburg, 1832）.

科的另一个相对较新的方面——寻找新的坐标系做出了贡献. 在他的"论曲线与平面位置无关的解析表达式"（Essai sur l'expression analytique des courbes indépendamment de leur position sur un plan）①中,他指出可能存在无数种坐标系. 他认为极坐标对螺线、圆锥曲线和圆 $r=$ 常数有用. 他还提出了圆锥曲线的双极型方程 $t\pm u=$ 常数. 但他说,在这样的坐标系中,方程取决于曲线相对于坐标的情况,而不能表示"曲线的内在本质". 因此,热尔贡提出了一个他很久以前就构想出来的系统:将曲线的曲率半径 $R$ 和 $R'$ 及其相应点的渐开线作为曲线上一点的坐标. 这里没有什么是任意的,因此可以获得曲线的"绝对表达式". 他指出,有些曲线在"普通"坐标系下有着非常棘手的方程,但在他的新系统中却变得非常简单. 例如,摆线就变成了 $R^2+R'^2=16a$,圆的渐开线由方程 $R'=a$ 给出,对数螺线是 $R'=R$. 热尔贡承认,在他的方案中,由方程构造曲线并不容易;他给出的从直角坐标到"绝对"坐标（反之亦然）的变换方程是相当复杂的. 这可能是他的观点在当时没有被广泛采纳的原因.

热尔贡并不是第一个提出自然或内在坐标的人. 试图通过曲线中例如曲率半径的固有量之间的联系来定义曲线,可以追溯到欧拉在 1740 年的一些工作,他在其中寻找与它们的渐屈线相似的曲线②（例如对数螺线）. 1764 年欧拉再次使用半固有变量、弧长和倾斜角来证明摆线的渐开线是摆线③. 1797 年,拉克鲁瓦更明确地指出:"曲线不仅是方程在平行于两条固定直线或极坐标的坐标系下给出的,而且是由曲线的性质所决定的两个量之间存在某种关系的情况下给出的." 对于对数螺线,他提出了方程 $u=av$,其中 $u$ 是向径,$v$ 是极次切距. 同样,他说曲率半径和弧长之间的关系可以看作是曲线的方程,这样的方程具有显著特征——"其中一个变量完全是曲线固有的". 然而,弧长是任意的,因为它取决于起始点的选择④. 六年后,安培（A. M. Ampère,1775—1836）向法兰西科学院提交了一篇论文,在论文中,他提议通过将弧长替换为该点的密切抛物线参数来去除拉克鲁瓦系统中的任意元素. 他给出了将直角坐标与他的"抛物线坐标"联系起来的方程,并在后者以及在拉克鲁瓦的坐标中确定了诸如摆线和圆的渐开线等曲线的方程⑤.

热尔贡引用了拉克鲁瓦和安培的作品,但就在安培发表论文的那一年,另

---

① *Annales de mathématiques*, Ⅳ(1813—1814), p. 42-55.

② *Commentarii Academiae Petropolitanae*, Ⅻ.

③ *Novi Commentarii Academiae Petropolitanae*, Ⅹ(1764), p. 207-242; Ⅺ(1765), p. 152-184.

④ *Traité du calcul*(1797), Ⅰ, p. 418.

⑤ "Sur les avantages qu'on peut retirer, dans la théorie des courbes, de la consideration des paraboles osculatrices," *Journal de l'École Polytechnique*, cahier 14(v. Ⅶ, 1808), p. 159-181.

一著作中类似的观点似乎被普遍忽视了①. 卡诺(L. N. M. Carnot,1753—1823)的《位置几何》(*Géométrie de position*)是公认的综合几何里程碑,但它也包含了关于坐标的重要的简短章节. 卡诺曾是蒙日在梅济耶尔军事工程学院的学生②,后来在巴黎综合理工学院的组织中很有影响力. 因此,在他的著作中很自然地出现了自牛顿时代以来关于坐标系最普遍的观点. 他提出了包括极坐标($\tan z = \frac{y}{x}, t = \sqrt{x^2+y^2}$ 和 $x = t\cos z, y = t\sin z$)和双极坐标③($u = \sqrt{x^2+y^2}, v = \sqrt{(a-x)^2+y^2}$)在内的无数转化公式. 以圆 $u = mv$ 为例说明后者. 卡诺还提出了角坐标$(u,v)$,其中 $\tan u = \frac{y}{x}, \tan v = \frac{y}{a-x}$,并且用圆 $u+v=m$ 和双曲线 $u-v=m$ 说明了这些. 同时他提出了其他不寻常的方案,例如:如果 $A(0,0)$ 和 $B(a,0)$ 是定点,而 $M(x,y)$ 是可变点(均在直角坐标系中),则令 $z$ 为三角形 $ABM$ 的垂心 $K$ 的纵坐标. 然后取 $x$ 和 $z$ 作为点 $M$ 的新坐标. 在这一坐标系下,椭圆 $yy = \frac{bb}{aa}(ax-xx)$ 变为 $zz = \frac{aa}{zz}(ax-xx)$. 卡诺提出将三角形 $AMK$ 和 $BMK$ 的面积值 $u$ 和 $v$ 作为 $M$ 的坐标. 包括从 $x$ 和 $y$ 到 $u$ 和 $v$ 的变换方程④.

提出以向径和曲率半径作为曲线上一点的坐标后,卡诺用曲线的弧长代替了前者. 由于测量圆弧的起始点仍然是任意的,因此建议采用以下几种替代方案:坐标 $z$ 可作为该点处的切线与无限接近切线并平行于切线绘制的等分线的夹角;或者 $z$ 可以是割线平分线和法线之间的夹角;或者其他线条或角度.

建立自然坐标系的尝试在整个 19 世纪零星出现. 早在 1802 年(以及 1804 年和 1835 年),克劳斯(K. C. F. Krause,1781—1832)在耶拿发表了他的《哲学与数学概念及其密切联系》(*De philosophiae et matheseos notione earumque intima conjunctione*),他将弧长 $s$ 和切线与固定参考线的夹角 $\phi$ 为曲线上一点的坐标. 在克劳斯的最后一部作品之后不久,A. 彼得斯(1803—1876)在他的《新曲线》(*Neue Curvenlehre*,德雷斯顿,1838)中使用了相同的坐定义新曲线,例如 $s\phi =$

---

① 关于内在坐标历史最广泛的阐述,请参阅 E. Wölffing, "Bericht über den gegenwärtigen Stand der Lehre von den natürlichen Koordinaten," *Bibliotheca Mathematica*(3), I (1900), p. 142-159;然而,这也忽略了讨论中的重要工作. 证明卡诺工作的很好叙述,请参阅 Loria. "Perfectionnements …," *Mathematica*, XX(1944).

② 1798 年,法兰西共和国得以保住,很大程度上要归功于"胜利组织者"卡诺的军事天才. 关于他的政治活动,请参阅 Huntley Dupre, *Lazare carnot. Republican patriot*(Oxford, Ohio, 1940).

③ Loria, "Perfectionnements…," *Mathematica*, XVIII(1942), p. 138, 忽略了牛顿和卡诺的工作,而将双极坐标归功于 1847 年的库诺特.

④ *Géométri de position*(Paris, 1803), p. 458-480.

*K.* 在英国,胡威立(William Whewell,1794—1866)在1849年和1851年发表的文章中承认了这种坐标系的价值,并在文中使用了"内蕴方程"的现代名称.19世纪末,恩纳斯托·切萨罗(Ernesto Cesàro,1859—1906)贡献了关于自然坐标的权威性工作,并在他的《内蕴几何》(那不勒斯,1896)一书中达到了顶峰.切萨罗使用弧长和曲率半径作为内蕴坐标,从那时起,这种组合比其他组合更广泛地被采用[①].

内蕴坐标对解析几何的整体发展似乎没有什么影响;热尔贡在其他方面的影响更大.幸运的是,他在1813年的贡献不仅限于自然坐标和阿波罗尼奥斯问题.他也写一些逐渐把他引向重要的对偶思想的主题.在解析地证明著名定理的过程中,他在圆锥曲线内切和外接六边形[②]上演示了帕斯卡和布里昂雄的对偶定理.当时有一篇更重要的论文提出了圆锥曲线和二次曲线的极点解析理论[③].这就引发了坐标方法的另一种辩护.

甚至是那些最熟悉解析几何学中所谓优势(过程一致性)的人也充分理解,只有解析几何学才能使我们直接完成研究,他们普遍谴责这门学科是因为它在解题时只提供非常复杂的结构,而且只通过冗长得令人厌恶的计算来证明定理.我一直认为,在大多数情况下,这些困难之处与其说与工具的性质有关,不如说与使用它的方式有关.

因此,热尔贡打算在这篇文章中表明:"正确使用解析几何,可以提供解决问题的方法,使那些纯粹由几何考虑推导出来的结构变得优雅和简单."作者继续热切研究解析几何,导致他在几年之内与法国综合几何学中最重要的人物吉恩-维克托·蓬斯莱·彭赛列(1788—1867)发生了激烈的冲突.

彭赛列和热尔贡一样,也曾在巴黎综合理工学院接受教育,深受蒙日和卡诺的影响,但他更喜欢综合几何而不是他老师们的解析几何.他于1810年完成了学业,这一年《纯粹与应用数学年刊》首次出现,但当热尔贡写着歌颂解析几何学的文章时,彭赛列在遥远的俄国,在1812年不幸的拿破仑远征之后成为战俘.在1813年和1814年的监禁期间,彭赛列创作了一部长篇著作《分析与几何的应用是论图形射影性质的主要基础》(*Application d'analyse et de géométrie, qui ont servi de principal fondement au Traité des proprietés projectives des figures*)[④],这部作品在很大程度上被忽视了,部分原因是它的出版推迟了半个世纪,主要原因可能是因为它被1822年更为著名的《论图形的射影性质》掩盖了本应是入

---

① 我使用的是 G. Kowalewski, *Vorlesungen über natürliche Geometrie*(Leipzig, 1901)的德译本.

② *Annales de mathématiques*, Ⅳ(1813—1814), p. 381-384.

③ *Annales de mathématiques*, Ⅲ(1812—1813), p. 293-302.

④ Two volumes, Paris, 1862—1864.

门著作的事实.《分析与几何的应用是论图形射影性质的主要基础》表明,坚持
"彭赛列忽略了与笛卡儿解析相关的所有内容"的传统观点是不正确的①. 这本
书的第二册实际上是一本典型的解析几何教科书. 从这项工作中似乎可以清楚
地看出,正是解析几何学使他后来在综合几何学中形成了特征原理. 他坚信分
析的普遍性,因此他试图给出以前认为不可能的几何解释. 回到法国后,彭赛列
在 1818 年(也就是蒙日去世的那一年)在热尔贡的《年刊》中发表了他的观点.
他承认解析几何比普通几何更有优越性和无可争辩的普遍性,但他认为,普通
几何也有可能达到同样的完美程度. 他认为,由于分析力量的来源并不在于代
数或坐标的使用,而在于它的普遍性,因此,综合只须从解析几何中借用"连续
性原则或数学关系的一般性原则"②. 根据这一原则,"由原始图形发现的度量
性质仍然适用,除了符号的变化以外,仍然适用于所有从最初的形式变化而来
的图形."这一隐含在代数分析中且与之密不可分的观点——他认为显然可以
推广到纯几何分析中③. 作为该原理应用到综合几何的一个例子,彭赛列引用
了圆中相交弦的线段乘积相等这一定理. 当交点在圆外时,这就变成了正割的
两段乘积相等. 如果其中一条直线与圆相切,则该定理在用正切平方代替正割
线段的乘积时仍然有效. 从狭义上讲,这种连续性定律的概念是由开普勒和德
萨格提出的;但是,鉴于他们仅限于无穷远的情况,彭赛列却把它扩展到有限和
无限的虚点上. 他发现,所有的圆在无穷处都有两个共同的虚点,即所谓的虚
圆点.

彭赛列大胆应用他的连续性原理发现了许多新的有用的定理,但他从来没
有能够以一种让对手满意的方式来证明它. 他坚持认为这是可以证明的,但却
没有证明,因为他希望将其呈现为纯粹的几何原理. 有人怀疑彭赛列隐藏了综
合几何学对分析的任何影响,这种印象在他后来的作品中得到了加强. 他成了
法国综合观点的拥护者,并以激烈的辩论文字抨击了对手——其他分析人士,
尤其是热尔贡. 19 世纪综合与分析支持者之间的争论让人想起一百年前的古
今之争,或今天的形式主义者(formalists)与直觉主义者(intuitionists)之间的争
论;但它引起了更大程度的痛苦. 除了两种方法的相对力量的方法论问题外,问
题的关键在于虚元素在纯几何空间中的存在. 正如贝尔所说,"这被证明是一
个没有意义的伪问题"④;但就像许多其他争议一样,结果是富有成效、出乎意

---

① 参阅 *Encyclopédie des sciences mathématiques*, Ⅲ, 3, p. 193.
② 参阅 *Applications de l' analyse*, Ⅱ, p. 296, 或 Gergonne's *Annales* for 1818.
③ 关于连续性原理的一个很好的哲学解释, 请参阅 Ernst Cassirer, *Substance and Function*
(Chicago and London, 1923), p. 79 f.
④ *Development of Mathematics*, p. 313-315.

料的. 矛盾的是,"也许没有人比彭赛列对(最近的)解析几何的第一次发展贡献更大了,他通过破坏性的批评实现了他将阻止的目标,使得解析几何发展到甚至远高于综合几何学的水平.①"

在方法发生冲突的早期阶段,彭赛列和热尔贡是真诚但友好的竞争对手,分析家在他的《年刊》中为综合家的文章留出了空间. 彭赛列在 1818 年的论文中提出了一些关于圆锥曲线内接多边形的问题,他已经用纯几何方法解决了这些问题,并认为这些问题很难用坐标方法来处理. 热尔贡在回应中承认,他夸大了分析的优势,狂热地想简单地解决三圆和四球问题,因为他的方法没有产生他预期反响. 尽管如此,他再次指出解析几何过程的普遍性和统一性,并且断言,如果使用更多的"adresse",分析解法将不会在简单和优雅方面逊于古人的几何②. 热尔贡指出,毕竟他使用的解析几何(他归功于蒙日)还很年轻,可以期待进一步改进.

热尔贡预言解析几何将有所改进,这确实是有先见之明的,因为就在同一年,加布里埃尔·拉梅(1795—1870)的《考察解决几何问题的不同方法》(*Examen des differentérentes méthodes employees pour résoudre les problems de géométrie*,简称《考察》)一书使得 1818 年(蒙日去世的那一年)被赞为"解析几何作为一门科学的诞生之年③"(也许有些夸张). 拉梅也是巴黎综合理工学院的毕业生,他的主业是工程师,但他在《考察》中对热尔贡所希望的解析几何学的"adresse"做出了两个重要的贡献. 第一个是用单个字母表示整个方程的非常简单的权宜之计,由此轨迹即为 $E=0$ 或 $E'=0$. 第二个贡献是非常基本但重要的原则,即如果以任何方式组合两个轨迹方程,所得方程将代表通过前两个轨迹的交点的第三个轨迹. 拉梅及其后继者将自己限制在最有用的线性组合情况下. 因此,拉梅特别指出,如果 $E=0$ 和 $E'=0$ 是同次数的两条轨迹,通过参数或 $mE+m'E'$ 形式的"乘数"连接,结果是经过两条轨迹交点的同次曲线或同次曲面. 这部著作标志着曲线和曲面族的系统研究是通往解析几何学的入口. 蒙日在微分几何中发现了曲面族的包络,拉格朗日指出,微分方程的奇异解通常是积分曲线的包络. 蒙日和欧拉在微分几何中发展了曲率线和测地线. 微积分中对包络的研究可以追溯到莱布尼茨,并且隐含在有关渐近线的早期工作中.

---

① H. De Viries,"How Analytic Geometry Became a Science," *Scipta Mathematica*, ⅩⅣ(1948), p. 5-15. 特别参阅 p. 6.

② Poncelet," Réflexions sur l'usage de l'analise algébrique dans la géométrie," *Annales de mathématiques*, Ⅷ(1817—1818), p. 141-155;Gergonne," Reflexions sur l'article précédengt,"同上,p. 156-161. 彭赛列的文章再次出版于他的 *Applications de l'analyse*, Ⅱ, 466-476.

③ De Vires,同上., p. 9.

但在 1818 年之前,曲线系并不是初等解析几何的一部分.甚至不包括现今教科书中都有的根轴几何.奇怪的是,其理论以解析形式如此简单地呈现的圆的根系,首先是通过综合几何产生的.有一些证据表明,约公元 1000 年的阿拉伯人知道两个圆的根轴①.阿拉伯文献(除其他外)保留了鞋匠刀上的阿基米德定理.这个熟悉图形的性质之一是两个内切圆相等(图 39).阿拉伯人把这个定理推广到包括两个最小半圆不再相切的情况下的圆相等.如果它们彼此相交,则它们的公弦就取代了切线;如果它们不相交,则过这条线上一点作公共基线的垂线,从该点到两个半圆的切线相等.当然,这条线是根轴;但阿拉伯人并没有用这个名字称呼它,也没有进一步研究这条特殊线的性质.此外,他们的工作似乎被其继任者忽视了.

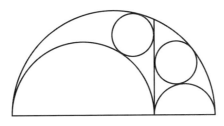

图 39

戈尔捷在 1812—1813 年重新发现了根轴的性质,并认为它与纯几何相关②.取一个圆心为 A 且半径 AK=AG 的圆,并在 GK 线上取一点 O(图 40).那么圆心为 O,半径 OM=OG. OK 的圆即为以 A 为圆心的圆的根.根据 O 在圆 A 内或圆外分为两种情况;在后一种情况下,圆 O 被称为倒数根圆.给定一对圆,它们的根轴(也称为"戈尔捷线"或"power line")被定义为这对圆所有根圆的圆心的轨迹;给定三个圆,它们的根心就是三个圆的根圆圆心.戈尔捷依次研究了各种情况,并发展了根数系统的性质.对球体也作了类似的处理.

戈尔捷的论文实质上没有包含解析几何,因此在拉梅的简化符号开始系统使用后的十几年左右的时间里,根轴并未成为该主题的一部分.拉梅本人并没有充分利用他的"乘数"原则.他确实给出了三线同时存在的条件,并用相当于现代的行列式符号以及 $mE+m'E'+m''E''=0$ 中(相同)的简化符号来表示.也给

① 参阅 C. W. Merrifield, "On a Geometrical Proposition Indicating That the Property of the Radical Axis Was Probably Discovered by the Arabs," *London Math. Society*, *Proceedings*, Ⅱ(1866—1869), p. 175-177. 或参阅 Apollonius Pergaeus, *Conicorum libri v.*, *vi*, *vii*(ed. by Borelli, Florentiae, 1661), p. 391-395.

② "Mémoire sur les moyens généraux de construire graphiquement un cercle determine par trois conditions, et une sphere déterminée par quatre conditions," *Journal de l' École Polytechnique*, cahier 16( vol. Ⅸ, 1813), p. 124-214.

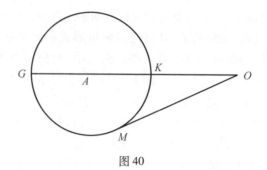

图 40

出了四个平面上的相应条件. 令人惊讶的是,他并没有系统地发展出根圆族 $mC+m'C'=0$ 理论,但可能是由于他的影响,解析几何的这一传统部分在不久之后就开始了[①].

近十年来,拉梅思想的重要性一直没有得到重视,解析几何学沿着某些不相关的路线发展起来. 相比对蒙日的新解析几何的热情,古老的欧拉理论几乎被遗忘了. 当一篇关于函数图示的论文出现时,它关注的是曲线的特殊情况而非一般原理. 例如,文森特(A. J. H. Vincent)在热尔贡的《年刊》中指出,方程 $y=e^x$ 的完整曲线有一个"分支点",还有一个连续分支(图 41);同样地,方程 $y=e^x+e^{-x}$ 不仅代表普通悬链线,还表示(允许偶下标根的所有可能的符号组合)另外三个不连续的分支[②].

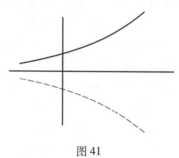

图 41

这一时期最重要的法国数学家奥古斯丁・路易斯・柯西(1789—1857)对分析提供了广泛的帮助,但主要是沿着传统路线. 他在 1826 年的著作《微积分在几何中应用教程》中如此有效地利用了直线和平面的标准形式,以至于这些

---

① 拉梅总是被认为是在 1818 年引入了简化符号,但应该注意的是,他在稍早的一篇论文中使用了它,"Sur les intersections des lignes et des surfaces," *Annales de mathématiques*,Ⅶ(1816—1817),p. 229-240. 在 1818 年出版的 *Examen* 中,当时他大约 23 岁,他说他很早以前就计划好了这项工作! 还应该提到的事实是,Frégier 在 1818—1819 年的《年刊》中使用了简化符号(可能是独立的).

② "Considérations Nouvelles sur la nature des courbes logarithmiques et exponentielles," *Annales de mathématiques*,ⅩⅤ(1824—1825),p. 1-39.

形式通常被归功于他而非惠利尔①. 柯西也被认为有功于三维直线的参数形式②,但在早期的著作中早有这样的预示. 例如,让·雅克·布雷特③(1781)曾系统使用了 $x=\alpha+ar, y=\beta+br, z=\gamma+cr$ 的形式,其中 $(\alpha,\beta,\gamma)$ 是直线上一定点的坐标,$a,b,c$ 是确定直线方向的常数,参数 $r$ 是点 $(\alpha,\beta,\gamma)$ 到 $(x,y,z)$ 之间的距离. 直线的对称形式

$$\frac{x-x_0}{\cos a}=\frac{y-y_0}{\cos b}=\frac{z-z_0}{\cos c}=\pm\sqrt{(x-x_0)^2+(y-y_0)^2+(z-z_0)^2}$$

也由柯西使用现代符号给出④. 柯西也继续了二次曲面的研究和分类,对直径面和寻找中心的问题进行了完整讨论,在这方面圆满地完成了欧拉、蒙日和阿歇特⑤的工作. 在欧拉只研究常态二次曲面的情况下,柯西(根据标准型中偶次项的系数符号)给出了现在所有教科书中都可以找到的本质上的最终分类. 正交变换的连续问题就像 19 世纪的其他问题一样吸引了他. 热尔贡曾尝试改进欧拉公式和蒙日公式,他在 1824—1825 年的《年刊》中也收录了瑞士数学家斯图姆(C. Sturm,1803—1855)的类似著作. 几十年后,柯西将注意力转向了这个问题⑥,本质上使用了阿歇特的方法;但他早在 1826 年就利用轴的旋转完成了欧拉对二次曲面的平面截面的研究⑦. 1826 年,且德林(Germinal Dandelin,1794—1847)考虑了一个逆问题——在给定的圆锥曲线中找到切割给定二次曲面的平面⑧. 且德林在几年前提出了一个以他的名字闻名的著名定理:如果两个球体在一个圆锥体中内切,使得它们也与一个给定平面(该平面切圆锥体成圆锥曲线)相切,则球体与平面的切点是圆锥曲线的焦点,给定平面与球体切割圆锥的圆平面的交点是圆锥曲线的准线⑨;但是这个定理在 1758 年已经(以稍微不同的形式)被休·汉密尔顿⑩(1729—1805)综合地预示.

---

① 参阅他的 *Oeuvres*(2),Ⅴ,p. 29.

② *Oeuvres*(2),Ⅴ,p. 18-19. 参阅 *Encyclopédie des sciences mathématiques*,Ⅲ(22),9,Ⅲ(17-18),26.

③ "Théorie analitique de la ligne droite et du plan," *Annales de mathématiques*,Ⅴ(1814—1815),p. 329-341. 或参阅 p. 93 of volume Ⅳ.

④ *Oeuvres*(2),Ⅴ,p. 19.

⑤ 参阅 Cauchy,*Oeuvres*(2),Ⅴ,p. 248;Ⅷ,12,p. 47.

⑥ *Oeuvres*(1),Ⅸ,p. 253.

⑦ *Oeuvres*(2),Ⅴ,p. 273-280;ⅩⅢ,341.

⑧ *Nouveau mémoires de l' Académie Royale des sciences et belles-lettres de Bruxelles*,Ⅲ(1826),p. 8.

⑨ 同上,Ⅱ(1822),p. 169-202 and Fig. 1.

⑩ *Treatise of conic sections*(1758),Book Ⅱ,theorem 37. 或参阅 Taylor,*Ancient and modern geometry of conics*,p. 204-205.

柯西也研究了单叶双曲面的母线①,并将它们写成如下形式

$$\frac{y}{b}+\varepsilon\,\frac{z}{c}=\lambda\left(1-\frac{x}{a}\right)$$

$$\frac{y}{b}-\varepsilon\,\frac{z}{c}=\frac{1}{\lambda}\left(1+\frac{x}{a}\right)$$

其中,$\varepsilon=\pm1$. 柯西还研究了行列式,因为它们在解析几何中发挥了作用. 除了莱布尼茨和克莱姆的工作之外,拉格朗日和蒙日的解析研究中也出现了等价于行列式的对称符号. 范德蒙德、拉普拉斯②以及 18,19 世纪初的其他人也使用了类似的方法. 例如,在 1812—1813 年,比奈(J. P. M. Binet, 1786—1856)写了一篇冗长乏味的论文,他在其中关于三维空间中矩形结构的体积、面积和长度的解析定理中使用了类似的符号(他称之为"结式(resultants)")③. 他的工作包括行列式乘法的等价,但在行列式的早期使用中缺少熟悉的方阵列. 这连同双下标符号,是柯西恰好在比奈发表论文的时候提出的④. 柯西应用他的"结式(resultants)"将符号价值归因于解析几何中的角、面积和体积⑤. 诸如 $xx_1+yy_1+$

$zz_1$ 和 $\begin{vmatrix} x & y & z \\ x_1 & y_1 & z_1 \\ x_2 & y_2 & z_2 \end{vmatrix}$ 的表达式在正交变换下的不变性很容易通过几何解释来证

明,但柯西是从纯算术的角度来研究它们的. 在大约 1830 年之前,其他数学家似乎也在把行列式和几何学联系起来的问题上犹豫不决.

柯西强烈反对几何连续性原则,认为它是普通的归纳法;但彭赛列继续引领综合几何学的发展浪潮. 热尔贡确实继续将他的坐标方法应用于经典问题,并且在 1821 年,他对"牛顿线"(即与四条直线相切的圆锥曲线的中心的轨迹)定理进行了解析证明⑥. 但彭赛列似乎已经赢得了方法论之战的第一场小规模胜利. 热尔贡本人与彭赛列一起提出了一个重要的思想——对偶原理,起初似乎只适用于综合几何. 在球面三角学中,图形的互易性早已通过给定球面三角形的极三角形已知. 阿波罗尼奥斯的《圆锥曲线论》中隐含了关于圆锥曲线的

---

① *Oeuvres*(2), Ⅴ, p. 231.

② 参阅 *Mém. De l' Acad.*, 1772, part Ⅱ.

③ "Sur un système de formules analytiques, et leur application à des considerations géométriques," *Journal de l' École Polytechnique*, cahier 16(v. Ⅸ, 1813), p. 280-354.

④ 参阅 Cauchy, *Oeuvres*(2), Ⅰ, p. 64 f., 90, 125 ff.

⑤ 参阅 Loria, "Perfectionnements…," *Mathematica*, ⅩⅧ(1942), 或他的论文"A. L. Cauchy in the history of analytic geometry," *SCRIPTA MATHEMATICA*, Ⅰ(1932), p. 123-128.

⑥ "Recherche du lieu des centres des sections coniques assujetties à quatre conditions," *Annales de mathématiques*, Ⅺ(1820—1821), p. 379- 400. 对于牛顿的工作,请参阅 Principia, Ⅰ, lemma 25 and prop. 27.

极点和极的概念,但直到 19 世纪,彭赛列才出色地发展了极性倒数的一般理论. 这一理论的某些方面出现在他 1818 年的论文中,如上所述,那篇论文是关于圆锥曲线的内切多边形. 事实上,帕斯卡定理和布里昂雄(Brianchon, Charles-Julien, 1783—1864)定理是彼此对偶的,并且指出了关于圆锥曲线点与线配对的方式. 众所周知,在三维空间中,二次曲面以类似的方式建立点和面之间一一对应的关系. 早在 1806 年,也就是给出帕斯卡对偶定理的那一年,布里昂雄表明二次曲面的共轭极是另一同类曲面①. 1824 年,彭赛列向法兰西科学院提交了他的极互易性(polar reciprocity)一般理论,其摘要于 1826 年发表. 与此同时,热尔贡早在 1813 年就注意到,在初等平面几何的某些命题中,通过交换“点”和“线”两个词可以得到新的定理. 他引入了“对偶”一词来表示这种情况下定理之间的关系,他发现通过互换“点”和“平面”这两个词,这一想法可以应用到立体几何学中. 在热尔贡看来,通过他的对偶原理可以同时证明两个定理,于是他继续利用这一事实. 在《年刊》中,他开始了以“点”和“线”(或“点”和“平面”)互换的双列形式出版几何定理的普遍做法. 之前的对偶定理都是被独立证明的,而到 1825—1826 年,热尔贡确信对偶性是一个普遍原理,只要证明了其中一个定理,就可以用它来证明这两个定理②. 同时,彭赛列注意到极点理论和对偶原理之间的相似性;他在热尔贡的双列中发现了一些他自己在研究圆锥曲线的切线时得出的定理. 于是他立即严厉地指责热尔贡剽窃. 他坚持认为,对偶性只是他的极点互易理论的结果. 热尔贡否认对偶性依赖于极点互易理论,并指出他的理论完全放弃了中间二次曲线或二次曲面. 热尔贡将其原理描述为对称性,并且在 1827—1828 年间试图证明它的合理性,但没有比彭赛列在连续性定律方面取得的成功更多. 这两种原理的阐明都依赖于解析几何,但对偶性在当时看来(甚至对热尔贡来说)与代数几何相距甚远. 情况突然变了! 在经历了一段相对平静的时期之后,解析几何即将在一个规模和速度都前所未有的扩张时期爆发;彭赛列和热尔贡宏大的几何原理仅成为强大的新分析的两个方面.

在解析几何的兴起中有许多重要的日期——1637 年,1707 年,1748 年,1797—1798 年,1818 年,但没有哪三年时间比 1827—1829 年对这一主题的贡献更大③. 正如所料,巴黎综合理工学院的一位杰出校友鲍伯利尔(Etienne Bobillier, 1797—1832)引领了新的发展. 鲍伯利尔从拉梅停止的地方开始,因为

---

① *Journal de l' École Polytechnique*, cahier 13(v. Ⅵ, 1806), p. 297.

② 参阅 *Annales de mathématiques*, XⅥ(1825—1826), p. 209-231.

③ 有趣的是,这几年实际上是非欧几何的关键时期.

在热尔贡 1827—1828 年的《年刊》中,他首次广泛解释和应用了简化符号法①. 笛卡儿坐标系下,$A=0$,$B=0$ 和 $C=0$ 表示三角形三条边的方程,他表明平面上的直线可以写成 $aA+bB+cC=0$,其中 $a,b,c$ 的比值用于确定一条特定的线. 他用这种方法避免了使得解析几何负担过重的烦琐的代数消元法. 他以惊人的独创性以 $aBC+bCA+cAB=0$ 的形式写出了关于这个三角形的所有外接圆锥曲线方程. 对于 $a,b,c$ 的给定值(或更确切地说是比率),内接三角形的圆锥曲线顶点处的切线为 $bA+aB=0$,$bC+cB=0$ 和 $aC+aA=0$,从而形成一个外接圆锥曲线的三角形. 直线 $aB=bA$,$bC=cB$ 和 $aC=cA$ 将内切三角形的顶点与外接三角形的相应顶点连接起来. 鲍伯利尔证明了外接三角形的边与内切三角形的相应边相交于三个共线点——这是德萨格定理的一个例子. 这一点很容易通过他的简化符号和线性关系证明,并且在拉梅的《考察》中已经出现过了. 类似地,对于四面体 $A=0$,$B=0$,$C=0$,$D=0$,通过顶点与外接二次曲面相切的平面将四面体的相对面切成四条线,这四条线是双曲面的母线. 通过类似的方法,他证明了帕斯卡定理和布里昂雄定理②,以及圆锥曲线的许多其他性质. 鲍伯利尔不仅为热尔贡的《年刊》做出了贡献,也为《数学与物理来函》(*Correspondance mathématique et physique*)的更新做出了贡献. 后者是由朗伯·阿道夫·雅克·凯特勒(1796—1874)和加尼尔创办的,该期刊发表了大量关于解析几何的文章. 其中由鲍伯利尔发表的一篇文章将二次方程的焦点概念扩展到了三维空间③.

鲍伯利尔似乎是第一个通过引入三角关系来研究直线和圆锥曲线的人. 在他的研究中,确定了一条直线或一条外接圆锥曲线的 $a,b,c$ 这三个量可以看作是坐标,但这一坐标概念在他的研究中似乎并不明确. 齐次坐标在每个节点都是隐含的,但这个系统并没有明确表述. 解析几何新高潮的一个最显著的特点是新发现的同时性,齐次坐标就是一个例子. 它们不是一个人的功劳,而是四个人的——如果包括鲍伯利尔在内的话. 如果鲍伯利尔没有在 35 岁就去世的话,他可能会成为历史上最杰出的解析几何学家;但事实上,这一荣誉确实如人们所料落到了法国人身上. 法国从费马和笛卡儿到蒙日时期在解析几何领域的长期优势,最终被有三位数学家各自独立(并且几乎同时)发明齐次坐标的德国挑战.

---

① "Essai sur un nouveau mode de recherche des propriétés de l'étendu," *Annales de mathématiques*, XVIII(1827—1828), p. 320.

② "Démonstrations nouvelles de quelques propriétés des lignes de second ordre," *Annales de mathématiques*, XVIII(1828), p. 359. 或参阅 Loria, "Perfectionnements…," *Mathematica*, XVIII(1942), 136 ff. 对鲍伯利尔工作的广泛绝佳叙述, 请参阅 Coolidge, *History of Conic Sections*, p. 84-85.

③ *Corresp. math. Et phys.*, IV(1828), p. 137, 157, 216.

拿破仑的入侵似乎在某种程度上影响了德国的数学,就像大革命改变了法国模式一样. 技术学校作为研究中心发展起来,这符合一种规律(波拿巴显然也有同感),即数学成就的水平与国家福利密切相关. 尽管在 1827 年以前,解析几何在很大程度上是一门法国科学,但它注定要在深受法国影响的德国找到它最伟大的代表. 拉克鲁瓦教科书的德文译本早在 1805 年就出现了. 综合几何学和解析几何学在德国得到了新的发展,分析家和纯粹主义者之间的战斗在第二战线上继续着.《年刊》是法国几何学研究和争论的焦点,克雷尔(August Leopold Crelle,1780—1855)在 1826 年通过创立《纯粹与应用数学杂志》(简称《杂志》)成了"德国的热尔贡". 尽管克雷尔的《纯粹与应用数学杂志》的创办深受科学技术的影响,它很快在强调时变得如此抽象,以至于诙谐地引用它时省略了标题中的一个字母,使得"und angewandte"变成了"unangewandte".

柯西的行列式在法国没有受到青睐,但在德国它们被卡尔·雅可比(Carl Gustav Jacob Jacobi,1804—1851)最有效地使用了. 在克雷尔 1827 年的《纯粹与应用数学杂志》中,雅可比提请注意三维空间中坐标轴旋转的欧拉公式,并说明了如何通过应用行列式符号来改进这些公式. 然而,雅可比对解析几何的兴趣相当短暂,他很快成为其最激烈的反对者之一. 这是非常令人遗憾的,因为行列式将极大促进该主题的发展. 实际上,雅可比将它们与现在通用的双下标符号一起应用于微积分问题,在这些问题上,他的名字已在熟悉的"雅可比行列式"中永垂不朽了.

1827 年在德国解析几何史上具有相当重要的意义,其原因与雅可比的工作相去甚远. 人们有时说笛卡儿对几何进行了算术运算,但这并不完全正确. 在他的时代之后近 200 年里,坐标在本质上是几何的. 笛卡儿坐标是线段,极坐标是矢量半径和圆弧. 甚至卡诺的重心坐标在很大程度上也是几何的. 坐标算术化不是发生在 1637 年,而是发生在关键的 1827—1829 年. 鲍伯利尔应该被记住,因为他在一定程度上预示了新的观点,但除此之外,1827 年奥古斯特·费迪南德·莫比乌斯(1790—1860)的《重心的计算》带来了某种突然的变化. 莫比乌斯原本是一名天文学家,但他似乎仔细研究了法国几何学家的作品. 在这本极具独创性的书中,莫比乌斯和鲍伯利尔一样参考三角形研究图形,但是他的坐标不再是直线. 正如标题所示,一个点的坐标相对于该点所在平面的三角形是三个与权重成正比的数字,这样的选择使得如果它们被放置在三角形的顶点,给定的点将是坐标系的重心. 例如,边为 $a,b,c$ 的坐标三角形 $A,B,C$ 质心的重心坐标为 $(1,1,1)$,或者更一般地说,是任意三个相等的数字;内心坐标为 $(a,b,c)$;垂心坐标为 $(\tan A,\tan B,\tan C)$;外心坐标为 $(a\cos A,b\cos B,c\cos C)$. 莫比乌斯的工作不仅因为在二维中使用了三个坐标而引人注目,而且由于他把长度概念归属于数值(或机械)考虑. 当然,可以将他的系统与以给定比例划分的线相协调. 例如,对于三角形 $A,B,C$,重心坐标为 $(a,b,c)$ 的点可以通过找到以比例 $c:b$ 划分 $BC$ 的点 $M$,然后找到以比例 $a+c:a$ 划分 $AM$ 的点来定位. 在任何一种情况下,数字的概念都取代了几何的概念,因为在这里(正如在鲍伯利尔的著作中一样),只有线或权重的比例才有意义.

重心坐标(或其他齐次系统)的主要优点之一是它赋予了彭赛列在纯几何中使用的理想元素以分析意义;莫比乌斯利用了这个事实. 其中顶点 $A,B,C$ 的坐标分别为 $(1,0,0)$,$(0,1,0)$ 和 $(0,0,1)$;边的中点为 $(0,1,1)$,$(1,0,1)$ 和 $(1,1,0)$;中线上无穷远处的点是 $(-1,1,1)$,$(1,-1,1)$ 和 $(1,1,-1)$. 直线 $BC,CA$ 和 $AB$ 的方程分别为 $a=0,b=0$ 和 $c=0$;通过顶点且平行于对边的线为 $b+c=0$,$c+a=0$ 和 $a+b=0$;从这些方程可以明显地看出,上述平行线对的交点满足关系 $a+b+c=0$,因此这就是平面上无穷远处直线的方程.

一些伟大的数学家,尤其是高斯和柯西,认识到了《重心的计算》本质上是一项极具独创性和意义的工作;但它所采用的不同寻常的语言和符号(柯西本人也批评过)阻碍了它的成功. 在熟悉的术语中,将 $(a,b,c)$ 称为点相对于三角形 $ABC$ 的坐标,莫比乌斯使用的婉转曲折的说法是 $Aa+Bb+Cc$ 是点的"重心表达式". 此外,尽管莫比乌斯使用他的方法在解决初等问题(比如找到给定的四个点在一个平面上或一个圆上的充要条件)上取得了惊人的成功,但他并没有强调其作为适用于曲线研究的一般坐标系的作用. 鲍伯利尔也是如此;齐次坐标的第三位独立发现者卡尔·威廉·费尔巴哈(1800—1834)也有类似研究. 费尔巴哈的《三棱锥分析研究平面图》(*Grundriss zu analytischen Untersuchungen der dreieckigen Pyramide*)对三维空间的分析和莫比乌斯在同一年(1827)对平面的分析是一样的,但他的方法是几何而非机械的. 有趣的是,他在平面几何中采用了综合和三角方法,而在三维空间中,他转向了拉格朗日优雅的解析方法. 在这一过程中,费尔巴哈偶然发现了拉格朗日结果的一个惊人推广:假设给定五个点(其中三个共线,四个共面),如果每个点到任意平面的代数距离乘以由其他四个点决定的四面体的带符号体积,那么这些乘积的代数和为零. 费尔巴哈被四面体的这一性质和其他性质所吸引,开发了一种用于研究"四面体测量"的新装置———一组与由给定点和四面体参照系的面组成的四面体体积成正比的数字坐标. 如果单位选择得当,他的坐标即与重心相关,但他的工作并不是基于重量或重心的概念. 事实上,坐标的概念在他心里并不是最重要的. 费尔巴哈的《三棱锥分析研究平面图》只是对一部更长的著作《三棱锥解析》(*Analysis der dreieckigen Pyramide*)的介绍[①],但该著作从未出版过;但在这两本书中都没

---

① 参阅 Albert Kiefer, *Die Einfuehrung der homogenen Koordinaten durch K. W. Feuerbach* (Strassburg, 1910).

有系统地发展新坐标. 相反,作者关心的是关于锥体的新定理以及给定任意 6 个独立部分,四面体 44 个元素的确定. 在这方面,他与齐次坐标的第四位独立发现者朱利叶斯·普吕克(1801—1868)截然不同,后者从一个全新的角度来研究这一问题,与方法相比,结果对他来说无关紧要.

无论是在体量上还是在力量上,没有一个人对解析几何学的贡献比普吕克更大. 以前的数学家,甚至笛卡儿、费马、牛顿、欧拉或蒙日都不是主要的代数几何学家. 蒙日确实是一位几何学家,但他同样擅长并关注综合几何、坐标几何和微分几何. 另一方面,普吕克是第一个真正意义上的解析几何专家. 他的前辈们在每种情况下都只发表了几篇论文或一卷专门讨论该主题的书籍,而普吕克则出版了六卷四开本的巨著,平均每卷超过三百页,每一本都专门讨论解析几何. 他一生中大部分时间都致力于坐标方法,还向当时德国、法国、英国和意大利的学术期刊投稿了几十篇重要论文(总共超过 600 页). 尽管工作量很大,但普吕克的目标并不是通过利用现有原则来取得成果;相反,他试图重建解析几何. 他的每一卷都带有副标题或前言,作者在其中提到了他将要介绍的"新方法",甚至是"新几何学". 正如笛卡儿似乎已经意识到他正在开辟一条新的道路,普吕克也对他在解析几何工作中的变换有一个清晰的概念. 然而,普吕克谦虚地认为他所有的研究都只是沿着蒙日建议的路线进行.

普吕克在波恩获得了博士学位;他还在柏林和海德堡学习过. 1823 年,他在巴黎待了一段时间①,参加了蒙日学派几何学家的讲座,在这里他无意中走进了热尔贡和彭赛列的交战区. 普吕克并非天生的分析师. 他的第一篇论文②是关于当时最受欢迎的主题——圆锥曲线的切线,而且他对这个题目进行了综合研究! 普吕克把这篇论文寄给了热尔贡,热尔贡非常自由地行使了他的编辑特权,以至于当这篇文章出现在 1826 年的《年刊》上时,普吕克说他认得它只是因为带有他的名字. 热尔贡根据自己双列发表对偶定理的习惯改编了这些材料. 此外,热尔贡在普吕克不知情的情况下补充说,它好像是原始手稿的一部分,参考了彭赛列 1822 年的《论图形的射影性质》,这是一部普吕克还没有看过的作品. 彭赛列自然相信普吕克熟悉《论图形的射影性质》中的材料,于是发

---

① 对其生活及总结工作的绝佳叙述, 请参阅 Wilhelm Ernst, *Julius Plücker*( Bonn, 1933 ). Plücker 的数学与科学论文收录于 *Gesammelte wissenschaftliche Abhandlungen* ( 2 vol. , Leipzig, 1895— 1896 ),其中第一卷是关于数学的.

② "Théorèmès et problems sur les contacts des sections coniques," *Annales de mathématiques*, XⅦ (1826), p. 37-59. 他的博士毕业论文(1823)是关于微积分的,尤其是泰勒级数. 1826 年的分析手稿请参阅 A. Schoenflies, "Über den wissenschaftlichen Nachlass Julius Plückers." *Mathematische Annalen*, LⅦ (1904), p. 385-403.

表了一篇言辞激烈的文章指责后者剽窃. 普吕克在热尔贡的支持下为自己辩护,但彭赛列再次提出了指控. 尽管攻击的主力转向了热尔贡,但普吕克似乎受到了严重伤害;也许是彭赛列无情的进攻,将解析几何所有拥护者中最伟大的人赶到了敌人的阵营,这个人在接下来的几十年间"发明了……与所有希腊数学家在他们两三个世纪最伟大的活动中创造的几何学一样多(甚至更多)的新几何学. ①"

普吕克说他是在 1825 年阅读毕奥的第六版教科书时开始接触解析几何的. 当他在纸上画三个相交的圆和它们的公弦时,他注意到这些弦是并行的. 普吕克将这一定理归功于蒙日,并且戈尔捷也提出过,他试图在不求助于当时普遍使用的乏味的代数消元法的情况下进行解析证明. 因此,在他的探索过程中,他独立地发现了拉梅提出的简化符号法. 将圆的方程写为 $C=0, C'=0, C''=0$,将它们的公弦(实弦或理想弦)写为 $C'-C''=0, C''-C=0, C-C'=0$,普吕克认为弦的两个方程暗示了第三个,因此定理得以证明②. 这是现在大多数初等解析几何教科书中都能找到的巧妙而简单的证明.

发现的同时性在数学的历史上并不罕见,在解析几何的发展中有许多这样的例子. 笛卡儿和费马对这一主题的独立发明只是其中之一. 在 1827 年至 1829 年期间,普吕克研究了该主题的几个重要方面,但在每个方面显然都不知道至少两个竞争对手的工作. 他使用的简化符号就是其中之一,因为它早先被拉梅和弗里吉耶使用过,同时被鲍伯利尔和热尔贡使用过. 热尔贡使用了 $\lambda$ 而非拉梅乘数 $m$ 和 $m'$ 是合理的. 热尔贡的符号被广泛采用,以至于方程 $C_1+\lambda C_2=0$ 的形成通常被称为"$\lambda$ 化"③. 但普吕克在这方面却是真正的英雄,因为他对这种符号的使用是最广泛和最有效的. 因此,在诸如 $C_1+\mu C_2=0$ 这样的组合中,习惯性地说"普吕克的简化符号",并将参数称为"普吕克的 $\mu$"是很公平的.

普吕克简化符号的显著应用之一与著名的"克莱姆悖论"有关. 1750 年至 1827 年间,关于高次平面曲线的研究几乎没有增加,但普吕克即将在这里开创一个新时代. 克莱姆和欧拉几乎同时注意到,尽管三次曲线通常由 $\frac{n(n+3)}{2}=9$ 个点唯一确定,但两条三次曲线却相交于 $n^2=9$ 个点. 为什么 9 个点有时能唯一确定一条三次曲线,有时又不能? 克莱姆和欧拉意识到这些点之间存在某种

---

① Bell, *Development of Mathematics*. p. 15.

② "Mémoire sur les contacts et sur les intersections des cercles," *Annales de mathématiques*, XVIII (1827), p. 29-47.

③ 参阅 De Vries, 同上, p. 10.

相互依赖关系. 普吕克通过证明如果确定三次曲线的 $\dfrac{(n+1)(n+2)}{2}-1=\dfrac{n(n+3)}{2}$ 个点中除了一个以外是给定的, 那么通过这些点的所有 $n$ 次单参数曲线族也经过一组由给定点确定的 $\dfrac{(n-1)(n-2)}{2}$ 个点, 对这个问题给出了一个更清晰的答案①. 因此, 如果指定了八个点, 则由此确定第九个点, 使得通过这八个点的所有三次曲线也交于第九个点. 普吕克很容易地证明了如下定理: 设 $M=0$ 和 $M'=0$ 是经过 $\dfrac{(n+1)(n+2)}{2}-2=\dfrac{n(n+3)}{2}-1$ 个给定点的两条不同 $n$ 次曲线. 然后根据拉梅原理, $M+\mu M'=0$ 是通过给定点的 $n$ 次曲线方程, 再令该曲线族中一员为 $\mu$ 值进行说明. 但所有这些曲线都相交于相同点数 $n^2$; 因此, 最初给出的 $\dfrac{n(n+3)}{2}-1$ 个点确定了伴随的 $n^2-\left[\dfrac{n(n+3)}{2}-1\right]=\dfrac{(n-1)(n-2)}{2}$ 个附加点, 这些附加点必然位于任何通过给定点的曲线上. 例如, 四次曲线有包含 15 个系数的方程, 或者用包含 14 个"必要常数"的普吕克表达式. 如果给定 14 个点, 通过这些点的四次曲线可以写成 $M+\mu M'=0$, 其中 $M=0$ 和 $M'=0$ 是经过 13 个给定点的两条不同的四次曲线, 确定 $\mu$ 使得 14 个点的坐标满足方程 $M+\mu M'=0$. 这一四次方程及其他经过 13 个点的四次方程也会经过 $M=0$ 和 $M'=0$ 相交的其他三个点, 因此这 13 个点确定了附加的 3 个相关点或依赖于这 13 个点. 从 16 个点的组合中选择 14 个或更多点的集合并不能确定唯一的四次曲线.

大约同一时间, 热尔贡、雅克比和拉梅也对点的相关性给出了类似的解释. 例如, 热尔贡已经宣布, 如果两条 $m=p+q$ 次曲线在 $p$ 次曲线上有 $p(p+q)$ 个交点, 则剩余的 $q(p+q)$ 个点将位于 $q$ 次曲线上. 他以帕斯卡定理的一个非常简单的解析证明为例: 以圆锥曲线内切六边形的三条奇数边作为(复合)三次曲线, 其他三条边作为第二条这样的曲线. 这两条三次曲线的 9 个交点中有 6 个在 $p=2$ 次曲线上; 因此, 根据热尔贡定理, 其他三个交点位于一条 $3-2=1$ 次曲线(即直线)上②. 普吕克对同一定理的证明很好地说明了他使用的简化符号在这里可以适当重复: 设六边形边的方程为 $p=0,q=0,r=0$ 和 $p'=0,q'=0,r'=0$, 那么方程 $pqr+\mu p'q'r'=0$ 表示通过曲线 9 个交点的所有三次曲线. 这些三次曲线的 6 个点必然位于外接圆锥曲线上, 通过 $\mu$ 的适当选择, 可以确定与圆锥曲线

---

① "Recherches sur les courbes algébriques de tous les degrés," *Annales de mathématiques*, XIX (1828), p. 97-106. 或参阅 A. Brill 和 M. Noether, "Die Entwickelung der Theorie der algebraischen Funktionen in älterer und neuerer Zeit," *Jahresbericht der Deutschen Mathematiker-Vereinigung*, III (1892—1893), p. 107-566.

② 参阅 De Vries, 同上, p. 11.

有共同的第七个点的三次曲线. 但正三次曲线(proper cubic)与圆锥曲线最多有六个交点;因此,所讨论的三次曲线一定是由圆锥曲线和直线组成的复合曲线. 因此,六边形对边的三个剩余交点是共线的①.

遵循热尔贡的惯例,普吕克在平行双栏中同时发表了关于克莱姆悖论的定理及其对偶定理. 他对后者表述如下:与同样 $\frac{m+1}{1} \cdot \frac{m+2}{2} - 2$ 条固定线相切的所有第 $m$ 类曲线也与其他 $m^2 - \frac{m+1}{1} \cdot \frac{m+2}{2} + 2$ 条固定线相切. 同年(1828),他也在《年刊》中提出了曲面的类似定理:经过(相切)$\frac{m+1}{1} \cdot \frac{m+2}{2} \cdot \frac{m+3}{3} - 3$ 个给定点(线)的所有 $m$ 次(类)曲面也经过(相切)$m^3 - \frac{m+1}{1} \cdot \frac{m+2}{2} \cdot \frac{m+3}{3} - 3$ 个公共定点(线)②. 尽管普吕克的工作在澄清克莱姆"名副其实的悖论"方面影响最大,但应该注意的是,该问题更严格的公式化在接下来的近一百年时间里持续出现③.

普吕克比其他任何人都更将简化符号提升到原则地位. 1828 年,他就这一观点撰写了重要的《分析几何发展论》(*Analytisch-geometrische Entwicklungen*)第一卷(共 270 页). 普吕克(在序言中)强调这是研究解析几何的一种新方法——其中取消了所有的消元法,他评论说结果只是一般方法的细节. 他写道,从这个词自蒙日以来就一直被使用的意义上来说,他的处理方式是纯解析的;即解析表达式和几何作图之间存在精确的对应关系④. 普吕克的指路明灯是他坚定的信念,即综合几何学已经完成的工作可以或者更好地通过坐标来完成. 他决心通过连续性和对偶原则夺回彭赛列为综合赢得的领土;并在接下来的一两年内实现了这一目标.

在为热尔贡《年刊》撰写的文章中,普吕克只使用了笛卡儿坐标;但在 1829 年,他为克雷尔的《杂志》写了一篇题为"关于新坐标系"(Über ein neues Coordinatensystem)的文章. 文中声称齐次坐标并不像他认为的那样新鲜;它们之前已经被莫比乌斯、费尔巴哈和鲍伯利尔等发明了三次. 但他的前辈们对新系统

---

① 参阅 Felix Klein, *Vorlesungen über die Entwicklung der Mathematik im 19 Jahrhundert* (2 vols., Berlin, 1926—1927), Ⅰ, p. 122.

② "Recherches sur les courbes algébriques de tous les degrés," *Annales de mathématiques*, ⅩⅨ (1828), p. 129-137.

③ Coolidge, *History of Geometric Methods*, p. 133. 将该悖论的第一次"满意"答案归功于 Luigi Berzolari(1914).

④ 参阅 *Wissenschaftliche Abhandlungen*, Ⅰ, p. 617.

的使用非常有限,普吕克对其中涉及的方法论原则有了更清晰的看法. 他对齐次坐标所做的工作与对简化符号所做的一样——将它们系统地应用于一般曲线研究. 普吕克论文开头的论述让人想起卡诺的多种坐标类型:"根据已知位置的点或线,确定点的位置的任何特定程序都对应于一个坐标系统." 普吕克用三条线作为坐标系,其中没有两条是平行的;并且他选择了从三条参考线出发,沿与参考线成给定角度的线测量的 $M$ 的符号距离$(p,q,r)$作为点 $M$ 的"三角坐标". 后来他系统地采用了垂直距离,在这种形式中,他的坐标对应于现在称为三线的坐标. 要将这些坐标转换为重心坐标,可以分别用坐标三角形的边长 $a,b$ 和 $c$ 除以它们. 莫比乌斯坐标系中无穷远处的直线方程是$a+b+c=0$,而在普吕克坐标系中是 $ap+bq+cr=0$.

分析学家普吕克特别满意地注意到,通过他的新坐标系得到了彭赛列两个惊人的综合发现:一个平面中无穷远处的所有点都位于一条线上,并且同心圆在无穷远处有双虚交点(double imaginary contact). 对于同心相似的圆锥曲线,他的结论与彭赛列一致,即根据曲线是双曲线或椭圆,无穷远处的双交点(double contact)是实或虚的. 然而,对解析几何整体而言更重要的是普吕克引入了平面曲线的齐次方程$f(p,q,r)=0$[①]. 他通过例如

$$Ap^2+2Bpq+2Cpr+Dq^2+2Eqr+Fr^2=0$$

的方程研究了圆锥曲线的性质. 这使得对无穷远处曲线性质的研究与普通点的十分相似. 他展示了如何将曲线方程从笛卡儿坐标变换到齐次坐标,反之亦然. 普吕克 1831 年的《解析几何论文集》(*Analytisch-geometrische Abhandlungen*) 第二卷中出现了一个特例 $X=\dfrac{x}{t}, Y=\dfrac{y}{t}$,其中$(X,Y)$是笛卡儿坐标,$(x,y,t)$是齐次坐标. 该坐标系也在此推广到了多线性坐标$(p,q,r,s,t,\cdots)$,其中 $s,t,\cdots$ 与 $p,q,r$ 线性相关.

齐次坐标(尤其是莫比乌斯的齐次坐标)对几何的算术化有重要影响;但在 1829 年,普吕克提出了一种更具有革命性的观点,它完全打破了坐标即线段的观念. 普吕克再次意识到这种变化的重要性,因为他在克雷尔《杂志》上的论文标题中使用了"关于新原理"和"关于新艺术"这两个词组[②]. 在解析几何的早期,方程$ax+by=c^2$ 中的参数 $a,b,c$ 被用来指定线段,与维数的概念保持一致. 然而,系数越来越具有纯数的地位. 在几何齐次性消失的同时,齐次坐标被引入,但这并不是几何概念的回归,而只是完成了算术化. 普吕克从直线方程$Ay+Bx+C=0$ 开始,将其写成齐次形式 $aA+bB+cC=0$. 三个系数$(A,B,C)$确定了

---

①    *Wissenschaftliche Abhandlungen*,Ⅰ, p. 124.

②    Crelle's *Journal*,Ⅴ(1829), p. 268-286;Ⅵ(1829), p. 107-146.

一条直线,就像齐次坐标$(a,b,c)$确定一个点一样. 因此,这两组量之间有一种相似之处;如果$(a,b,c)$被称为坐标,那么同样的术语也适用于$(A,B,C)$. 普吕克利用了这种情况,将后者称为"线坐标". 例如,无穷远线的坐标是$(0,0,C)$,经过原点的直线坐标为$(A,B,0)$形式. 为了遵循笛卡儿的未知数(即变量)由字母表末尾附近的字母表示的惯例,普吕克将他的方程改写为$au+bv+cw=0$. 如果$(a,b,c)$是一个变化点的坐标,而$u,v,w$是固定的,则方程表示所有点的公共直线;如果$(u,v,w)$是变化线的坐标,而$a,b,c$固定,则方程表示所有直线的公共点. 正如点坐标下的一次方程代表一条直线,在线坐标中,这样的方程代表一个点. 这里普吕克发现了一种直接对应于几何学对偶原理的解析方法,热尔贡和彭赛列曾为之争论不休;现在很清楚的是,纯几何学所寻求的证明是徒劳的,而分析学所拥有的有力方法却立刻提供了这种证明."点"和"线"这两个词的互换仅仅对应于关于量$a,b,c$和$u,v,w$的"常数"和"变量"这两个词的互换. 但是代数过程保持不变;因此每个定理都以两种形式出现,一种是另一种的对偶.

1831 年,普吕克在克雷尔《杂志》上发表了一篇题目很有特色("关于曲面一般新理论的注记"(Note sur un théorie générale et nouvelle des surface courbes)[①])的论文,证明了空间的对偶性. 在这里,根据$(t,u,z)$是"平面坐标"或$(z,y,x)$是点坐标,方程$tz+uy+vx+w=0$被认为代表一个点或一个平面. 奇怪的是,尽管普吕克是齐次坐标的主要创始人,但似乎他在这里偏爱非齐次坐标. 在二维空间中,他也经常使用比值$\frac{u}{w}$和$\frac{v}{w}$来代替$(u,v,w)$,因此这两个量(直线截距的负倒数)被称为"普吕克坐标".

普吕克发明线坐标的一个自然结果是他对曲线类及其切线方程思想的解析发展. 曲线作为其切线的包络线的概念并不新鲜;它是由德博纳提出的,并且莱布尼茨在 1692 年给出了寻找包络线的规则. 布里昂雄和彭赛列已经注意到同时发展曲线的点和线概念的优势. 蒙日给出了一个关键定理,即给定的 $n$ 次曲线通过给定的点有 $n(n-1)$ 条切线;但是他的定理被忽略了[②]. 热尔贡在 1826 年将对偶原理应用于曲线,并引入了曲线的"类"一词来表示可能存在的切线数量;但他错误地假设了曲线的次和类是相同的. 莫比乌斯在 1827 年已经确定了直线 $ux+vy+wz=0$ 与曲线 $f(x,y,z)=0$ 相切的条件为 $\phi(u,v,w)=0$;这个条件等价于曲线的线方程. 然而,莫比乌斯并没有表示$(u,v,w)$是一条直线的坐标,$\varphi$ 的阶数确定了同样意义上的类,即 $f$ 的阶数表示次数等观点. 这个明确的

---

① 或参阅 *Wissenschaftliche Abhandlungen*,I,p. 224-234.

② 参阅 De Vries,同上,p. 13.

一般原理本质上是由普吕克在 1830 年提出的[1]. 一个点只有一条线方程,一条直线也只有一个点方程;但其他所有曲线都既有点方程又有线方程. 也就是说,普吕克从解析角度发展了曲线概念,即曲线是由一个点产生并被一条线包围的轨迹;点沿直线连续运动,同时直线绕该点连续旋转. 对这一观点的详尽阐述构成了他 1831 年《发展论》第二卷的基础. 他指出,圆锥曲线总是第二类的,因为方程 $\varphi=0$ 在这种情况下是 $au^2+buv+cv^2+duv+evw+fw^2=0$ 的形式,并且他按照以前的作者研究圆锥曲线的一般点方程的方式研究了这一方程. 普吕克结合了简化符号和切线坐标,将 $A=0$ 和 $A'=0$ 写成了两条第二类曲线方程,他注意到 $A+\mu A'=0$ 代表了具有相同四条公切线的同一类轨迹. 同样,帕斯卡定理的证明(如上所述)很容易通过切线坐标转换为对偶(布里昂雄)定理的证明.

普吕克下一本长篇著作是 1835 年的《解析几何体系》(*System der analytischen Geometrie*,简称《体系》). 作者在这里再次强调了蒙日的分析形式与综合形式相协调的思想,但他从不同的角度来探讨这一主题. 因此,这本书的标题中有一个典型的补充短语——基于看待事物的新方式. 这一新原理就是所谓的"常数枚举法",它是"枚举几何"的基础. 对偶性在曲线奇点上的应用表明,曲线奇点是成对出现的——二重点和双切线、尖点和平稳切线(拐点);普吕克对线坐标的发现使他开始研究线奇点. 在过去的两个世纪里,人们一直在研究奇点,并且很早就知道,对于给定曲线,这样的点的数量受方程次数的限制. 麦克劳林很早以前就在《构造几何》中指出,$n$ 次曲线最多有 $\dfrac{(n-1)(n-2)}{2}$ 个二重点;普吕克 表明它最多有 $\dfrac{n(n-2)(n^2-9)}{2}$ 条双切线[2]. 彭赛列发现奇点和曲线的类别也相关,而 $n$ 次曲线一般属于 $n(n-1)$ 类,二重点会导致类减少 2. 但普吕克在 1834 年的克雷尔《杂志》中继续做出了一项发现,凯利认为它是"整个现代几何学学科中最重要的发现". 这一发现不仅可以为曲线的点和线奇点的数量设置上界,而且可以写出将奇点的实际数量与曲线的次数和类别相关联的方程. 这些方程就是著名的"普吕克方程". 最常用的是

$$m=n(n-1)-2\delta-3\kappa$$
$$\iota=3n(n-2)-6\delta-8\kappa$$

和两个关联方程

---

[1]　参阅 Crelle's *Journal*, Ⅵ(1830), p. 107. 然而,几何学家 Michel Chasles 在 1829 年写给 Quetelet 的信中说,他认为线和面坐标的思想与普吕克无关. 参阅普吕克的 *Wissenschaftliche Abhandlungen*, Ⅰ, p. 600;或 A. Schoenflies 和 M. Dehn, *Einführung in die analytische Geometrie* (2nd ed. , Berlin, 1931), p. 58.

[2]　*Wissenschaftliche Abhandlungen*, Ⅰ, p. 298.

$$n = m(m-1) - 2\tau - 8\iota$$
$$\kappa = 3m(m-2) - 6\tau - 8\iota$$

其中,$m$ 为类别,$n$ 为次数,$\delta$ 为节点数,$\kappa$ 为尖点数,$\iota$ 为平稳切线数,$\tau$ 为双切线数. 例如,从这些方程可以明显看出,二次曲线没有奇点,因此一定是第二类曲线. 一条三次曲线最多只能有一个尖点或一个节点;一条没有节点的四次曲线可以有多达四个尖点,而一条没有尖点的四次曲线可以有三个二重点.

在 1835 年的《体系》中,普吕克使用他的方程给出了三次和四次曲线的新分类,这是自欧拉和克莱姆以来已经在某种程度上被遗忘的解析几何的一个阶段. 在重新进行这种类型的研究时,普吕克说他希望通过使牛顿和欧拉在三次曲线上的研究像圆锥曲线一样系统化来完成他们的工作. 对此,他利用简化符号将三次曲线写成的 $pqr + \mu s = 0$ 形式,其中 $p=0,q=0,r=0$ 和 $s=0$ 为直线①. 在 146 条可能的四次曲线中,普吕克列出了 135 条. 在四年后出版的《代数曲线理论》(*Theorie der algebraischen Curven*)另一卷中,他进一步推广了自己的研究成果,特别是通过使用虚元素. 在普吕克时代之后,对虚数的运算被视为代数几何的必要部分. 当然,普吕克方程只有在所有理想元素(虚数的、无限的和无限虚数的)都包含于实元素中时才成立. 例如,在表述了一条经过三次曲线两个拐点的直线也会经过第三个拐点的百年定理之后,普吕克补充说,他观察到,在一条三次曲线的 9 个可能拐点中,只有 3 个是实的. 同时,开普勒、德萨格和彭赛列的连续性原理已经达到了分析的成熟阶段.

在虚坐标的帮助下,普吕克能够将圆锥曲线的一些性质推广到高次平面曲线上. 彭赛列早在 1818 年就(通过代数方法)推导出圆锥曲线有四个焦点,两个实的在主轴上,两个虚的在横轴或共轭轴上②. 普吕克在 1831 年的《发展论》和 1832 年的克雷尔《杂志》中继续并扩展了这项工作③. 例如,圆锥曲线的焦点具有这样的性质,即从这些点到曲线的切线斜率为 $\pm i$ ——也就是说,它们通过彭赛列的虚圆点. 因此,普吕克将高次平面曲线的焦点定义为具有此性质的点. 类似地,准线是通过焦点的两条圆形线的切点弦. 普吕克表明,$m$ 类曲线通常具有 $m^2$ 个焦点,但其中只有 $m$ 个是实的.

普吕克在热尔贡的《年刊》和克雷尔的《杂志》中的许多论文都是关于三维的,但他的前四卷都仅限于平面解析几何. 然而,在 1846 年,他发表了《空间几何体系》(*System der Geometrie des Raumes*),在书中将他的方法应用于曲面和斜曲线. 典型地包含在标题中的短语"以一种新的分析处理方式"主要是指先前

---

① 参阅 *Wissenschaftliche Abhandlungen*,Ⅰ,p. 586-590.

② *Annales de mathématiques*,Ⅷ(1817—1818),p. 222-223.

③ 或参阅 *Wissenschaftliche Abhandlungen*,Ⅰ,p. 290 f.

解析几何学史

在平面中应用的原则扩展到空间上:简化符号和普吕克的 $\mu$;齐次(四面体)坐标,对偶性(用他的话说就是"互易性")和平面坐标下曲面的切向方程以及常数枚举. 继拉梅在 1818 年开始的工作之后,普吕克使用笛卡儿坐标和四面体坐标,通过两个二次曲线 $f=0$ 和 $g=0$ 的交点曲线研究了全体二次曲面 $f+\mu g=0$. 与克莱姆悖论的平面情况一样,他考虑了在确定唯一的二次曲面的意义上,空间中九个给定点的独立条件. 普吕克以类似柯西的方式对二次曲线进行分类,并且将它们视为切平面的包络线,他研究了一般的二次切线方程. 他还研究了线性二次曲面的直母线和二次曲面上斜曲线的性质. 1846 年的工作中包含了一个本质上较新的结论,空间中确定一条直线的四个条件对应于直线的四个坐标. 这里隐含了四维解析几何的概念,这是普吕克预示到但没有发展的概念. 回到最喜欢的主题,他指出,每一种几何关系都应被视为一种仍具有其独立价值的解析关系的图形表示. 互易原理也不例外,因此,从纯分析的角度来看,它不受空间维度的限制. 就像在从平面到三维的过渡中引入了另一个变量,因此可以解析地将对偶性的讨论扩展到更多变量[1]. 对于四个变量(或维度),一次方程变成 $pP+qQ+rR+sS+tT=0$,一种非常类似于二维或三维对偶齐次形式的形式.

《空间几何体系》的序言再次强调方法的重要性,而他工作的这一方面将继续留在科学领域. 怀着这样一种对数学不朽的希望(这是非常合理的),普吕克神秘地补充说,在从事这类工作 20 年后,他放下了笔,并且不会再进行这样的研究. 是什么原因使这位有史以来最具独创性、最多产的分析学家放弃了他长期以来专门致力于研究的课题? 是什么让他在接下来的二十年里将自己从数学家的行列中剔除? 不可能给出一个明确的答案,但有几种可能. 普吕克意识到他所做事情的重要性,但在他的国家(以及意大利,甚至某种程度上在法国),他的同时代人都不愿意承认他赢得的赞誉. "自阿波罗尼奥斯以来最伟大的几何学家"雅各布·施泰纳(1796—1863)统治着他那个时代的心灵和思想,他非常不喜欢分析方法. 将"分析"定义为应用于几何并不容易,但无论如何,该术语似乎意味着一定程度的技巧或"机械". 分析有时被认为是一种工具,而这一术语从未应用于综合. 然而,施泰纳认为最好通过集中思考来学习几何,他甚至反对综合几何学家使用的模型和图表等"道具". 他说,计算代替了思考,而几何学激发了思考[2]. 施泰纳如此排斥分析观点,据说他曾威胁说,如果克雷

---

[1] *System der Geometrie des Raumes*, p. 322.

[2] 参阅 Struik, 同上, II, p. 246.

尔《杂志》继续发表普吕克的文章,他就放弃投稿①. 莫比乌斯似乎对这一争论保持中立,因为他既是综合者又是分析者. 然而,雅可比站在综合一方,并在争论中激烈反对普吕克. 如果说 1826 年他与彭赛列的"纠纷"扭转了他早期对纯几何的兴趣,那么他与施泰纳的冲突可能同样是导致普吕克放弃解析几何的一个原因. 然而,还有另一种似乎更为合理的解释. 从 1825 年到 1846 年,普吕克先是在波恩,然后是柏林,最后是哈雷教授数学. 1847 年,他成为波恩的物理学教授;据说物理学的教授应该由纯数学家担任这一事实受到了一些批评. 不管是什么原因,普吕克放弃了几何研究,转而进行实验研究. 从 1847 年开始,他主要在波根多夫的《年鉴》②上发表了一系列致力于发现的长篇论文,其中一些是与希托夫在磁学和光谱学方面的合作. 在其他贡献中,他宣布化学物质可以通过它们发出的特征谱线来识别,这是对本生和基尔霍夫工作的一个预示.

法拉第的电学发现可能为他的物理研究指明了方向,因为普吕克曾与英国科学家和数学家有过接触,并在他们中找到了热情的崇拜者. 很矛盾的是,作为整个 18 世纪综合方法大本营的英国,却在延续普吕克的解析几何学方面占据了先机. 当蒙日和拉克鲁瓦在法国进行分析革命时,英国的解析几何学几乎没有超越牛顿和麦克劳林的工作发展. 沃利斯的《圆锥曲线》在剑桥已经不再使用,虽然解析几何从 1800 年到 1820 年以某种程度一直存在,但主要是源于它与测量问题的关系③. 通常 19 世纪初能阅读到的关于解析几何的唯一著作是附于詹姆斯·伍德《代数论》④的一篇长达 30 页的"代数在几何中的应用". 这篇简短的叙述描述了这一主题在洛必达时代的情况. 坐标被定义为几何线,旋转变换不使用三角符号来描述. 文中给出了关于圆锥曲线的简单例子以及二次方程的特征. 还包括一些关于欧拉和华林的其他曲线. "论方程的构造"这一节很容易让人联想到笛卡儿的《几何学》. 大约在 1800 年,英国和欧洲大陆在微积分方法之间的鲜明对比是众所周知的;显然解析几何的情况大同小异. 这大概是一个"分析学会",它的成立是为了促进(在微积分方面)"反对大学时代的纯粹主义原则",这间接地给解析几何带来了变化. 1816 年,学会翻译了拉克鲁瓦的《微分学》,不久之后,莱布尼茨的微分方法就取代了牛顿的流数法. 但拉

①　参阅 Cajori, *History of Mathematics*, p. 311.

②　参阅 *Wissenschaftliche Abhandlungen*, v, Ⅱ.

③　W. W. R. Ball, *A History of the Study of Mathematics at Cambridge* (Cambridge, 1889), p. 129.

④　我所使用的第六版和第九版(剑桥,分别为 1815 年和 1830 年)实际上是一模一样的. 参阅 p. 276-305.

克鲁瓦的《微分学》是以其解析几何为前提的;不久,教科书似乎就满足了这一需求. 其中最早的一本是迪奥西尼·兰登(1793—1859)的《代数几何体系》(*A System of Algebraic Geometry*,伦敦,1823). 该主题当时在英国的不幸状况通过作者的评论"迄今为止,英国还没有出现任何关于代数几何的论文"得以证明①. 兰登还提请注意约翰·莱斯利爵士(1776—1832)当时正试图领导一场回到古代的反革命. 莱斯利写了一本题为《分析几何和曲线几何》(*Geometrical Analysis and Geometry of Curve Lines*,爱丁堡,1821)的书,但"分析"一词在这里是以柏拉图和帕普斯的意义使用,表示"解的一种反向形式". 兰登和莱斯利的作品只是暴露出英国也存在分析家和综合家之间广泛争议的其中两件.

兰登的《代数几何》与拉克鲁瓦和毕奥的早期文本非常相似,这表明1823年的英国不再落后于时代一个世纪. 在随后的几年中,类似书籍的相继问世证实了这一点:汉密尔顿(H. P. Hamilton)的《解析几何原理》(*Principles of Analytical Geometry*,1826);约翰·海默斯(John Hymers)的《三维解析几何》(*Analytical Geometry of Three Dimensions*,1830)②和华德(S. W. Waud)的《代数几何论》(*A Treatise on Algebraical Geometry*,1835). 所有这些③都类似于该世纪初欧洲大陆的教科书;尤其华德的《代数几何论》是一本可以被今天的初级层次接受的优秀而全面的书. 但是,当英国最终能够展现令人满意的教科书材料时,自华林以来再没有杰出的解析几何学家. 然而,当普吕克在1846年放弃这一领域时,他的衣钵落在了英国人阿瑟·凯莱(1821—1895)的身上,尽管他致力于法律实践,但在产量上却可与欧拉和柯西相匹敌.

凯莱在《剑桥数学杂志》上发表了一篇文章. 这本期刊创办于1837年,后来以《剑桥和都柏林数学杂志》为名出版,它对英国的影响,在某种程度上就像热尔贡的《年刊》对法国的影响和克雷尔的《杂志》对德国的影响一样.

凯莱不是解析几何方面的专家. 他的900多篇数学论文大部分是关于不变量代数的,但普吕克只是在代数方面最弱. 令人惊讶的是,普吕克并没有使用过行列式,拉格朗日和蒙日漂亮的对称公式未能促使他在这个方向上的一般化. 1826年以后,在普吕克最活跃的时期,雅可比在分析方面有效地使用了行列

---

① Preface, p. liii.

② 我没有看到这些作品,引用它们是基于 Ball 的 *Mathematics at Cambridge*. 但我参阅过 Hamilton 的 *An Analytical Systam of Conic Sections* (3rd ed. , Cambridge, 1834),这是一部类似于欧洲大陆的处理方法的作品.

③ 还有一本法语作品的英译本:L. B. Francoeur, *A Complete Course of Pure Mathematics* (transl. by R. Blakelock), 2 vols. , Cambridge, 1829—1830.

式,人们怀疑是否是他们之间的不和使这位几何学家厌烦了这一主题. 不管是什么原因,很可能是行列式符号的缺乏使普吕克无法发展出 $n$ 维解析几何. 多维几何学的引入仍然是同时发现的另一个例子,有三个人几乎同时独立地迈出了这一步①. 威廉·哈密顿(William Rowan Hamilton,1805—1865)的四元数和格拉斯曼(Hermann Grassmann,1809—1877)的《线性扩张论》(1844)都可以追溯到 1844 年,它们实际上都是矢量和张量分析的一部分. 哈密顿希望在不借助笛卡儿坐标的情况下建立普通空间中的向量微积分;因此他将注意力集中在将一个向量转换为另一个向量的四参数运算上. 格拉斯曼的观点受到的限制较少,因为他的基本要素或"可测量"涉及维度的不定数. 然而,《线性扩张论》无论是在概念的独创性还是令人生畏的新术语方面,都与莫比乌斯的《重心的计算》相似. 格拉斯曼的想法也迟迟没有得到认可. 另一方面,凯莱在 1843 年从代数几何的角度探讨了高维问题②. 凯莱对数学具有强烈的审美情趣,乐于以新的、更优雅的方式解决与点、线和平面有关的初等数学问题;行列式为他推广拉格朗日的对称公式提供了一种极好的方法. 他的"($n$)维解析几何章节"以这样的陈述开头:"我认为所有与行列式有关的一般公式都是理所当然的."将柯西的正方阵列(包含在双竖线中)应用于蒙日的对称结果中,他将现在通常在教科书中给出的三角形面积和直线的两点式方程写为三阶行列式. 以同样的方式可将四面体的体积以及通过三个点的平面方程写为四阶行列式. 以一种完全类似的方式可以通过 $n+1$ 阶行列式将这项工作扩展到 $n$ 维. 凯莱提出的行列式形式也是普吕克放弃前的最后想法,即三维空间中一条直线的四个坐标:如果 $(\alpha,\beta,\gamma,\delta)$ 和 $(\alpha',\beta',\gamma',\delta')$ 是确定直线的两点的齐次点坐标,凯莱将通过这些点的直线坐标表示为矩阵的行列式

$$\begin{vmatrix} \alpha & \beta & \gamma & \delta \\ \alpha' & \beta' & \gamma' & \delta' \end{vmatrix}$$

凯莱在范围和分析能力上都可与欧拉和柯西媲美,并发表了大量新的观点和理论."在整个纯数学领域,几乎没有一门学科是他没有研究过的.③"在这里

---

① Ludwig Schläfli(1814—1895)似乎也独立地发展了这个概念,但他的工作几乎比其他人晚了十年. 参阅 H. S. M. Coxeter, *Regular Polytopes* (London, 1948), p. 141. 多维代数几何也是在 1854 年发展于著名的 G. F. B. Riemann(1826—1866)的 *Habilitationschrift*. Schläfli 还对三次曲面的分类做出了贡献,例如, *Philosophical Transactions*, CLⅢ (1863), p. 193-241.

② 参阅 *Cambridge Mathematics Journal*, Ⅳ (1843—1845), p. 119-127. 凯莱的文章也在他的 *Collected Mathematical Papers*(Cambridge, 1889—1897)中被提到. 参阅 v. Ⅰ, p. 55-62. 或参阅Ⅵ, 456.

③ 参阅 A. R. Forsyth, "Obituary notices" in *Proceedings of the London Royal Society*, LⅧ (1895), i-xliii, esp. p. xxi. 或参阅 Ch. Hermite, *Comptes rendus*, CXX (1895), p. 234.

不可能对这些贡献进行系统说明,即使解析几何方面. 然而,他有一个惊人的发现值得在此一提:凯莱在 1849 年指出,虽然二次曲线既不包含直线,也不包含无穷多条线,但三次曲面上却有确定的有限条线. 乔治·萨蒙(1819—1904)深受凯莱作品的影响,后来确定只有 27 条直线[①]. 这些未必都是真实的,但自普吕克时代以来,虚元素已经成为代数几何不可分割的一部分. 凯莱写道:"分析中的虚量和几何学中的虚空间这一概念,实际上是整个现代分析和几何中潜在且普遍存在的基础(我怎么强调这一断言也不过分). [②]"凯莱对无限元素的态度表明三线坐标在当时的英国也很受欢迎. 在为《大英百科全书》第九版撰稿时,他(在关于"几何"的文章中)说:"(现代方法的)整体趋势是一般化……对无限的处理实际上是这两种方法的另一个根本区别. 欧几里得避免使用它,但它却在现代数学中被系统地引入,因为只有这样才能获得一般性."凯莱关于"曲线"的文章(在第 11 版中)包含了类似的观点,以及对对偶原理的发展和"普吕克双代曲线"的大量历史阐述. 后一篇文章对普吕克方程进行了详细论述. 凯莱对这门学科非常着迷,以至于试图将它们扩展到曲面和斜曲线,以及平面曲线的高次奇点.

与英国的凯莱同时,德国数学家黑塞(Ludwig Otto Hesse,1811—1874)在几何学和分析学中也有效地使用了行列式,他的名字在著名的导数中得到了颂扬. 普吕克通过简化符号避免了代数消元法,但黑塞通过行列式证明了如何使消元法更简单. 除了使用来自柯西和雅可比的双指数外,黑塞的著作在强调计算的优美对称性方面与拉格朗日相似. 在 1848 年的克雷尔《杂志》上,他采用了现在熟悉的形式$(x_1,x_2,x_3)$表示平面中的齐次坐标,并采用方便的双指数表示法表示一般二次方程中的系数,这些符号使得它们更容易与行列式一起使用. 教科书中行列式的使用主要归功于黑塞. 除了行列式的广泛使用,他的两本广受欢迎的著作 1861 年的《空间解析几何讲义》(*Vorlesungen über die analytische Geometrie des Raumes*)和 1865 年的《直线、点与圆的解析几何讲座》(*Vorlesungen aus der analytische Geometrie der geraden Linien, des Punktes und des Kreises*)几乎可以说已经完成了普吕克意义上的解析几何工作,即拉克鲁瓦和毕奥的著作在蒙日意义上为解析几何所做的工作. 在这里可以找到简化符号、齐次坐标、点和平面坐标的二次曲面、极坐标理论,所有这些都以最完美的现代形式展现. 其他国家(尤其是英国)也出现了许多有类似特点的教科书. 例如,萨蒙出版了《圆锥曲线论》(1848)、《高次平面曲线》(1852)和《三维解析几何论》(1862),这些著作已经有了很多版本,现在仍被广泛使用. 在萨蒙的后一部

---

[①] 参阅 Archibald Henderson, *The Twenty-Seven Lines Upon the Cubic Surface* (Cambridge, 1911).

[②] *Collected Mathematical Papers*, XI, p. 434.

著作中,他提请人们注意解析几何学中一个在很长一段时间里不声不响地发展起来的方面——球坐标概念.

从广义上讲,球体的解析几何可以追溯到希帕克斯的地理学和希腊球面几何学理论;但第一次有条理的处理是克里斯托夫·古德曼(1798—1882)于1830年做出的.这一年,古德曼在克雷尔的《杂志》上发表了论文"关于分析领域"(Ueber die analytische Sphärik),并出版了一本书《解析球形平面图》(*Grundriss der analytischen Spharik*),都是关于球面坐标的①.他以在点 $V$ 处以任意角度(对应于平面上的斜坐标)互相切割的两个象限 $VX$ 和 $VY$ 为参考系.为求球面上一点 $M$ 的坐标,他用大圆的圆弧将 $M$ 与 $X$ 和 $Y$ 连接起来,并求出这些弧与 $VX$ 和 $VY$ 的交点 $P$ 和 $Q$.除了弧 $XY$ 上的点,"轴向坐标"$x=VP$,$y=VQ$ 是唯一确定的.古德曼还提出了类似于平面上极坐标的球面上的"中心坐标"系,其中 $M$ 的位置由大圆弧 $VM$ 和角 $MVX$ 决定.他解决了关于点和大圆的基本问题,甚至考虑在球面上画一些简单的曲线.这显然是受到了普吕克工作的启发,后来他通过定义三线坐标,使用与过垂直于参考球面三角形边的点所画的弧的正弦成比例的数字来推广他的方案(在1838年的克雷尔《杂志》中),莫比乌斯在1846年还发表了一篇关于球面解析几何的论文,他在这篇论文中将重心演算应用到球面上.

在英国,戴维斯(T. S. Davies,1794—1851)于1833年也提出了对球坐标的全面处理,特别关于极坐标形式②.戴维斯试图将球面坐标追溯到詹姆斯·斯肯1795年在阿伯丁的《绅士日记》;但他没有提到古德曼,也不承认任何先于自己的一般发展.戴维斯以 $\theta$ 为极角,$\phi$ 为向径(或极距)给出了以$(\lambda,\kappa)$为圆心,$\rho$ 为半径的圆的方程

$$\cos \rho = \cos \lambda \cos \phi + \sin \lambda \sin \phi \cos(\theta-\kappa)$$

如果圆是大圆,方程就变成

$$\cot \phi = -\tan \lambda \cos (\theta-\kappa)$$

如果中心是(平均分球形物体的面的)圆的极点,方程为 $\cos \rho = \cos \phi$.同样的,他通过两点确定大圆;两个大圆的交点以及它们之间的角度;通过一个点的大圆与给定大圆成一个给定角度;以及通过三个点的圆.他给出了坐标变换和各种投影公式:正射投影、平射投影以及日晷投影;他研究了各种曲线,包括球面椭圆、双曲线、抛物线、球面外摆线和各种螺线,尤其是斜驶曲线.在接下来的十

---

① 参阅 Loria, "Perfectionnements...," *Mathematica* XXI(1945), p. 66-83,我在这里遵循他的阐述.

② "On the equations of loci traced upon the surface of the sphere, as expressed by spherical coordinates," *Transactions of the Royal Society of Edinburgh*, XII(1833—1834), 259-362, 379-428.

年中,格雷夫斯(C. Graves,1812—1899)广泛研究了直角球坐标①. 他给出了两点间的距离公式;从一个点到一个大圆的法距离;两个大圆之间的夹角;通过垂直于给定大圆的给定点的大圆方程;以及与给定球面曲线相切的大圆方程. 确定了直角球面坐标的变换以及球面上极坐标到直角球面坐标的变换. 萨蒙注意到,在单位球上的格雷夫斯直角坐标系中,在原点处与球面相切的平面上的投影会产生相应的笛卡儿坐标系. 因此,球面曲线的古德曼方程对应于它在原点切平面上中心投影的笛卡儿方程. 球面坐标和笛卡儿坐标也可以通过球极平面投影联系起来. 凯莱也用三极坐标系研究了球面解析几何;很久之后(1895),他考虑了球面三角形的九点圆②.

球坐标是一般曲面解析几何的一个特例,但后者的发展却大不相同. 欧拉用参数化方法来表示平面曲线,并自然扩展到空间中,以至于很难将其归功于任何一个人. 对于 $r$ 常数,拉格朗日从球坐标或极坐标$(p,q,r)$到直角坐标$(x,y,z)$的变换构成了球面的参数表示. 从这个意义上说,参数 $p$ 和 $q$ 可以称为球面上一点的球坐标. 正是近代最伟大的数学家约翰·卡尔·弗里德里希·高斯(1777—1855)将这种方法进行了推广,从而得出了一般曲线坐标. 在他 1827 年的经典著作《关于曲面的一般研究》中,他用三个含两个参数的微分方程来定义曲面,并将确定曲面上两个测地线系统的参数 $p$ 和 $q$ 称为"曲线坐标". 然而,这项工作是微分几何而非代数几何的一部分.

高斯用"曲线坐标"这一名称来表示任意给定曲面上的系统,但该术语也可用于表示平面或三维空间中的各种坐标系. 两个方程 $x=f(p,q)$ 和 $y=g(p,q)$ 一方面足以建立 $p$ 和 $q$ 之间的值的对应关系,另一方面建立 $x$ 和 $y$ 之间的值的对应关系,所以 $p$ 和 $q$ 可以被认为是平面上一点$(x,y)$的曲线坐标. 极坐标是一种特殊情况,其中 $f$ 为 $p\cos q$,$g$ 为 $p\sin q$. 1874 年,拉桑特(C. A. Laisant,1841—1920)给出了另一个例子 $x=r\cosh w$,$y=r\sinh w$,他称之为双曲极坐标系③. 同样的,在三维空间中,三个方程

$$x=f(u,v,w),y=g(u,v,w),z=h(u,v,w)$$

建立了"曲线"坐标$(u,v,w)$和笛卡儿坐标$(x,y,z)$之间的对应关系. 拉格朗日方程提供了一个特殊的例子,曲线坐标的类型在数量上是无限的. 曲线坐标最重要的单一形式可能是由拉梅在 1837 年提出并命名为"椭圆坐标"④. 对于三维空间定义如下:根据 $\lambda$ 在$-a$ 和$-b$,$-b$ 和$-c$ 或$-c$ 和$+\infty$之间的取值,方程

---

① 我没有见过这项工作,但此处的引用是基于 Loria,"Perfectionnements…"

② *Collected Mathematical Papers*, XIII, p. 548.

③ *Essai sur les fonctions hyperboliques* (Paris 1874), p. 71-83.

④ "Sur les surfaces isothermes," *Journal des mathématiques*, II (1837), p. 156. 或参阅 IV (1839), p. 134; VIII(1843), p. 397.

$$\frac{x^2}{a^2+\lambda}+\frac{y^2}{b^2+\lambda}+\frac{z^2}{c^2+\lambda}=1$$

表示一个椭圆面,一个单叶双曲面或双叶双曲面.如果在上面的每一区间中选择 $\lambda$ 的三个值,那么这三个数字确定了三条与彼此相交(正交)于八个点的二次曲线,每个卦限中有一个,并且相对于系统的主平面成对对称.因此,这些数字 $\lambda_1,\lambda_2,\lambda_3$ 可被视为这样确定的点的坐标.类似的,对于方程

$$\frac{y^2}{p+\lambda}+\frac{z^2}{q+\lambda}=2x+\lambda$$

可以在三个区间$(-\infty,-p),(-p,-q)$和$(-q,+\infty)$中各取一个 $\lambda$ 值,得到三个相交于四个点的抛物面;这三个值 $\lambda_1,\lambda_2,\lambda_3$ 被称为点的抛物线坐标.通过使用共焦二次曲线来代替二次曲线,类似的曲线坐标系可以应用于二维空间.在这样一个坐标系中,坐标的概念完全脱离了几何意义,就像在莫比乌斯和普吕克的研究中一样,坐标也仅仅是数字.解析几何越来越算术化了.

拉梅是一名土木铁路工程师,他通过椭球体上的热传导研究得出了曲线坐标;1859 年,他出版了一本关于这种坐标在力学、热学和电学中作用的书.他对其重要性的预测(在《曲线坐标及其应用》(*lecons sur les coordonnées curvilignes et leurs applications*)一书中)值得引用,因为这是对那些通过解析几何参与科学进程的人的鼓舞人心的致敬:

如果有人觉得我们能够在坐标系的唯一概念上建立数学课程是很奇怪的,他可能会被提醒,正是这些系统描述了科学的各个阶段和进程的特征.如果没有发明直角坐标,代数可能仍是丢番图及其评论者遗留的样子,我们仍缺乏微积分和分析力学.没有球坐标的引入,天体力学是绝对不可能的;如果没有椭圆坐标,杰出的数学家们就无法解决这一理论的几个重要问题……随后,一般曲线坐标意外占据了支配地位,通常来说只有它们才能解决(数学物理中)所有具有普遍性的新问题.是的,这个决定性的时代终将到来,但会很缓慢:那些最先认识这些新工具的人将不复存在,并将被完全遗忘——除非一些考古的数学家重提他们的名字.好吧,如果科学进步了,那又如何呢?①

就在拉梅写下这些赞美解析几何的话时,这个学科最重要的拥护者正在他的帐篷里生闷气.普吕克确实通过他在物理学方面的工作为科学做出了贡献;但有人想知道他是否偶尔向他早先取得胜利的领域投去热情的目光.是不是被拉梅的挑战重新唤醒了活力? 还是因为凯莱追求其思想表现出的热情促使他回到他的初恋? 还是他的主要对手施泰纳的去世(1863)可能促使他放弃强加给自己的数学放逐者角色? 不管是什么原因,普吕克在 1865 年又回到了他在

---

① 引用自 Bell, *Development of Mathematics*, p. 487.

1846 年突然中断的工作.

在普吕克的几何学退隐期间,超过三维的空间概念已经从很少考虑几何解释的正式观点发展起来了(尤其是凯莱)①.1846 年,普吕克本人曾暗示过这种纯粹的代数一般化.然而到了 1865 年,他重新相信解析运算和几何作图是相互平行的,并且打破了无法想象三维以上空间的天真观念.在考虑构成空间的元素时,人们倾向于首先考虑点.尽管存在对偶性,但将曲线视为点的轨迹而不是切线的包络似乎更自然一些——即使实际上由光线而非移动点产生的曲线可能是焦散的.在二维空间中,这无关紧要.有多少条线就有多少个点.然而对于普通的三维空间,情况则大不相同.在这种情况下,一个点具有三个独立的坐标,平面和点一样多;但一条线是由四个条件确定的.普吕克在退休之前曾将一条线的四个参数称为"坐标",但直到 1865 年,他才将这一想法作为"新空间几何"的基础.他提出了这样一种观点——空间不需要被认为是无限多点的集合,它同样可以被看成是由无数条直线组成的.贝尔生动地表达了这种变化:"我们熟悉的立体空间看上去不像是由无限小的颗粒凝聚而成的,现在更像是无限细,无限长的直稻草组成的宇宙的干草堆.②"也就是说,空间的维度取决于元素的类型,在我们的脑海中,它是被视觉化建立的.以前被视为点轨迹的任何图形都可以被视为空间元素,其维数由决定这种轨迹的参数数量表明.

普吕克与英国几何学家之间的友好关系不仅体现在他的新空间几何学首次出现在英国皇家学会的出版物中③,还体现在英国对其想法的回应中.例如,凯莱在 1868 年分析地提出了平面作为五维空间的概念,其元素是圆锥曲线④.同年还出版了普吕克最后一部作品《基于直线作为空间元素的新空间几何学》(*Neue Geometrie des Raumes gegründet auf die Betrachtung der geraden Linie als Raumelement*)的第一卷.在这本书中,他像通常研究点几何的人一样建立了他的线几何学.在普通点空间坐标下的单个方程称为曲面;普吕克称线空间的四个坐标中的方程为"复形".普通空间中的两个方程确定一条曲线;在他的新空间中,普吕克将两个方程对应的轨迹称为"congruence".点几何中的三个方程引出了空间中的一个单元素——一个点;但在线几何中,还有另一种可能的中

---

① 在一本颇具煽动性的小书中,*Art and Geometry* (Cambridge, Mass., 1946), p. 121, Wm. M. Ivins 写道:"凯莱和 Grassmann 发明了三维以上空间的概念";但这是一种误导.直到 1883 年,凯莱还坚持认为多维几何仅仅是纯数学的一部分,而不是概念领域的一部分.参阅 Forsyth,同上,p. xxxii.

② *Men of Mathematics*, p. 400.

③ *Proceedings*, XIV (1865), p. 53-58; and *Philosophical Transactions*, CLV (1865), p. 725-791. 或参阅 *Wissenschaftliche Abhandlungen*, I, p. 462-545.

④ "On the curves which satisfy given conditions," *Philosophical Transactions*, CLVIII (1868), p. 75-142;或参阅 *Collected Mathematical Papers*, VI, p. 191-291.

间构型,即称为"range"的单参数线族. 普吕克给自己设定了一项任务,即以一种与他处理普通空间相对应的方式来建立新空间的性质. 例如,二次线的复形具有与二次曲面相似的性质,他着手对此进行详细研究. 遗憾的是,他在有生之年并没能完成这部著作,但他和他的学生,特别是最终促成了这部著作出版的菲利克斯·克莱因(1849—1925)和克莱布什(Clebsch,Rudolf Friedrich Alfred,1833—1872)一起完成了这部著作的情况调查工作.

普吕克的去世并没有终止解析几何的发展;因为像许多伟人一样,他也有热情的追随者.1818 年伟大的法国几何学家蒙日去世后,普吕克在蒙日的学生的指导下开始了他的研究,继续按照他们老师建议的路线发展这门学科. 半个世纪后的 1868 年,普吕克等人相继去世,使得解析几何再次转型;后来的几代学生极大地促进了这门学科的发展. 据估计[1],从 1870 年到 1890 年,分析方法占主导地位的几何学发展速度翻了一番. 也不太可能就此结束. 正如维莱特纳保守估计的那样,也许在一两百年后,解析几何将与我们的不同,就像我们的几何学与笛卡儿和费马的不同一样[2]. 然而,从普吕克开始,专业化已经发展到如此程度,以至于自他去世以来,对初等解析几何历史的一般阐述可能会合理地止步于此. 虽然"历史表明(在整个几何学以及解析几何中的)普遍趋势是越来越一般化的[3]",但个人的贡献则趋向于相反的方向. 即使是追随普吕克少数学生的工作——例如克莱因和马里乌斯·索菲斯·李(1842—1899)的群和不变性理论或克莱布什的代数形式的不变量——将导致远远超出概述范围的领域[4]. 但是,在此提及解析几何对数学基础的影响之一是合理的. 当希腊数学家坚持寻找诸如 $x^3 = 2$ 这样的方程的几何解而非算术解时,通向解析几何的思路就产生了. 然而,在蒙日和普吕克的工作中,解析几何学从纯几何学的构建中解放出来——它被算术化了. 奥古斯特·孔德(1798—1857)对这种算术化趋势及其对实证主义哲学的影响印象深刻. 他甚至将分析单独放在抽象数学的范畴内,将纯几何学(连同力学)归为具体数学的范畴,并称解析几何是数学教育中最具决定性的一步[5]. 然而,尽管孔德强调了解析式和几何作图之间的相似性,但他并没有认真考虑这种关联必须基于的基本假设,该假设自笛卡儿时代以来

---

[1]  参阅 Cajori, *History of Mathematics*, p. 278-279.

[2]  "Zur Erfindung...," p. 426.

[3]  Coolidge, *History of Geometric Methods*, p. 422- 423. 或参阅 Loria, "Perfectionnements..." *Mathematica*, XXI(1945), p. 63-83.

[4]  想要进一步探索这一发展方向的读者,请参考贝尔(特别是他的 *Development of Mathematics*)和 Coolidge(特别是 *History of Geometrical Methods*)极其出色的著作.

[5]  参阅 *The Philosophy of Mathematics*(transl. by W. M. Gillespie, New York, 1851), p. 202-203, and *Traité élémentaire de géométrie analytique à deux et trois dimensions*(Paris, 1843), p. 9.

解析几何学史

就被默认接受,即线上每一点都对应于一个实数,反之亦然①. 这个问题早在1854 年就已被考虑过了,尤其是在 1872 年,康托–戴德金公理为解析几何的算术化奠定了坚实的逻辑基础. 然而,理查德·戴德金(1831—1916)和格奥尔格·康托(1845—1918)的工作本质上是微积分发展的一部分②,在许多方面继续掩盖解析几何. 即使在曲线理论中,后来的许多贡献也与严格意义上的代数几何相去甚远. 诸如空间填充曲线和处处连续但处处没有切线的曲线等特例,都把这门学科的大部分内容纳入了更为普遍的函数理论范畴. 除了初等数学之外,要清楚地区分例如代数和几何等各个领域变得越来越困难. 现在解析几何产生的数与量的联系比以往任何时候都有了更坚实的基础. 回顾 1872 年以后这门学科的历史,会发现它与初等笛卡儿几何相去甚远,因此,这一年(即普吕克去世仅四年后)可能被视为一种终结日期;但在结束时,应该加上一句解析几何的历史学家的话.

化学被过度傲慢地称为法国科学,主要是因为拉瓦锡的"化学革命". 如果这种法国人的主张确有根据的话,那么就有更明显的理由来证明解析几何是法国人对数学的贡献. 最接近中世纪和近代早期的预期要归功于两位法国人——奥雷斯姆和韦达,发明者笛卡儿和费马都是法国人,法国人也是参加蒙日"分析革命"的核心人物. 尽管该学科的首要专家是德国人普吕克,但普吕克是由法国教师和教科书引入到这门学科的. 然而,没有什么比这一事实更能说明数学的国际性了,尽管该学科主要起源于法国,但它的历史编纂主要归功于其他国家. 几乎每种语言都有简短的总结,但对笛卡儿几何发展最广泛的一般性描述是由一位意大利人、两位德国学者和一位美国人撰写的. 本书的大部分灵感和材料都来自洛里亚、特罗普夫克、维莱特纳和柯立芝的作品(在附录中引用);因此,在结论中,作者希望读者参考这些资料,并表达对这些人和其他人的工作的钦佩,他们不仅丰富了数学本身,也丰富了数学发展的故事.

---

① 例如参阅 Tobias Dantzig, *Number, the Language of Science*(3rd ed., New York, 1939), p. 178.

② 参阅 C. B. Boyer, *The Concepts of the Calculus*(New York, 1939), p. 285 290. 康托和戴德金的工作几乎与 Méray 和魏尔斯特拉斯的工作同时进行, 这是发现同时性的另一个显著例子.

# 附 录

这里列出的作品是根据它们的重要性或相关性而选择的. 为方便起见,如果有作者的作品集,则优先引用散乱的论文. 更为详细的参考书目将在上述文本的脚注中找到.

## I. 解析几何学历史的一些重要原始资料(大致按时间顺序排列)

[1] O. Neugebauer, A. Sachs, *Mathematical Cuneiform Texts* (American Oriental Series, v. XXIX), New Haven, Conn., 1945. 最早的代数应用于几何.

[2] A. B. Chace, L. S. Bull, H. P. Manning 和 R. C. Archibald, *The Rhind Mathematical Papyrus*, 2 vols., Oberlin, 1927—1929. 埃及几何中的数字应用.

[3] T. L. Heath, Apollonius of Perga, *Treatise on Conics Sections*, Cambridge, 1896.《圆锥曲线》这一优秀的英文版本包括对阿波罗尼奥斯之前圆锥曲线历史的广泛介绍.

[4] T. L. Heath, *The Works of Archimedes*, Cambridge, 1897. 古籍《圆锥曲线》的重要知识,包括阿基米德三次方程的图解法.

[5] Ivor Thomas, *Selections Illustrating the History of Greek Mathematics*, 2 vols., Cambridge, Mass., 1939—1941. 相当于希腊解析几何学的重要资料来源.

[6] Ver Eecke, Paul, Pappus of Alexandria, *La collection mathematique*, 2 vols., Paris and Bruges, 1933. 解析几何学发展中一个重要的灵感来源的现成版本.

[7] Wieleitner, Heinrich, "Der 'Tractatus de latitudinibus formarum' des Oresme," *Bibliotheca Mathematica*(3), XIII (1913), 115-145. 包括对最重要的中世纪解析几何学先驱工作的有价值的评论和分析. 或参阅本附录第二部分中列出的由维莱特纳撰写的关于奥雷斯姆的文章.

[8] Viète, François, *Opera mathematica* (ed. by van Schooten, Lugduni batavorum, 1646). 包含笛卡儿和费马等最重要的早期近代先驱对代数到几何的应用. 有关他部分作品的法语译本,请参阅 *Bullettino di Bibliografia e di Storia delle Scienze Matematiche e Fisiche*, I (1868), 223-276.

[9] Fermat, Pierre de, *Oeuvres*. Ed. By Paul Tannery and Charles Henry, 4 vols. and supp., Paris, 1891—1922. 包含了 *Introduction to loci* 的拉丁语和法语译本,以及其他与解析几何有关的工作. *Introduction to loci* 的拉丁语译本也可见费马的 *Varia opera mathematica*(Tolosae, 1679).

[10] René Descartes, *The Geometry*. Transl. by D. E. Smith and Marcia L. Latham, with a facsimile of the first edition, 1637, Chicago and London, 1925. 这是一个带注释的便利译本. 关于笛卡儿几何学工作的其他方面, 请参阅他的 *Oeuvres*( ed. by Charles Adam and Paul Tannery, 12 vols. and supp. , Paris, 1897—1913).

[11] G. P. de Roberval, "Divers ouvrages," *Mémoires de l' Académie Royale des Sciences depuis 1666 jusqu' à 1699*, VI( Paris, 1730), 1- 478. 第 94 至 246 页包括轨迹方程的推导以及三次和四次方程图解法.

[12] Van Schooten, Frans, *Geometria a Renato Des Cartes*. 2nd ed. , 2 vols. , Amstelaedami, 1659—1661. 解析几何史上最重要的著作之一. 除了范 · 舒腾对笛卡儿几何的广泛评论外, 第二版还包含了 Jan de Witt 的 *Elements of curved lines*, 有时被称为解析几何的第一本教科书. Van Schoote 的作品还包括 Debeaune 和其他人对解析几何的重要补充. 第三版出版于 1683 年. Leyden 的第一版(1649)不包含 de Witt 的工作.

[13] Sluse, René de, *Mesolabum*. 2nd ed. , Leodii Eburonum, 1668. 这本"方法之书"是笛卡儿方程图解法的一个重要环节. 三次方程和四次方程是通过圆锥曲线相交来求解的. 第一版出版于 1659 年.

[14] Wallis, John, *Opera*, 3 vols. , Oxonii, 1693—1699. 这是沃利斯作品的最佳版本. 关于 *Treatise on conic sections* 的重要部分也可以在更容易获取的 *Opera mathematica*(2 vols. , Oxonii, 1656—1657)中找到.

[15] Christiaan Huygens, *Oeuvres completes*. 22 vols. , La Haye, 1888—1950. 这对当时的数学家(尤其是斯吕塞)来说很重要. 惠更斯是最早理解负坐标的欧洲作家之一.

[16] Lahie, Philippe de, *Nouveaux élémens des sections coniques*, *les lieux géométriques*, *la construction ou effection des équations*, Paris, 1679. 这是一位伟大的综合几何学家最重要的分析工作. 遵循严格的笛卡儿传统,并在 1701 年再版.

[17] Ozanam, Jacques, *Traité des lignes du premier genre*; *traité des lieux géométriques*; *traité de la construction des équations*, Paris, 1687. 这部相当平淡无奇的作品与笛卡儿的思想一致,并且与拉伊尔的作品十分相似.

[18] Craig, John, *Tractatus mathematicus de figurarum curvilinearum quadraturis et locis geometricis*, Londini, 1693. 包含相当于确定圆锥曲线性质的现代特征的重要的 *Nova methodus determinandi loca geometrica*.

[19] G. W. Leibniz, *Mathematische Schriften*. Ed. by C. I. Gerhardt. *Gesammelte Werke*. Ed. by G. H. Pertz. Third series, *Mathematik*, 7 vols. ,

Halle, 1849—1863. 对于莱布尼茨和伯努利兄弟的一致性尤其有用.

[20] Bernoulli, Jacques, *Opera*, 2 vols., Genevae, 1744. 对于方程的图解法和极坐标的使用很重要.

[21] Bernoulli, Jean, *Opera omnia*. 4 vols., Lausannae and Genevae, 1742. 预示了立体解析几何.

[22] N. Guisnée, *Application de l' algebre a la geometrie*, Paris, 1705. 18 世纪上半叶流行的解析几何.

[23] Sir Isaac Newton, *Opera quae exstant omnia*. Ed. by Samuel Horsley, 5 vols., Londini, 1779—1785. 这个版本, 和 *Opuscula mathematica, philosophica et philological*(3 vols., Lausannae and Genevae)对于那些读拉丁语的人来说很方便. 解析几何史上的很多重要论文也有英文版本: 关于极坐标的 *The method of fluxions*(London, 1736); 关于方程图解法的 *Universal arithmetick*(London, 1769 等); 关于图示的 *Enumeration of lines of the 3rd order*(London, 1760). 最后一本的广泛叙述也可参阅 W. W. R. Ball 的文章 "On Newton's classification of cubic curves," *London Mathematicak Society, Proceedings*, XXII(1890), 104-143.

[24] L' Hospital, G. F. A. de, *Traité analytique des sections coniques*, Paris, 1707. 这本 18 世纪最受欢迎的解析几何学著作出现了许多版本.

[25] Varignon, Pierre, "Nouvelle formation de spirales," *Mémoires de l' Académie des Sciences*, 1704, p. 69-131. 极坐标使用的早期实例.

[26] Rolle, Michel, " De l' evanoüissement des quantitez inconnües dans la géométrie analytique," *Mémoires de l' Académie des Sciences*, 1709, p. 419-450. 这是最早使用解析几何学这一名字的出版物之一. 书中讨论了方程的图解法.

[27] Reyneau, Ch. R., *Analyse démontrée*, 2 vols., Paris, 1708. 类似洛必达的作品, 但不太出名.

[28] Antoine Parent, *Essais et recherches de mathématique et physique*. 2nd ed., 3 vols., Paris, 1713. 这是立体解析几何学最早系统应用的实例之一. 这部作品首次出现于 1705 年.

[29] Colin Maclaurin, *A treatise of algebra*, London, 1748. 这对"用代数解决几何问题"很重要. 这部遗作早在 1729 年就计划好了. 关于麦克劳林的生活和工作, 请参阅他二十页的 *Account of Sir Isaac Newton's philosophical discoveries*(London, 1748).

[30] James Stirling, *Linea tertii ordinis Neutonianae*, Londini, 1717. 斯特林在牛顿的短篇著作中添加了如此多的新材料, 以至于这实际上成了一本新书.

[ 31 ] Claude Rabuel, *Commentaires sur la géométrie de M. Descartes*, Paris, 1730.
一种冗长的传统处理.

[ 32 ] A. C. Clairaut, *Recherches sur les courbes a double courbure*, Paris, 1731. 这
是作者十六岁时创作的经典作品. 这是第一本完全致力于立体解析几何
的书.

[ 33 ] Jacob Hermann, De superficiebus ad aequationes locales revocatis,"
*Commentarii Academiae Petropopolitanae*, Ⅵ(1732—1733), 36-67. 这是立
体解析几何学早期历史上的一个重要贡献,与克莱罗和欧拉在同一时间
创作的第一部作品. 关于平面解析几何,请参阅 Hermann 在同一期刊上
发 表 的 一 篇 文 章 " De locis solidis ad mentem Cartesii concinne
construendis," Ⅳ(1729), 15-25.

[ 34 ] Christian Wolff, *A Treatise of Algebra*; *with the Application of it to a Variety of
Problems in Arithmetic, to Geometry, Trigonometry, and Conic Sections*.
Transl. from the Latin, London, 1739. 当时对笛卡儿本质的绝佳阐述.

[ 35 ] J. P. De Gua de Malves, *Usages de l'analyse de Descartes*, Paris, 1740. 这
是继牛顿和斯特林之后,关于高次平面曲线最重要的著作之一.

[ 36 ] J. B. Caraccioli, *De lineis curvis*, Paris, 1740. 这是那个时代关于(代数的
和超越的)高次平面曲线最好的论文之一. 其处理方式部分是分析的,部
分是综合的.

[ 37 ] Paolino Chelucci, *Institutiones analyticae earumque usus in geometria*,
Romae, 1738. 这说明解析几何学最初在意大利发展得是多么缓慢. 几何
用途包括用圆锥曲线图解三次方程.

[ 38 ] Agnesi, Maria Gaetana, *Instituzioni analitiche*, Milano, 1748. 这是一种具
有时代特点的解析几何学,在欧洲大陆很有名. 英文版出版于伦敦
(1801).

[ 39 ] Leonhard Euler, *Opera omnia*. Ed. by Ferdinand Rudio, 22 vols. in 23,
Lipsiae and Berolini, 1911—1936. 欧拉对解析几何的贡献涵盖了近半个
世纪. 从 1728 年在 *Commentarii Academiae Petropolitanae* 上发表了一篇关
于立体解析几何的论文开始;1775—1776 年的 *Novi Commentarii* 中有一
篇由欧拉写的关于三维坐标变换的文章. 关于他的解析几何最重要的个
人工作是 *Introductio in analysin infinitorum*(2 vols. , Lausannae, 1748),该
书有法语和德语两种译本. 关于欧拉的完整的书目信息请参阅 Gustaf
Eneström, "Verzeichnis der Schriften Leonhard Eulers," *Jahresbericht der
Deutschen Mathematiker-Vercinigung*, *Ergänzungsbände*, Ⅳ, 2 parts, 1910—
1913, 一个令人印象深刻的清单包括 866 个条目,但不包括多个版本.

[40] Gabriel Cramer, *Introduction a l'analyse des lignes courbes algebriques*, Genevae, 1750. 这本680页的巨著在半个多世纪以来一直是该领域的权威.

[41] La Chapelle, L'Abbé, *Traité des sections coniques et autres courbes anciennes*, Paris, 1750. 这本书在精神上是笛卡儿式的,但一点也不像现代解析几何学,很少给出曲线方程.

[42] Jean Edme Gallimard, *Les sections coniques et autres courbes anciennes*, Paris, 1752. 和 La Chapelle 的作品一样,这本书以笛卡儿的几何学为基础,但不像现代著作,其使用的是比例语言而非方程.

[43] M. B. Goudin, A. P. Dionis du Sejour, *Traité des courbes algébriques*, Paris, 1756. 这对于强调坐标变换和直线的解析处理是很重要的. 或参阅 Goudin 的 *Traité des propriétés communes à toutes les courbes* (Paris, 1778), 第三版出版于1803年.

[44] Waring, Edward, *Miscellanea analytica, de aequationibus algebraicis, et curvarum proprietatibus*, Cantabrigiae, 1762. 这可能是18世纪下半叶英国最重要的解析几何著作.

[45] Vincenzo Riccati, Girolamo Saladini, *Institutiones analyticae*, 2 vols. in 3, Bononiae, 1765—1767. 很好描述了当时解析几何的特点.

[46] Sauri, L'Abbé, *Cours complet de mathématiques*, 5 vols., Paris, 1774. 包括对解析几何在该时期典型特征的讨论.

[47] Frisi, Paolo, *Operum*, 3 vols., Mediolani, 1782—1785. 第一卷的扉页上写着现代名称"解析几何".

[48] Etienne Bézout, *Cours de mathématiques*. Part Ⅲ, with notes by A. A. L. Reynaud, Paris, 1812. 贝祖的纲要在18世纪的最后25年非常流行,并影响了19世纪早期的美国教科书. 对解析几何的讨论是约1775年那个时代的典型特点.

[49] J. L. Lagrange, *Oeuvres*, 14 vols., Paris, 1867—1892. 对解析几何的贡献特别参见第三卷的第617至692页. 这对算术坐标几何很重要. 在他的经典四面体讨论中没有使用单一的图解.

[50] Gaspard Monge, *Feuilles d'analyse*, Paris, 1795. 蒙日是解析几何最重要的贡献者,他的作品被广泛收录. 他最重要的一项贡献 *Feuilles d'analyse* 到1850年为止已经出版了五个版本,但这绝不是唯一一项. 和欧拉一样,他在很长一段时间内都在为这个课题增添内容. 其关于可展曲面的经典论文发表于1771年,但直到1785年才出版. 这篇文章和许多其他文章都可以在法兰西科学院的研究报告中找到. 其他论文可参阅 *Journal de l'*

*Ecole Polytechnique* and *Correspondance sur l' Ecole Impériale Polytechnique.* 蒙日和 J. N. P. 阿歇特合作出版了一部关于立体解析几何的著作,并发行了几个版本,*Application de l' algèbre a la géométrie*; *traité des surfaces du second degré*(3rd ed., Paris, 1813).

[51] S. F. Lacroix, *Cours de mathématiques*, Vol. Ⅳ, *Traité élémentaire de trigonométrie rectiligne et sphérique et application de l' algèbre à la géométrie*, Paris, 1798—1799. 这是一本真正的平面解析几何现代教科书. 这本书为随后一个世纪出现的许多初级教科书奠定了基础. 这本书的大部分内容都出现在大约一年前同一个作者的 *Traité du calcul*(vol. I, Paris, 1797)中. 关于三角学和解析几何学的第 25 版教科书出版于 1897 年! 如果考虑到多重版本的话,拉克鲁瓦无疑是现代最伟大的教科书作者. 或参阅他的 *Essais sur l' enseignement en général*, *et sur celui des mathématiques en particulier*(Paris, 1805).

[52] F. L. Lefrançais(or Lefrançais), *Essai sur la ligne droite et les courbes du second degré*, Paris, 1801. 这是一本按照拉克鲁瓦的思路编写的优秀教科书. 第二版(题为 *Essai de géométrie analytique*)出版于 1804 年.

[53] Louis Puissant, *Recueil de diverses propositions de géométrie*, *résolues ou démontrées par l' analyse algébrique*, Paris, 1801. 这是一本遵循蒙日和拉克鲁瓦原理编写的优秀教科书. 1809 年和 1824 年出现了多种版本.

[54] J. B. Biot, *Essai de géométrie analytique*, Paris, 1802. 这是一本受欢迎程度堪比拉克鲁瓦的教科书. 平面解析几何与立体解析几何整合到一起. 这本书被翻译成多种语言,并且产生了广泛的影响. 它在西点军校使用了很多年. 1823 年第 6 版的页数是 1805 年第 2 版的一半(约 450 页).

[55] L. N. M. Carnot, *Géométrie de position*, Paris, 1803. 这本重要的书只有一部分是解析几何,但这些(大约 425 至 475 页)对于坐标使用的构想很重要. 其中提出了各种不同的系统,包括极坐标系、双极坐标系和内蕴坐标系.

[56] S. A. J. Lhuilier, *Eléméns d' analyse géométrique et d' analyse algébrique*, *appliquées a la recherche des lieux geometriques*, Paris, 1809. 值得注意的是线和平面标准形式的系统使用.

[57] J. N. P. Hachette, *Eléments de géométrie à trois dimensions*, Paris, 1817. 作者也因他对 *Correspondance sur l' Ecole Impériale Polytechnique*, (3 vols., 1813—1816)的编辑而被铭记.

[58] A. M. Ampère, "Sur les avantage qu' on peut retirer dans la théorie des courbes, de la consideration des paraboles osculatrices," *Journal de l' Ecole*

Polytechnique, cah. XIV（vol. 7, 1808）, 159-181. 这是内蕴坐标的早期使用.

[59] J. G. Garnier, *Géométrie analytique ou application de l'algèbre à la géométrie*, 2nd ed., Paris, 1813. 这是一本具有时代特色的优秀教科书. 第一版出版于 1808 年. 作者也以 Quételet 的 *Correspondance Mathématique et Physique* 的合编者被铭记.

[60] J. D. Gergonne, "Essai sur l'expression analytique des courbes indépendamment de leur situation sur un plan," *Annales de mathématiques pures et oppliquées*, IV（1813—1814）, 42-55. 关于内蕴坐标. 热尔贡是《年刊》的创立者和编辑,他对解析几何表现出了几乎无可匹敌的热情,该期刊上充满了他自己与其他人关于这一主题的优秀文章.

[61] L. Gaulier, "Mémoire sur les moyens généraux de construire graphiquement un cercle determine par trois conditions, et une sphere déterminée par quatre conditions," *Journal de l'Ecole Polytechnique*, cah, XVI（vol. 9, 1813）, 124-214. 这是对根轴和根平面的第一次系统介绍,主要是综合的.

[62] J. J. Bret, "Théorie analitique de la ligne droite et du plan," *Annales de mathématiques*, V（1814—1815）, 329-341. 三维空间中直线参数形式的早期系统使用.

[63] James Wood, *The Elements of Algebra*. （Part IV, *The application of algebra to geometry*, 276-305.）6th ed., Cambridge, 1815. 遵循笛卡儿和费马给出的路线简要介绍解析几何. 这是自沃利斯以来英国最早的阐述之一,表明其发展远远落后于欧洲大陆.

[64] Lamé, Gabriel, *Examen des différentes méthodes emplyécs pour resoudre les problèmes de géométrie*, Paris, 1818. 对于使用与曲线方程的线性组合有关的简化符号很重要.

[65] Augustin Cauchy, *Oeuvres complètes*, 25 vols., Paris, 1882—1932. 对于二次曲面的分类,行列式的使用,以及在三维空间中直线的某些形式都很重要.

[66] Lardner, Dionysius, *A System of Algebraic Geometry*, London, 1823. 这是在蒙日和拉克鲁瓦的意义上,出版于英国的第一本代数几何教科书. 包括五十页的历史介绍. 参阅他的 *Treatise on algebraic geometry*（London, 1831）.

[67] Etienne Bobillier, "Essai sur un nouveau mode de demonstration des propriétés de l'étendue," *Annales de mathématiques*, XVIII（1827—1828）, 320-339, 359-367. 使用缩写符号的最早原创者之一. 对于齐次坐标的预

示也很重要.

[68] J. V. Poncelet, *Applications d'analyse et de géométrie*, *qui ont servi de principal fondement au Traité des propriétés projectives des figures*, 2 vols., Paris, 1862—1864. 由于被作者 1822 年著名的射影几何学所掩盖,这本书经常被历史学家忽视. 在出版前的半个世纪,它表明了分析在彭赛列早期思想中发挥的重要作用.

[69] Julius Plücker, *Gesammelte wissenschaftliche Abhandlungen*. Ed. by Arthur Schoenflies, 2 vols., Leipzig, 1895—1896. 第一卷包括 Plücker 的 *Gesammelte mathematische Abhandlungen*,这是解析几何学历史上最重要的文献之一. 其中收录了一位可能是有史以来最伟大的代数几何学家的论文. 其中许多文章最初出现在热尔贡的《年刊》和克雷尔的《杂志》上,充满了关于简化符号、齐次方程、线坐标和代数曲线奇点的重要新思想. Plücker 也是有史以来最多产的解析几何学家;除上述总计超过 600 页的论文外,他还发表了以下平均每册超过 300 页作品:

*Analytisch-geometrische Entwicklungen* (2 vols. in 1, Essen, 1828—1831).

*System der analytischen Geometrie* (Berlin, 1835).

*Theorie der algebraischen Curven* (Bonn, 1839).

*System der Geometrie des Raumes* (Düsseldorf, 1846).

*Neue Geometrie des Raumes* (2 vols, in 1, Leipzig, 1868—1869).

[70] T. S. Davis, "On the equations of loci traced upon the surface of the sphere, as expressed by spherical coordinates," *Transactions of the Royal Society of Edinburgh*, XII(1833—1834), 259-362, 379-428. 当时球坐标最广泛的发展之一,包括各种各样的公式和方程.

[71] Auguste Comte, *Traité élémentaire de géométrie analytique a deux et a trois dimensions*, Paris, 1843. 比通常的教科书更无层次,但作者是一位深受解析几何影响的哲学家. 请参阅他的 *Philosophy of mathematics* (transl, by W. M. Gillespie, New York, 1851).

[72] Arthur Cayley, *Collected mathematical papers*, 13 vols., Cambridge, 1889—1897. 凯莱的 900 多篇零散论文中大部分是关于不变量的代数,但有一些致力于解析几何的重要方面,特别是曲线和曲面的理论,$n$ 维几何和行列式的使用. 也可参阅他在 *Encyclopaedia Britannica* 中关于"几何"(9th ed.)和"曲线"(11th ed.)的文章.

[73] Otto Hesse, *Vorlesungen aus der analytischen Geometrie der geraden Linie, des Punktes und des Kreises in der Ebene*. 3rd ed., Leipzig, 1881. 这本书的第一版出版于 1865 年,可以说对 Plücker 意义上解析几何的贡献就像拉克

鲁瓦和毕奥的著作对蒙日意义上解析几何的贡献一样. 它代表了严格形式的方法类型, 并广泛使用了行列式. 也可参阅他 1861 年出版的 *Vorlesungen über die analytische Geometrie des Raumes*.

[74] C. A. Laisant, *Essai sur les fonctions hyperboliques*, Paris, 1874. 对于椭圆和双曲极坐标的使用, 请参阅 71 至 83 页.

[75] Richard Baltzer, *Analytische Geometrie*, Leipzig, 1882. 19 世纪重要的教科书之一. 它非常适合作为历史笔记, 尤其是关于"黄金时代"历史的材料. 全书以一种完全现代的方式研究.

[76] C. A. A. Briot, J. C. Bouquet, *Elements of analytical geometry of two dimensions*, 14th ed., transl. by J. H. Boyd, Chicago and New York, 1896. 现存 19 世纪最受欢迎的广泛教科书之一.

## Ⅱ. 解析几何学历史二级著作(按字母顺序排列)

[1] R. C. Archibald, *Outline of the History of Mathematics*, 6th ed., *Mathematical Association of America*, 1949. 过于简洁以至于限制了它的实用性, 但其参考书目很有价值.

[2] E. T. Bell, *The development of mathematics*, New York, 1940. 特别论述了 19 世纪的思想发展.

[3] P. A. Berenguer, "Un géometra espanol del siglo ⅩⅦ," *El Progreso Matemático*, Ⅴ(1895), 116-121. 通过他的 *Analysis geomentrica* 表明 Antonio Hugo de Omerique 是现代解析几何学的先驱; 但这种说法无法得到证实, 因为这项工作的第二部分, 也是更重要的部分已经丢失了.

[4] Karl Bopp, "Die Kegelschnitte des Gregorius a St. Vincentio," *Abhandlungen zur Geschichte der mathematischen Wissenschaften*, ⅩⅩ(1907), 87-314. 包括 17 世纪对综合和分析方法的比较评论.

[5] Ettore Bortolotti, "L'algebra nella storia e nella preistoria della scienza," *Osiris*, v. Ⅰ(1936), 184-230. 论邦贝利在用线段几何地表示和构造量中的作用.

[6] Ettore Bortolotti, *L'algebra, opera di Rafael Bombelli da Bologna*, Bologna, 1929. 指出了邦贝利对坐标和代数与几何结合的应用. 这本书是 *Scripta Mathematica*(Ⅳ(1936), 166-169)上的广泛评论.

[7] Ettore Bortolotti, *Lezioni di geometria analitica*, 2 vols., Bologna, 1923. 第一卷包含很长的 "Introduzione storica,"(pp. ix-xxxix), 特别是关于笛卡儿在意大利的先驱者.

[8] Ettore Bortolotti, *Studi e ricerche sulla storia della matematica in Italia nei*

secoli *XVI e XVII*, Bologna, 1928. 特别是对分析 Paolo Bonasoni（韦达的先驱）的"代数几何"很有价值.

[9] Henri Bosmans, "La première édition de la ' Clavis mathematicae ' d' Oughtred, son influence sur la ' Géométrie ' de Descartes," *Annales de la Société Scientifique* de Bruxelles, v. XXXV (1910—1911), 24-78. 书中认为 Oughtred 是连接韦达和笛卡儿的人.

[10] Henri Bosmans, "Pour une historie de la géométrie analytique, d'après G. Loria," *Mathesis*(3), VI (1906), 260-264. 基本上是以相似题目对 Loria 论文的总结.

[11] C. B. Boyer, "Analytic geometry: the discovery of Fermat and Descartes," *The Mathematics Teacher*, XXXVII (1944), 99-105. 强调他们发现的不是图形、坐标或解析观点,而是解析几何的基本原理.

[12] C. B. Boyer, "Cartesian geometry from Fermat to Lacroix," *Scripta Mathematica*, XIII (1947), 133-153. 尤其是关于态度和目标的转变.

[13] C. B. Boyer, "Historical stages in the definition of curves," *National Mathematics Magazine*, XIX (1945), 294-310. 叙述了一些熟悉曲线的古代和现代起源.

[14] C. B. Boyer, "Note on an early graph of statistical data," *Isis*, XXXVIII (1947), 148-149. 图解法在几何学以外领域的缓慢渗透.

[15] A. Brill, M. Noether, "Die Entwickelung der Theorie der algebraischen Funktionen in älterer und neuerer Zeit," *Jahresbericht der Deutschen Mathematiker-Vereinigung*, III (1892—1893),107-566. 解析几何历史上经常提及的重要二次文献.

[16] Brunschvicg, *Léon*, *Les étapes de la philosophie mathématique*, Paris, 1912. 第七章是对笛卡儿几何学的分析,但我们应该仔细阅读它,因为它将《几何学》所缺乏的算术化程度归功于笛卡儿.

[17] Florian Cajori, "Generalizations in Geometry as Seen in the History of Developable Surfaces," *American Mathematical Monthly*, XXXVI (1929), 431-437. 是关于欧拉和蒙日的贡献.

[18] Florian Cajori, *A History of Mathematics*. 2nd ed. , New York, 1931. 值得注意的是对 19 世纪解析几何贡献的归纳总结(309-328).

[19] Florian Cajori, "Origins of Fourth Dimension Concepts," *American Mathematical Monthly*, XXXIII (1926),397-406. 包括分析和综合两方面.

[20] Morita Cantor, *Vorlesungen über Geschichte der Mathematik*, 4 vols. , Leipzig,

1900—1908. 关于 1800 年之前最广泛的数学历史.

[21] S. Carrus, 参阅 G. Fano.

[22] Michel Chasles, *A perçu Historique sur l' origine et le Développement des Méthodes en Géométrie.* 2nd ed. , Paris, 1875. 这是一位伟大的几何学家的著作,虽然有些过时,但很有价值. 包含笛卡儿作为唯一发明家的强烈声明(94,95 页).

[23] Michel Chasles, "Sur la doctrine des porismes d' Euclide," *Correspondance mathématique et physique*, X (new series IV, 1838), 1-20. 参阅"真正的解析几何"中的不定设题.

[24] Emily Coddington, *A brief account of the historical development of pseudospherical surfaces from 1827—1887.* Lancaster, 1905. 主要研究微分几何,但其中关于曲面的参考书目很有价值.

[25] J. L. Coolidge,*A History of the Conic Sections and Quadric Surfaces*, Oxford, 1945. 一项有价值和吸引力的工作. 包括从古代到现代的解析法.

[26] J. L. Coolidge, *A History of Geometrical Methods*, Oxford, 1940. 他是夏莱的得力接班人. 书中没有单独研究解析几何,但其处理方法是极其出色的.

[27] J. L. Coolidge, " The Beginnings of Analytic Geometry in Three Dimensions," *The American Mathematical Monthly*, LV (1948), 76-86. 从柏拉图到欧拉的极好总结.

[28] J. L. Coolidge, "The origin of analytic geometry," *Osiris*, I (1936), 231-250. 论证了解析几何是希腊人(或许是米内克穆斯)的发明. 这也出现在他的 *History of geometrical methods* 中.

[29] J. L. Coolidge, "The origin of polar coordinates," *American Mathematical Monthly*, LIV (1952), 78-85. 提请注意卡瓦列里的工作.

[30] A. A. Cournot, *De l' origine et des limites de la correspondence entre l' algèbre et la géométrie*, Paris, 1847. 本书更多关于哲学而非历史,但包含了很多相关材料.

[31] Gaston Darboux, *Principes de géométrie analytique*, Paris, 1917. 包含很多历史典故.

[32] Gaston Darboux, " A survey of the development of geometric methods," translated by H. D. Thompson, *Bulletin, American Mathematical Society*, XI (1905), 517-543. 这本书很好地总结了从拉格朗日到夏莱的几何作品,但很大程度上依赖于 Fano 的阐述.

[33] Dehn, Max, 参阅 Schoenflies.

［34］ J. B. Delambre, *Rapport historique sur les progrès des sciences mathématiques depuis* 1789 *et sur leur état actuel*, Paris, 1810. 关于关键时期影响解析几何学发展的人物的第一手资料, 尤其是蒙日和拉克鲁瓦.

［35］ Hk. DeVries, "How analytic geometry became a science," *Scripta Mathematica*, XIV (1948), 5-15. 关于 19 世纪初解析几何史最重要的叙述之一.

［36］ F. Dingeldey, E. Fabry, "Coniques" and "Systèmes de coniques," *Encyclopédie des sciences mathématiques*, III, 17 和 18, 1-256. 这两篇文章中充满了历史材料. 其中有近一千个脚注和无数的参考书目.

［37］ Pierre Duhem, *Études sur Léonard de Vinci*, 3 vols. , Paris, 1906—1913. 关于笛卡儿的中世纪先驱者的大量记述.

［38］ Pierre Duhem, "Oresme," *Catholic Encyclopedia*, XI (1911), 296-297. 认为奥雷斯姆"在解析几何学的发明上先于笛卡儿".

［39］ Charles Dupin, *Essai historique sur les services et les travaux scientifiques de Gaspard Monge*, Paris, 1819. 一般意义上的优秀叙述, 但在解析几何方面还不够.

［40］ Gustav Eneström, "Auf welche Weise hat Viète die analytische Geometrie vorbereitet?", *Bibliotheca Mathematica* (3), XIV (1914), 354. 反对是韦达给出了线性方程的说法.

［41］ Gustav Eneström, "Die Briefwechsel zwischen Leonhard Euler and Johann I. Bernoulli," *Bibliotheca Mathematica* (3), IV (1903), 344-388. 在第 354f 页包含了空间坐标的等价形式.

［42］ Gustav Eneström, "Kleine Mitteilungen," *Bibliotheca Mathematica* (3), XI (1911), 241-243. 表明笛卡儿《几何学》的目标是代数方程解的几何作图, 这表明它不可能依赖于奥雷斯姆的工作.

［43］ Gustav Eneström, "Uber das angebliche Vorkommen krummliniger Koordinaten bei Leibniz," *Bibliotheca Mathematica* (3), X (1909—1910), 43-47. 指出曲线坐标的历史实际上始于高斯.

［44］ Gustav Eneström, "Uber die Bedeutung von Quellenstudien bei mathematischer Geschichtsschreibung," *Bibliotheca Mathematica* (3), XII (1911—1912), 1-20. 引用韦达和笛卡儿的案例, 说明错误是如何因未能确定来源而传播的.

［45］ Gustav Eneström, "Uber die verschiedenen Auflagen und Ubersetzungen von Descartes' 'Géométrie'," *Bibliotheca Mathematica* (3), IV (1903), 211. 书中列举了大约十二个版本.

［46］Ernst Wilhelm, *Julius Plücker*, Bonn, 1933. 书有包括对他的生活和工作的全面叙述,包括其解析几何学.

［47］E. Fabry,参阅 F. Dingeldey.

［48］G. Fano , S. Carrus, "Exposé parallèle du développement de la géométrie synthetique et de la géométrie analytique pendant 19 e," *Encyclopédie des sciences mathématiques*, Ⅲ, 3, 185-259. 比较研究了蒙日、热尔贡、拉梅、鲍伯利尔、莫比乌斯、普吕克等人的工作.

［49］A. R. Forsyth, "Obituary notices," *Proceedings of the London Royal Society*, LVⅢ(1895), i-xliii. 对凯莱生活及工作的绝佳概括,包含很多参考文献.

［50］H. G. Funkhouser,"Historical Development of the Graphical Representation of Statistical Data," *Osiris*, Ⅲ(1937),269- 404. 包括对奥雷斯姆工作的参考. 或参阅同作者的 "Note on a Tenth Century Graph," *Osiris*, Ⅰ (1936), 260-262.

［51］E. Gelcich, "Eine Studie über die Entdeckung der analytischen Geometrie mit Berücksichtigung eines Werkes des Marino Ghetaldi Patrizier Ragusaer aus dem Jahre 1630," *Abhandlungen zur Geschichte der Mathematik*, Ⅳ (1882), 191-231. 当时对代数和几何关系的优秀评论.结论是盖塔尔迪缺乏坐标原则.

［52］Boyce Gibson, "La 'Géométrie' de Descartes au Point de Vue de Sa Méthode," *Revue de Métaphysique et de Morale*, v. Ⅳ (1896), 386-398. 强调笛卡儿将问题简化成几何作图.

［53］F. Gomes Teixeira, *Traité des courbes spéciales remarquables planes et gauches*. Transl. from the Spanish, 2 vols. , Coimbre, 1908—1909. 包括大量曲线目录与历史笔记.

［54］Thomas Greenwood, "Origines de la géométrie analytique," *Revue Trimestrielle Canadienne*, ⅩⅩⅩⅣ(1948), 166-179. 费马和笛卡儿基本原理的哲学解释.

［55］A. Grévy, 参阅 O. Staude.

［56］Siegmund Günther, "Le origini ed i gradi di sviluppo del principio delle coordinate," *Bullettino di Bibliografia e di Storia delle Scienze Matematiche e Fisiche*, Ⅹ(1877),363- 406. 表明坐标的使用可以追溯到希腊时代,奥雷斯姆和开普勒的工作在某些方面类似于解析几何.

［57］T. L. Heath, *A History of Greek Mathematics*, 2 vols. , Oxford, 1921. 关于希腊数学的主要二次文献. 或可参阅 Heath 出版的阿基米德和阿波罗尼奥斯版本.

[58] J. L. Heiberg, "Die Kentnisses des Archimedes über Kegelschnitte," *Zeitschrift für Mathematik und Physik*, XXV (1880), *Historisch-Literarische Abtheilung*, 41-67. 一种经常参考希腊文献的技术分析.

[59] J. E. Hill, "Bibliography of surfaces and twisted curves," *Bulletin*, *American Mathematical Society*, III (1896—1897), 133-146. 包括对 18 世纪的一些作品的参考.

[60] A. G. Kaestner, *Geschichte der Mathematik*, 4 vols., Gottingen, 1796—1800. 陈旧但对某些方面仍然有用的文献,尤其是从卡丹到伽利略.

[61] L. C. Karpinski, "Is There Progress in Mathematical Discovery and Did the Greeks Have Analytic Geometry," *Isis*, v. XXVII (1937), 46-52. 拒绝接受柯立芝关于希腊人拥有解析几何的论点. 强调过程概念和代数符号的发展.

[62] L. C. Karpinski, "The origin of the mathematics taught to Freshmen," *Scripta Mathematica*, VII (1939), 133-140. 强调韦达的符号对解析几何的重要性.

[63] Albert Kiefer, *Die Einfuehrung der homogenen Koordinaten durch K. W. Feuerbach*. Strassburg i. E., 1910. 对费尔巴哈的 *Untersuchungen der dreieckigen Pyramide* (1827) 和他未出版的 *Analysis der dreieckigen Pyramide* 的分析.

[64] Felix Klein, *Vorlesungen über die Entwicklung der Mathematik im 19. Jahrhundert*, 2 vols., Berlin, 1926—1927. 特别是他的一个学生对普吕克工作的绝佳阐述.

[65] Felix Klein, *Vorlesungen über höhere Geometrie*. 3rd ed., Berlin, 1926. 包含解析几何黄金时代频繁出现的历史典故.

[66] Ernst Kötter, "Die Entwickelung der synthetischen Geometrie von Monge bis auf Staudt (1847)," *Jahresbericht der Deutschen Mathematiker-Vereinigung*, vol. 5, part 2, 1896 (pub. 1901). 这部近 500 页作品包含了解析几何的无数典故及参考文献,是重要的二次文献.

[67] V. Kommerell, "Analytische Geometrie der Ebene and des Raumes," in Moritz Cantor, *Vorlesungen über Geschichte der Mathematik*, IV (1908), 451-576. 本书重点在于微分几何而非解析几何,详细阐述了欧拉、拉格朗日和蒙日的工作.

[68] Adolf Krazer, *Zur Geschichte ger graphischen Darstellung von Funktionen*, Karlsruhe, 1915. 这本 31 页的 *Festschrift* 对奥雷斯姆的作品进行了精彩的评述,虽然不像维莱特纳在 *Bibliotheca Mathematica* 中所写的那样

完整.

[69] Lattin, P. Harriet, "The Eleventh Century MS Munich 14436: its contribution to the history of coordinates, of logic, of German studies in France," *Isis*, XXXVIII(1948), 205-225. 运用普林尼的术语用图形描述行星在黄道中的运行过程.

[70] Ernst Lehmann, "De La Hire und seine Sectiones Conicae," *Jahresbericht des Königlichen Gymnasiums zu Leipzig*, 1887—1888, 1-28. 重点在于综合方法,也包括分析的作用.

[71] Guillaume Libri, *Histoire des sciences mathématiques in Italie, depuis la renaissance des lettres jusqu' a la fin du dixseptième siècle*, 4 vols. , Paris, 1838—1841. 重点在于贝内代蒂(III, 124)和盖塔尔迪(IV, 95).

[72] Gino Loria, "A. L. Cauchy in the history of analytic geometry," transl. by Evelyn Walker, *Scripta Mathematica*, I(1932), 123-128. 这篇文章的主旨也出现在他随后的文章"Perfectionnements..."中.

[73] Gino Loria, "Aperçu sur le développeement historique de la théorie des courbes planes," *Verhandlungen des ersten internationalen Mathematiker-Kongresses in Zürich, von 9. Bis 11. August 1897*, ed. by F. Rudio, Leipzig, 1898, 289-298. 从古代到现代的极好总结.

[74] Gino Loria, "Da Descartes e Fermat a Monge e Lagrange. Contributo alla storia della geometria analitica," *Reale Accademia dei Lincei, Atti. Memorie della Classe di scienze fisiche, matematiche e natural*(5), XIV(1923), 777-845. 与 Loria 的 "Perfectionnements..."一起构成了解析几何史上最重要的工作之一.

[75] Gino Loria, "Descartes géomètre," in *Etudes sur Descartes, Revue de Métaphysique et de Morale*, XLIV(1937), 199-220. 对《几何学》的总结与分析.

[76] Gino Loria, "Gli 'Acta Eruditorum' durante gli anni 1682—1740 e la storia delle matematiche," *Archeion*, XXIII(1941), 1-35. 表明解析几何在当时完全被微积分所掩盖了.

[77] Gino Loria, *Il passato e il presente delle principali teorie geometriche. Stpria e bibliografia*. 4th ed. , Podova, 1931. 记述了几何学在近代(主要是 19 世纪)的发展.

[78] Gino Loria, "Le rôle de la représentation géométrique des grandeurs aux différentes époques de l'historie des mathématiques," *Revue de Métaphysique et de Morale*, XLVI(1939), 57-64. 关于数和几何的联系,但不是专门在

解析几何方向.

[79] Gino Loria, "Michele Chasles e la teoria delle coniche," *Osiris*，Ⅰ (1936)，421-450. 包含对圆锥曲线的简短历史介绍,以及夏莱关于圆锥曲线的28个条目参考书目.

[80] Gino Loria, "Perfectionnements, évolution, métamorphoses du concept de 'coordonnées.' Contribution a l'histoire de la géométrie analytique," *Mathematica*, ⅩⅧ (1942), 125-145；ⅩⅩ (1944), 1-22；ⅩⅪ (1945)，66-83. 毫无疑问,这部作品与洛里亚的"Da Descartes e Fermat..."一起构成了解析几何学最重要的历史文献之一. 这篇文章也出现在 *Osiris*, Ⅷ (1948), 218-288.

[81] Gino Loria, "Phases de développement de la géométrie analytique," *Assoc. Fr. Grenoble*, 1925, 102-150. 我没有看过这篇文章.

[82] Gino Loria, "Pour une histore de la géométrie analytique," *Verhandlungen des dritten internationalen Mathematiker-Kongresses in Heidelberg von 8. Bis 13. August 1904*(Leipzig, 1905), 562-574. 对费马和笛卡儿的批判分析,以及对随后发展的总结.

[83] Gino Loria, "Qu'est-ce que la géométrie analytique?" *L'Enseignement Mathématique*, ⅩⅢ (1923), 142-147. 强调欧拉《引论》在解决几何问题中的公式应用.

[84] Gino Loria, "Sketch of the origin and development of geometry prior to 1850," Transl. by G. B. Halsted, *Monist*, ⅩⅢ (1902—1903), 80-102, 218-234. 很好的综合评述,但其重点更多在于综合而非分析.

[85] Gino Loria, *Spezielle algebraische und transcendente ebene Kurven*, Leipzig, 1902. 具有丰富历史资料的完美的曲线集合. 这本有价值的著作还出现在德国(Leipzig, 1910—1911)和意大利(Milan, 1930)的两卷版中.

[86] Gino Loria, *Storia delle mathematiche*, 3 vols., Turin, 1929—1933. 一本优秀的经典著作.

[87] H. von Mangoldt, L. Zoretti, "Les notions de ligne et de surface," *Encyclopédie des sciences mathématiques*, Ⅲ, 2, 152-184. 包含大量历史参考文献.

[88] Maximilien Marie, *Histoire des sciences mathématiques et physiques*, 12 vols., Paris, 1883—1888. 为许多的个人工作提供方便总结,但应谨慎使用.

[89] C. W. Merrifield, "On a Geometrical Proposition Indicating That the Property of the Radical Axis Was Probably Discovered by the Arabs," *London Math. Society*, *Proceedings*, Ⅱ (1866—1869), 175-177. 关于阿基米德

"鞋匠刀形"的性质.

[90] Gaston Milhaud, "Descartes et la géométrie analytique," *Nouvelles études sur l'histoire de la pensée scientifique*, Paris, 1911, 155-176. 强调笛卡儿和费马的工作是对古代工作的自然延续.

[91] Gaston Milhaud, *Descartes savant*, Paris, 1921. 批判分析笛卡儿科学与数学思想的发展.

[92] J. J. Milne, *An elementary treatise on cross-ratio geometry with historical notes*, Cambridge, 1911. 特别参阅关于帕普斯问题的第 146 至 149 页.

[93] J. J. Milne, "Note on Cartesian Geometry," *Mathematical Gazette*, XIV (1928—1929),413~414. 关于笛卡儿和帕普斯问题.

[94] Étienne Montucla, *Historrie des mathématiques*. 2nd ed., 4 vols., Paris, 1799—1802. 虽然陈旧但仍有价值,但因太过接近笛卡儿时代,视角不够恰当.

[95] F. V. Morley, "Thomas Hatio," *Scientific Monthly*, v. XIV (1922), 60-66. 支持哈里奥特的解析几何,但是被驳斥了. 参阅 Smith, 同上, II, 322.

[96] Felix Müller, "Zur Literatur der analytischen Geometrie und Infinitesimal-rechnung vor Euler," *Jahresbericht der Deutschen Mathematiker-Vereinigung*, XIII (1904), 247-253. 强调在费马和欧拉之间出现的众多解析著作.

[97] Otto Neugebauer, "Apollonius-Studien," *Quellen und Studien zur Geschichte der Mathematik, Astronomie und Physik*, Part B, Studien, v. II (1932—1933), 215-254. 提出了新论点,表明阿波罗尼奥斯知道抛物线的焦点(但不一定是准线).

[98] Otto Neugebauer, "The astronomical origin of the theory of conic section," *Proceedings of the American Philosophical Society*, XCII (1948), 136-138. 指出了日晷理论的起源.

[99] M. Noether, 参阅 A. Brill.

[100] J. M. Pierce, "References in analytic geometry," *Harvard University Library Bulletin*, I (1875—1879), nos. 8, 10, 11(1878—1879), 157-158, 246-250, 289-290. 对韦达和笛卡儿工作的绝佳分析.

[101] A. Prag, "John Wallis," *Quellen und Studien zur Geschichte der Mathematik, Astronomie und Physik, Part B, Studien*, I (1931), 381-412. 关于沃利斯的微积分和几何算术化.

[102] N. Saltykow, "La géométrie de Descartes. 300° anniversaire de géométrie analytique," *Bulletin des sciences mathématiques*(2), LXII (1938), 83-96,

110-123. 强调笛卡儿在结合许多已知元素方面的独创性.

[103] M. Saltykow, "Souvenirs concernant le géomètre Yougoslave Marinus Ghetaldi," *Isis*, v. XXIX (1938), 20-23. 关于韦达和盖塔尔迪之间的关系.

[104] Paul Sauerbeck, "Einleitung in die analytische Geometrie der höheren algebraischen Kurven nach den Methoden von Jean Paul de Gua de Malves," *Abhandlungen zur Geschichte der mathematischen Wissenshaften*, XV (1902), 1-166. 关于从牛顿到德古阿高次平面曲线的绝佳历史叙述.

[105] A. Schoenflies, M. Dehn, *Einführung in die analytische Geometrie der Ebene und des Raumes*. 2nd ed., Berlin, 1931. 一本追溯了从古代到 19 世纪早期历史的优秀"历史概述"(第 379 至 393 页).

[106] A. Scott Charlotte, "On the Intersections of Plane Curves", *American Mathematical Society Bulletin*, v. IV (1897—1898), 260-273. 关于克莱姆悖论的历史最好的一般参考资料.

[107] J. F. Scott, *The Mathematical Work of John Wallis*, London, 1938. 包含沃利斯关于圆锥曲线的重要分析工作的略显不足的摘要.

[108] Petru Sergescu, "Les mathématiques dans le 'Journal dels Savants' 1665—1701", *Archeion*, XVIII (1936), 140-145. 说明了微积分当时是如何掩盖解析几何的.

[109] Simon Max, *Ueber die Entwicklung der Elementar geometrie im XIX. Jahrhundert. Jahresbericht der Deutschen Mathematiker-Vereiningung*, *Ergänzungsbände*, I (1906). 一本非常广泛的书目著作,但有些缺乏批判的鉴别力.

[110] D. E. Smith, *History of mathematics*, New York, ca 1923—1925. 关于解析几何的部分(II, 316-331)是不充分的,但包括进一步的参考文献.

[111] O. Staude, A. Grévy, "Quadriques," *Encyclopédie des sciences mathématiques*, III, 22, 164. 充满了历史笔记,以及数以千计的参考书目(主要是 19 世纪).

[112] D. A. Steele, "Ueber die Rolle von Zirkel & Lineal in der grieschischen Mathematik," *Quellen und Studien zur Geschichte der Mathematik*, Astronomie und Physik, Part B. Studien, v. III (1934—1936), 287-369. 怀疑柏拉图像亚里士多德和欧几里得一般严格限制线和圆的使用.

[113] D. J. Struik, *A Concise History of Mathematics*, 2 vol., New York, 1948. 虽然很简短,但它包含了关于解析几何发展的适当参考资料.

[114] Paul Tannery, "Notions historiques," in Jules Tannery, *Notions dc*

mathématiques（Paris, 1903）, 327-348. 这些笔记几乎都与解析几何学的历史有关,包括古代的曲线、坐标的起源以及分析和综合这两个词的使用.

[115] Paul Tannery, "Pour l'history des lignes et surfaces courbes dans l'antiquité," *Mémoires scientifiques*, v. Ⅱ（1912）, 1-47. 对古人所知的曲线和曲面的总结.

[116] René Taton, "Monge, créateur des coordonnées axiales de la droite, dites de Plücker," *Elemente der Mathematik*, Ⅶ（1952）, 1-5. 表明蒙日于1771年(1785年出版)已经预示了普吕克和凯莱.

[117] René Taton, *L'oeuvre scientifique de Monge*, Paris, 1951. 包含关于"解析几何"的优秀章节(第101至147页).

[118] Charles Taylor, "The Geometry of Kepler and Newton," *Cambridge Philosophical Society*, *Transaction*, v. ⅩⅧ（1900）, 197-219. 尤其是关于开普勒《天文光学》和牛顿《原理》中的圆锥曲线.

[119] Charles Taylor, *An Introduction to the Ancient and Modern Geometry of Conics*, Cambridge, 1881. 包含一篇关于从开始到19世纪的几何学历史"结论"（xvii-lxxxviii）, 以及贯穿整部作品主体的历史脚注.

[120] Johannes Tropfke, *Geschichte der Elementar-Mathematik*, 2nd ed., vol. Ⅵ, Berlin and Leipzig, 1924. 解析几何学最广泛的历史记录之一在第92至169页.

[121] H. W. Turnbull, *The Mathematical Discoveries of Newton*, London and Glasgow, 1945. 包含一些相关资料,特别是霍斯利整理为《解析几何》的手稿资料.

[122] C. Tweedie, *James Stirling, a sketch of his life and works, along with scientific correspondence*, Oxford, 1992. 包括斯特林关于牛顿《三次曲线枚举》的重要版本中的材料.

[123] J. H. Weaver, "On Foci of Conics," *Bulletin*, *American Mathematical Society*, v. ⅩⅩⅢ（1916—1917）, 357-365. 从欧拉到彭赛列的历史.

[124] J. H. Weaver, "The Duplication Problem," *American Mathematical Monthly*, v. ⅩⅩⅢ（1916）, 106-113. 从毕达哥拉斯学派到笛卡儿的历史.

[125] Heinrich Wieleitner, *Geschichte der Mathematik*, Part Ⅱ, 2 vols., Leipzig, 1911—1921. 这是数学最重要的历史文献之一. 第二部分的第二卷(第1至46页)包含了平面解析几何、立体解析几何(第47至60页)和曲线(第61至92页)的宝贵历史. 部分是基于布劳恩米尔留下的手稿. 第一

部分由甘瑟撰写.

[126] Heinrich Wieleitner,*Geschichte der Mathematik*, 2nd ed., 2 vols., Berlin, 1939. 很好但很简短. 不要与上面列出的更重要的作品混淆.

[127] Heinrich Wieleitner, "Die Anfänge der analytischen Raumgeometrie," *Zeitschrift für mathematischen und naturwissenschaftlichen Unterricht*, ⅩLⅨ (1918), 73-79. 从费马到克莱罗的良好总结.

[128] Heinrich Wieleitner, *Die Geburt der modernen Mathematik. Vol. I, Analytische Geometrie*, Karlsruhe, 1924. 尤其是关于费马和笛卡儿的研究.

[129] Heinrich Wieleitner, "Marino Ghetaldi und die Anfänge der Koordinaten-ge-ometrie," *Bibliotheca Mathematica*(3), ⅩⅢ (1912—1913), 242-247. 在盖塔尔迪的工作中看到的是代数和几何的结合,而不是解析几何.

[130] Heinrich Wieleitner, "Uber den Funktionsbegriff und die graphische Darstellung bei Oresme," *Bibliotheca Mathematica*(3), v. ⅩⅣ (1914), 193-243. 优秀的分析. 否认是奥雷斯姆发明了解析几何学. 强调奥雷斯姆的坐标概念与笛卡儿的不同.

[131] Heinrich Wieleitner, "Zur Entstehung der analytischen Raumgeomtrie," *Zeitschrift für mathematischen und naturwissenschaftlichen Unterricht*, LⅨ (1928), 357-358. 对十年前在同一期刊上发表的关于笛卡儿和希腊人的文章的修正.

[132] Heinrich Wieleitner, "Zur Erfindung der analytischen Geometrie," *Zeitschrift für mathematischen und naturwissenschaftlichen Unterricht*, ⅩLⅦ (1916), 414- 426. 对费马和笛卡儿作品的精彩总结和分析. 这篇文章以同样的标题再次发表于 W. Dieck, *Mathematisches Lesebuch* (5vols., Sterkrade, 1920—1921), Ⅳ, 60-71.

[133] Heinrich Wieleitner, "Zur Frühgeschichte der Räume von mehr als drei Dimensionen," *Isis*, v. Ⅶ (1925), 486-489. 特别阐释了奥雷斯姆的思想.

[134] Heinrich Wieleitner, "Zwei Bemerkungen zu Stirlings 'Linea tertii ordinis Neutonianae,'" *Bibliotheca Mathematica*(3), ⅩⅣ (1914), 55-62. 详细说明斯特林在解析几何学历史中的地位.

[135] E. Wölffing, "Bericht über den gegenwärtigen Stand der Lehre von den natürlichen Koordinaten," *Bibliotheca Mathematica*(3), Ⅰ (1900), 142-159. 关于内蕴坐标最重要的二次文献.

[136] Georg Wolff, "Leone Battista Alberti als Mathematiker," *Scientia*, v. LⅩ (1936), 353-359, and supp., 142-147. 认为阿尔贝提凶使用坐标系而

称为笛卡儿的先驱.

[137] E. W. Woolard. "The Historical Development of Celestial Co-ordinate Systems," *Publications of the Astronomical Society of the Pacific*, LIV (1942), 77-90. 考查坐标在古代天文学中的使用.

[138] H. G. Zuethen, *Die Lehre von den Kegelschnitten im Altertum* (Kopenhagen, 1886). 关于圆锥曲线早期历史广泛但相当散漫的叙述.

[139] H. G. Zuethen, *Geschichte der Mathematik im XVI. und XVII. Jahrhundert*. German ed. by Raphael Meyer, Leipzig, 1903. 关于笛卡儿和费马的几何的绝佳总结参见第 192 至 233 页.

[140] H. G. Zuethen, "Sur les rapports entre les anciens et les modernes principes de la géométrie," *Atti del IV Congresso Internazionale dei Matematici* (Roma, 1908), III (1909), 422-427. 不是专门讲解析几何, 但也涉及它.

[141] H. G. Zuethen, "Sur l'usage des coordonnées dans l'antiquité," *Kongelige Danske Videnskabernes Selskabs, Forhandlingen. Oversigt*, (1888), 127-144. 坚持认为古代的几何代数与坐标使用非常相似,以及费马几乎是阿波罗尼奥斯和帕普斯的直接继承者. 他在这里的观点与 Günyher 在"Die Anfänge...,"中的观点相冲突.

[142] L. Zoretti, 参阅 H. von Mangoldt.

# 刘培杰数学工作室
## 已出版(即将出版)图书目录——高等数学

| 书　名 | 出版时间 | 定　价 | 编号 |
|---|---|---|---|
| 距离几何分析导引 | 2015－02 | 68.00 | 446 |
| 大学几何学 | 2017－01 | 78.00 | 688 |
| 关于曲面的一般研究 | 2016－11 | 48.00 | 690 |
| 近世纯粹几何学初论 | 2017－01 | 58.00 | 711 |
| 拓扑学与几何学基础讲义 | 2017－04 | 58.00 | 756 |
| 物理学中的几何方法 | 2017－06 | 88.00 | 767 |
| 几何学简史 | 2017－08 | 28.00 | 833 |
| 微分几何学历史概要 | 2020－07 | 58.00 | 1194 |
| 解析几何学史 | 2022－03 | 58.00 | 1490 |
| | | | |
| 复变函数引论 | 2013－10 | 68.00 | 269 |
| 伸缩变换与抛物旋转 | 2015－01 | 38.00 | 449 |
| 无穷分析引论(上) | 2013－04 | 88.00 | 247 |
| 无穷分析引论(下) | 2013－04 | 98.00 | 245 |
| 数学分析 | 2014－04 | 28.00 | 338 |
| 数学分析中的一个新方法及其应用 | 2013－01 | 38.00 | 231 |
| 数学分析例选:通过范例学技巧 | 2013－01 | 88.00 | 243 |
| 高等代数例选:通过范例学技巧 | 2015－06 | 88.00 | 475 |
| 基础数论例选:通过范例学技巧 | 2018－09 | 58.00 | 978 |
| 三角级数论(上册)(陈建功) | 2013－01 | 38.00 | 232 |
| 三角级数论(下册)(陈建功) | 2013－01 | 48.00 | 233 |
| 三角级数论(哈代) | 2013－06 | 48.00 | 254 |
| 三角级数 | 2015－07 | 28.00 | 263 |
| 超越数 | 2011－03 | 18.00 | 109 |
| 三角和方法 | 2011－03 | 18.00 | 112 |
| 随机过程(Ⅰ) | 2014－01 | 78.00 | 224 |
| 随机过程(Ⅱ) | 2014－01 | 68.00 | 235 |
| 算术探索 | 2011－12 | 158.00 | 148 |
| 组合数学 | 2012－04 | 28.00 | 178 |
| 组合数学浅谈 | 2012－03 | 28.00 | 159 |
| 分析组合学 | 2021－09 | 88.00 | 1389 |
| 丢番图方程引论 | 2012－03 | 48.00 | 172 |
| 拉普拉斯变换及其应用 | 2015－02 | 38.00 | 447 |
| 高等代数.上 | 2016－01 | 38.00 | 548 |
| 高等代数.下 | 2016－01 | 38.00 | 549 |
| 高等代数教程 | 2016－01 | 58.00 | 579 |
| 高等代数引论 | 2020－07 | 48.00 | 1174 |
| 数学解析教程.上卷.1 | 2016－01 | 58.00 | 546 |
| 数学解析教程.上卷.2 | 2016－01 | 38.00 | 553 |
| 数学解析教程.下卷.1 | 2017－04 | 48.00 | 781 |
| 数学解析教程.下卷.2 | 2017－06 | 48.00 | 782 |
| 数学分析.第1册 | 2021－03 | 48.00 | 1281 |
| 数学分析.第2册 | 2021－03 | 48.00 | 1282 |
| 数学分析.第3册 | 2021－03 | 28.00 | 1283 |
| 数学分析精选习题全解.上册 | 2021－03 | 38.00 | 1284 |
| 数学分析精选习题全解.下册 | 2021－03 | 38.00 | 1285 |
| 函数构造论.上 | 2016－01 | 38.00 | 554 |
| 函数构造论.中 | 2017－06 | 48.00 | 555 |
| 函数构造论.下 | 2016－09 | 48.00 | 680 |
| 函数逼近论(上) | 2019－02 | 98.00 | 1014 |
| 概周期函数 | 2016－01 | 48.00 | 572 |
| 变叙的项的极限分布律 | 2016－01 | 18.00 | 573 |
| 整函数 | 2012－08 | 18.00 | 161 |
| 近代拓扑学研究 | 2013－04 | 38.00 | 239 |
| 多项式和无理数 | 2008－01 | 68.00 | 22 |
| 密码学与数论基础 | 2021－01 | 28.00 | 1254 |

# 刘培杰数学工作室
## 已出版(即将出版)图书目录——高等数学

| 书　名 | 出版时间 | 定　价 | 编号 |
|---|---|---|---|
| 模糊数据统计学 | 2008—03 | 48.00 | 31 |
| 模糊分析学与特殊泛函空间 | 2013—01 | 68.00 | 241 |
| 常微分方程 | 2016—01 | 58.00 | 586 |
| 平稳随机函数导论 | 2016—03 | 48.00 | 587 |
| 量子力学原理.上 | 2016—01 | 38.00 | 588 |
| 图与矩阵 | 2014—08 | 40.00 | 644 |
| 钢丝绳原理:第二版 | 2017—01 | 78.00 | 745 |
| 代数拓扑和微分拓扑简史 | 2017—06 | 68.00 | 791 |
| 半序空间泛函分析.上 | 2018—06 | 48.00 | 924 |
| 半序空间泛函分析.下 | 2018—06 | 68.00 | 925 |
| 概率分布的部分识别 | 2018—07 | 68.00 | 929 |
| Cartan型单模李超代数的上同调及极大子代数 | 2018—07 | 38.00 | 932 |
| 纯数学与应用数学若干问题研究 | 2019—03 | 98.00 | 1017 |
| 数理金融学与数理经济学若干问题研究 | 2020—07 | 98.00 | 1180 |
| 清华大学"工农兵学员"微积分课本 | 2020—09 | 48.00 | 1228 |
| 力学若干基本问题的发展概论 | 2020—11 | 48.00 | 1262 |
| 受控理论与解析不等式 | 2012—05 | 78.00 | 165 |
| 不等式的分拆降维降幂方法与可读证明(第2版) | 2020—07 | 78.00 | 1184 |
| 石焕南文集:受控理论与不等式研究 | 2020—09 | 198.00 | 1198 |
| 实变函数论 | 2012—06 | 78.00 | 181 |
| 复变函数论 | 2015—08 | 38.00 | 504 |
| 非光滑优化及其变分分析 | 2014—01 | 48.00 | 230 |
| 疏散的马尔科夫链 | 2014—01 | 58.00 | 266 |
| 马尔科夫过程论基础 | 2015—01 | 28.00 | 433 |
| 初等微分拓扑学 | 2012—07 | 18.00 | 182 |
| 方程式论 | 2011—03 | 38.00 | 105 |
| Galois理论 | 2011—03 | 18.00 | 107 |
| 古典数学难题与伽罗瓦理论 | 2012—11 | 58.00 | 223 |
| 伽罗华与群论 | 2014—01 | 28.00 | 290 |
| 代数方程的根式解及伽罗瓦理论 | 2011—03 | 28.00 | 108 |
| 代数方程的根式解及伽罗瓦理论(第二版) | 2015—01 | 28.00 | 423 |
| 线性偏微分方程讲义 | 2011—03 | 18.00 | 110 |
| 几类微分方程数值方法的研究 | 2015—05 | 38.00 | 485 |
| 分数阶微分方程理论与应用 | 2020—05 | 95.00 | 1182 |
| N体问题的周期解 | 2011—03 | 28.00 | 111 |
| 代数方程式论 | 2011—05 | 18.00 | 121 |
| 线性代数与几何:英文 | 2016—06 | 58.00 | 578 |
| 动力系统的不变量与函数方程 | 2011—07 | 48.00 | 137 |
| 基于短语评价的翻译知识获取 | 2012—02 | 48.00 | 168 |
| 应用随机过程 | 2012—04 | 48.00 | 187 |
| 概率论导引 | 2012—04 | 18.00 | 179 |
| 矩阵论(上) | 2013—06 | 58.00 | 250 |
| 矩阵论(下) | 2013—06 | 48.00 | 251 |
| 对称锥互补问题的内点法:理论分析与算法实现 | 2014—08 | 68.00 | 368 |
| 抽象代数:方法导引 | 2013—06 | 38.00 | 257 |
| 集论 | 2016—01 | 48.00 | 576 |
| 多项式理论研究综述 | 2016—01 | 38.00 | 577 |
| 函数论 | 2014—11 | 78.00 | 395 |
| 反问题的计算方法及应用 | 2011—11 | 28.00 | 147 |
| 数阵及其应用 | 2012—02 | 28.00 | 164 |
| 绝对值方程—折边与组合图形的解析研究 | 2012—07 | 48.00 | 186 |
| 代数函数论(上) | 2015—07 | 38.00 | 494 |
| 代数函数论(下) | 2015—07 | 38.00 | 495 |

| 书　名 | 出版时间 | 定　价 | 编号 |
|---|---|---|---|
| 偏微分方程论:法文 | 2015－10 | 48.00 | 533 |
| 时标动力学方程的指数型二分性与周期解 | 2016－04 | 48.00 | 606 |
| 重刚体绕不动点运动方程的积分法 | 2016－05 | 68.00 | 608 |
| 水轮机水力稳定性 | 2016－05 | 48.00 | 620 |
| Lévy噪音驱动的传染病模型的动力学行为 | 2016－05 | 48.00 | 667 |
| 铣加工动力学系统稳定性研究的数学方法 | 2016－11 | 28.00 | 710 |
| 时滞系统:Lyapunov泛函和矩阵 | 2017－05 | 68.00 | 784 |
| 粒子图像测速仪实用指南:第二版 | 2017－08 | 78.00 | 790 |
| 数域的上同调 | 2017－08 | 98.00 | 799 |
| 图的正交因子分解(英文) | 2018－01 | 38.00 | 881 |
| 图的度因子和分支因子:英文 | 2019－09 | 88.00 | 1108 |
| 点云模型的优化配准方法研究 | 2018－07 | 58.00 | 927 |
| 锥形波入射粗糙表面反散射问题理论与算法 | 2018－03 | 68.00 | 936 |
| 广义逆的理论与计算 | 2018－07 | 58.00 | 973 |
| 不定方程及其应用 | 2018－12 | 58.00 | 998 |
| 几类椭圆型偏微分方程高效数值算法研究 | 2018－08 | 48.00 | 1025 |
| 现代密码算法概论 | 2019－05 | 98.00 | 1061 |
| 模形式的 $p$－进性质 | 2019－06 | 78.00 | 1088 |
| 混沌动力学:分形、平铺、代换 | 2019－09 | 48.00 | 1109 |
| 微分方程,动力系统与混沌引论:第3版 | 2020－05 | 65.00 | 1144 |
| 分数阶微分方程理论与应用 | 2020－05 | 95.00 | 1187 |
| 应用非线性动力系统与混沌导论:第2版 | 2021－05 | 58.00 | 1368 |
| 非线性振动,动力系统与向量场的分支 | 2021－06 | 55.00 | 1369 |
| 遍历理论引论 | 2021－11 | 46.00 | 1441 |
| Galois上同调 | 2020－04 | 138.00 | 1131 |
| 毕达哥拉斯定理:英文 | 2020－03 | 38.00 | 1133 |
| 模糊可拓多属性决策理论与方法 | 2021－06 | 98.00 | 1357 |
| 统计方法和科学推断 | 2021－10 | 48.00 | 1428 |
| 有关几类种群生态学模型的研究 | 2022－04 | 98.00 | 1486 |
| | | | |
| 吴振奎高等数学解题真经(概率统计卷) | 2012－01 | 38.00 | 149 |
| 吴振奎高等数学解题真经(微积分卷) | 2012－01 | 68.00 | 150 |
| 吴振奎高等数学解题真经(线性代数卷) | 2012－01 | 58.00 | 151 |
| 高等数学解题全攻略(上卷) | 2013－06 | 58.00 | 252 |
| 高等数学解题全攻略(下卷) | 2013－06 | 58.00 | 253 |
| 高等数学复习纲要 | 2014－01 | 18.00 | 384 |
| 数学分析历年考研真题解析.第一卷 | 2021－04 | 28.00 | 1288 |
| 数学分析历年考研真题解析.第二卷 | 2021－04 | 28.00 | 1289 |
| 数学分析历年考研真题解析.第三卷 | 2021－04 | 28.00 | 1290 |
| | | | |
| 超越吉米多维奇.数列的极限 | 2009－11 | 48.00 | 58 |
| 超越普里瓦洛夫.留数卷 | 2015－01 | 28.00 | 437 |
| 超越普里瓦洛夫.无穷乘积与它对解析函数的应用卷 | 2015－05 | 28.00 | 477 |
| 超越普里瓦洛夫.积分卷 | 2015－06 | 18.00 | 481 |
| 超越普里瓦洛夫.基础知识卷 | 2015－06 | 28.00 | 482 |
| 超越普里瓦洛夫.数项级数卷 | 2015－07 | 38.00 | 489 |
| 超越普里瓦洛夫.微分、解析函数、导数卷 | 2018－01 | 48.00 | 852 |
| | | | |
| 统计学专业英语 | 2007－03 | 28.00 | 16 |
| 统计学专业英语(第二版) | 2012－07 | 48.00 | 176 |
| 统计学专业英语(第三版) | 2015－04 | 68.00 | 465 |
| 代换分析:英文 | 2015－07 | 38.00 | 499 |

# 刘培杰数学工作室
 已出版(即将出版)图书目录——高等数学

| 书 名 | 出版时间 | 定 价 | 编号 |
|---|---|---|---|
| 历届美国大学生数学竞赛试题集.第一卷(1938—1949) | 2015—01 | 28.00 | 397 |
| 历届美国大学生数学竞赛试题集.第二卷(1950—1959) | 2015—01 | 28.00 | 398 |
| 历届美国大学生数学竞赛试题集.第三卷(1960—1969) | 2015—01 | 28.00 | 399 |
| 历届美国大学生数学竞赛试题集.第四卷(1970—1979) | 2015—01 | 18.00 | 400 |
| 历届美国大学生数学竞赛试题集.第五卷(1980—1989) | 2015—01 | 28.00 | 401 |
| 历届美国大学生数学竞赛试题集.第六卷(1990—1999) | 2015—01 | 28.00 | 402 |
| 历届美国大学生数学竞赛试题集.第七卷(2000—2009) | 2015—08 | 18.00 | 403 |
| 历届美国大学生数学竞赛试题集.第八卷(2010—2012) | 2015—01 | 18.00 | 404 |
| 超越普特南试题:大学数学竞赛中的方法与技巧 | 2017—04 | 98.00 | 758 |
| 历届国际大学生数学竞赛试题集(1994—2020) | 2021—01 | 58.00 | 1252 |
| 历届美国大学生数学竞赛试题集:1938—2017 | 2020—11 | 98.00 | 1256 |
| 全国大学生数学夏令营数学竞赛试题及解答 | 2007—03 | 28.00 | 15 |
| 全国大学生数学竞赛辅导教程 | 2012—07 | 28.00 | 189 |
| 全国大学生数学竞赛复习全书(第2版) | 2017—05 | 58.00 | 787 |
| 历届美国大学生数学竞赛试题集 | 2009—03 | 88.00 | 43 |
| 前苏联大学生数学奥林匹克竞赛题解(上编) | 2012—04 | 28.00 | 169 |
| 前苏联大学生数学奥林匹克竞赛题解(下编) | 2012—04 | 38.00 | 170 |
| 大学生数学竞赛讲义 | 2014—09 | 28.00 | 371 |
| 大学生数学竞赛教程——高等数学(基础篇、提高篇) | 2018—09 | 128.00 | 968 |
| 普林斯顿大学数学竞赛 | 2016—06 | 38.00 | 669 |
| 考研高等数学高分之路 | 2020—10 | 45.00 | 1203 |
| 考研高等数学基础必刷 | 2021—01 | 45.00 | 1251 |
| 越过211,刷到985:考研数学二 | 2019—10 | 68.00 | 1115 |
| 初等数论难题集(第一卷) | 2009—05 | 68.00 | 44 |
| 初等数论难题集(第二卷)(上、下) | 2011—02 | 128.00 | 82,83 |
| 数论概貌 | 2011—03 | 18.00 | 93 |
| 代数数论(第二版) | 2013—08 | 58.00 | 94 |
| 代数多项式 | 2014—06 | 38.00 | 289 |
| 初等数论的知识与问题 | 2011—02 | 28.00 | 95 |
| 超越数论基础 | 2011—03 | 28.00 | 96 |
| 数论初等教程 | 2011—03 | 28.00 | 97 |
| 数论基础 | 2011—03 | 18.00 | 98 |
| 数论基础与维诺格拉多夫 | 2014—03 | 18.00 | 292 |
| 解析数论基础 | 2012—08 | 28.00 | 216 |
| 解析数论基础(第二版) | 2014—01 | 48.00 | 287 |
| 解析数论问题集(第二版)(原版引进) | 2014—05 | 88.00 | 343 |
| 解析数论问题集(第二版)(中译本) | 2016—04 | 88.00 | 607 |
| 解析数论基础(潘承洞,潘承彪著) | 2016—07 | 98.00 | 673 |
| 解析数论导引 | 2016—07 | 58.00 | 674 |
| 数论入门 | 2011—03 | 38.00 | 99 |
| 代数数论入门 | 2015—03 | 38.00 | 448 |
| 数论开篇 | 2012—07 | 28.00 | 194 |
| 解析数论引论 | 2011—03 | 48.00 | 100 |
| Barban Davenport Halberstam 均值和 | 2009—01 | 40.00 | 33 |
| 基础数论 | 2011—03 | 28.00 | 101 |
| 初等数论100例 | 2011—05 | 18.00 | 122 |
| 初等数论经典例题 | 2012—07 | 18.00 | 204 |
| 最新世界各国数学奥林匹克中的初等数论试题(上、下) | 2012—01 | 138.00 | 144,145 |
| 初等数论(Ⅰ) | 2012—01 | 18.00 | 156 |
| 初等数论(Ⅱ) | 2012—01 | 18.00 | 157 |
| 初等数论(Ⅲ) | 2012—01 | 28.00 | 158 |

# 刘培杰数学工作室
## 已出版(即将出版)图书目录——高等数学

| 书 名 | 出版时间 | 定 价 | 编号 |
|---|---|---|---|
| 平面几何与数论中未解决的新老问题 | 2013—01 | 68.00 | 229 |
| 代数数论简史 | 2014—11 | 28.00 | 408 |
| 代数数论 | 2015—09 | 88.00 | 532 |
| 代数、数论及分析习题集 | 2016—11 | 98.00 | 695 |
| 数论导引提要及习题解答 | 2016—01 | 48.00 | 559 |
| 素数定理的初等证明.第2版 | 2016—09 | 48.00 | 686 |
| 数论中的模函数与狄利克雷级数(第二版) | 2017—11 | 78.00 | 837 |
| 数论:数学导引 | 2018—01 | 68.00 | 849 |
| 域论 | 2018—04 | 68.00 | 884 |
| 代数数论(冯克勤 编著) | 2018—04 | 68.00 | 885 |
| 范氏大代数 | 2019—02 | 98.00 | 1016 |
| 新编640个世界著名数学智力趣题 | 2014—01 | 88.00 | 242 |
| 500个最新世界著名数学智力趣题 | 2008—06 | 48.00 | 3 |
| 400个最新世界著名数学最值问题 | 2008—09 | 48.00 | 36 |
| 500个世界著名数学征解问题 | 2009—06 | 48.00 | 52 |
| 400个中国最佳初等数学征解老问题 | 2010—01 | 48.00 | 60 |
| 500个俄罗斯数学经典老题 | 2011—01 | 28.00 | 81 |
| 1000个国外中学物理好题 | 2012—04 | 48.00 | 174 |
| 300个日本高考数学题 | 2012—05 | 38.00 | 142 |
| 700个早期日本高考数学试题 | 2017—02 | 88.00 | 752 |
| 500个前苏联早期高考数学试题及解答 | 2012—05 | 28.00 | 185 |
| 546个早期俄罗斯大学生数学竞赛题 | 2014—03 | 38.00 | 285 |
| 548个来自美苏的数学好问题 | 2014—11 | 28.00 | 396 |
| 20所苏联著名大学早期入学试题 | 2015—02 | 18.00 | 452 |
| 161道德国工科大学生必做的微分方程习题 | 2015—05 | 28.00 | 469 |
| 500个德国工科大学生必做的高数习题 | 2015—06 | 28.00 | 478 |
| 360个数学竞赛问题 | 2016—08 | 58.00 | 677 |
| 德国讲义日本考题.微积分卷 | 2015—04 | 48.00 | 456 |
| 德国讲义日本考题.微分方程卷 | 2015—04 | 38.00 | 457 |
| 二十世纪中叶中、英、美、日、法、俄高考数学试题精选 | 2017—06 | 38.00 | 783 |

| 博弈论精粹 | 2008—03 | 58.00 | 30 |
|---|---|---|---|
| 博弈论精粹.第二版(精装) | 2015—01 | 88.00 | 461 |
| 数学 我爱你 | 2008—01 | 28.00 | 20 |
| 精神的圣徒 别样的人生——60位中国数学家成长的历程 | 2008—09 | 48.00 | 39 |
| 数学史概论 | 2009—06 | 78.00 | 50 |
| 数学史概论(精装) | 2013—03 | 158.00 | 272 |
| 数学史选讲 | 2016—01 | 48.00 | 544 |
| 斐波那契数列 | 2010—02 | 28.00 | 65 |
| 数学拼盘和斐波那契魔方 | 2010—07 | 38.00 | 72 |
| 斐波那契数列欣赏 | 2011—01 | 28.00 | 160 |
| 数学的创造 | 2011—02 | 48.00 | 85 |
| 数学美与创造力 | 2016—01 | 48.00 | 595 |
| 数海拾贝 | 2016—01 | 48.00 | 590 |
| 数学中的美 | 2011—02 | 38.00 | 84 |
| 数论中的美学 | 2014—12 | 38.00 | 351 |
| 数学王者 科学巨人——高斯 | 2015—01 | 28.00 | 428 |
| 振兴祖国数学的圆梦之旅:中国初等数学研究史话 | 2015—06 | 98.00 | 490 |
| 二十世纪中国数学史料研究 | 2015—10 | 48.00 | 536 |
| 数字谜、数阵图与棋盘覆盖 | 2016—01 | 58.00 | 298 |
| 时间的形状 | 2016—01 | 38.00 | 556 |
| 数学发现的艺术:数学探索中的合情推理 | 2016—07 | 58.00 | 671 |
| 活跃在数学中的参数 | 2016—07 | 48.00 | 675 |

# 刘培杰数学工作室
## 已出版(即将出版)图书目录——高等数学

| 书　名 | 出版时间 | 定　价 | 编号 |
|---|---|---|---|
| 格点和面积 | 2012—07 | 18.00 | 191 |
| 射影几何趣谈 | 2012—04 | 28.00 | 175 |
| 斯潘纳尔引理——从一道加拿大数学奥林匹克试题谈起 | 2014—01 | 28.00 | 228 |
| 李普希兹条件——从几道近年高考数学试题谈起 | 2012—10 | 18.00 | 221 |
| 拉格朗日中值定理——从一道北京高考试题的解法谈起 | 2015—10 | 18.00 | 197 |
| 闵科夫斯基定理——从一道清华大学自主招生试题谈起 | 2014—01 | 28.00 | 198 |
| 哈尔测度——从一道冬令营试题的背景谈起 | 2012—08 | 28.00 | 202 |
| 切比雪夫逼近问题——从一道中国台北数学奥林匹克试题谈起 | 2013—04 | 38.00 | 238 |
| 伯恩斯坦多项式与贝齐尔曲面——从一道全国高中数学联赛试题谈起 | 2013—03 | 38.00 | 236 |
| 卡塔兰猜想——从一道普特南竞赛试题谈起 | 2013—06 | 18.00 | 256 |
| 麦卡锡函数和阿克曼函数——从一道前南斯拉夫数学奥林匹克试题谈起 | 2012—08 | 18.00 | 201 |
| 贝蒂定理与拉姆贝克莫斯尔定理——从一个拣石子游戏谈起 | 2012—08 | 18.00 | 217 |
| 皮亚诺曲线和豪斯道夫分球定理——从无限集谈起 | 2012—08 | 18.00 | 211 |
| 平面凸图形与凸多面体 | 2012—10 | 28.00 | 218 |
| 斯坦因豪斯问题——从一道二十五省市自治区中学数学竞赛试题谈起 | 2012—07 | 18.00 | 196 |
| 纽结理论中的亚历山大多项式与琼斯多项式——从一道北京市高一数学竞赛试题谈起 | 2012—07 | 28.00 | 195 |
| 原则与策略——从波利亚"解题表"谈起 | 2013—04 | 38.00 | 244 |
| 转化与化归——从三大尺规作图不能问题谈起 | 2012—08 | 28.00 | 214 |
| 代数几何中的贝祖定理(第一版)——从一道IMO试题的解法谈起 | 2013—08 | 18.00 | 193 |
| 成功连贯理论与约当块理论——从一道比利时数学竞赛试题谈起 | 2012—04 | 18.00 | 180 |
| 素数判定与大数分解 | 2014—08 | 18.00 | 199 |
| 置换多项式及其应用 | 2012—10 | 18.00 | 220 |
| 椭圆函数与模函数——从一道美国加州大学洛杉矶分校(UCLA)博士资格考题谈起 | 2012—10 | 28.00 | 219 |
| 差分方程的拉格朗日方法——从一道2011年全国高考理科试题的解法谈起 | 2012—08 | 28.00 | 200 |
| 力学在几何中的一些应用 | 2013—01 | 38.00 | 240 |
| 高斯散度定理、斯托克斯定理和平面格林定理——从一道国际大学生数学竞赛试题谈起 | 即将出版 | | |
| 康托洛维奇不等式——从一道全国高中联赛试题谈起 | 2013—03 | 28.00 | 337 |
| 西格尔引理——从一道第18届IMO试题的解法谈起 | 即将出版 | | |
| 罗斯定理——从一道前苏联数学竞赛试题谈起 | 即将出版 | | |
| 拉克斯定理和阿廷定理——从一道IMO试题的解法谈起 | 2014—01 | 58.00 | 246 |
| 毕卡大定理——从一道美国大学数学竞赛试题谈起 | 2014—07 | 18.00 | 350 |
| 贝齐尔曲线——从一道全国高中联赛试题谈起 | 即将出版 | | |
| 拉格朗日乘子定理——从一道2005年全国高中联赛试题的高等数学解法谈起 | 2015—05 | 28.00 | 480 |
| 雅可比定理——从一道日本数学奥林匹克试题谈起 | 2013—04 | 48.00 | 249 |
| 李天岩—约克定理——从一道波兰数学竞赛试题谈起 | 2014—06 | 28.00 | 349 |
| 整系数多项式因式分解的一般方法——从克朗耐克算法谈起 | 即将出版 | | |

| 书　名 | 出版时间 | 定　价 | 编号 |
|---|---|---|---|
| 布劳维不动点定理——从一道前苏联数学奥林匹克试题谈起 | 2014－01 | 38.00 | 273 |
| 伯恩赛德定理——从一道英国数学奥林匹克试题谈起 | 即将出版 | | |
| 布查特－莫斯特定理——从一道上海市初中竞赛试题谈起 | 即将出版 | | |
| 数论中的同余数问题——从一道普特南竞赛试题谈起 | 即将出版 | | |
| 范·德蒙行列式——从一道美国数学奥林匹克试题谈起 | 即将出版 | | |
| 中国剩余定理:总数法构建中国历史年表 | 2015－01 | 28.00 | 430 |
| 牛顿程序与方程求根——从一道全国高考试题解法谈起 | 即将出版 | | |
| 库默尔定理——从一道IMO预选试题谈起 | 即将出版 | | |
| 卢丁定理——从一道冬令营试题的解法谈起 | 即将出版 | | |
| 沃斯滕霍姆定理——从一道IMO预选试题谈起 | 即将出版 | | |
| 卡尔松不等式——从一道莫斯科数学奥林匹克试题谈起 | 即将出版 | | |
| 信息论中的香农熵——从一道近年高考压轴题谈起 | 即将出版 | | |
| 约当不等式——从一道希望杯竞赛试题谈起 | 即将出版 | | |
| 拉比诺维奇定理 | 即将出版 | | |
| 刘维尔定理——从一道《美国数学月刊》征解问题的解法谈起 | 即将出版 | | |
| 卡塔兰恒等式与级数求和——从一道IMO试题的解法谈起 | 即将出版 | | |
| 勒让德猜想与素数分布——从一道爱尔兰竞赛试题谈起 | 即将出版 | | |
| 天平称重与信息论——从一道基辅市数学奥林匹克试题谈起 | 即将出版 | | |
| 哈密尔顿－凯莱定理:从一道高中数学联赛试题的解法谈起 | 2014－09 | 18.00 | 376 |
| 艾思特曼定理——从一道CMO试题的解法谈起 | 即将出版 | | |
| 一个爱尔特希问题——从一道西德数学奥林匹克试题谈起 | 即将出版 | | |
| 有限群中的爱丁格尔问题——从一道北京市初中二年级数学竞赛试题谈起 | 即将出版 | | |
| 糖水中的不等式——从初等数学到高等数学 | 2019－07 | 48.00 | 1093 |
| 帕斯卡三角形 | 2014－03 | 18.00 | 294 |
| 蒲丰投针问题——从2009年清华大学的一道自主招生试题谈起 | 2014－01 | 38.00 | 295 |
| 斯图姆定理——从一道"华约"自主招生试题的解法谈起 | 2014－01 | 18.00 | 296 |
| 许瓦兹引理——从一道加利福尼亚大学伯克利分校数学系博士生试题谈起 | 2014－08 | 18.00 | 297 |
| 拉姆塞定理——从王诗宬院士的一个问题谈起 | 2016－04 | 48.00 | 299 |
| 坐标法 | 2013－12 | 28.00 | 332 |
| 数论三角形 | 2014－04 | 38.00 | 341 |
| 毕克定理 | 2014－07 | 18.00 | 352 |
| 数林掠影 | 2014－09 | 48.00 | 389 |
| 我们周围的概率 | 2014－10 | 38.00 | 390 |
| 凸函数最值定理:从一道华约自主招生题的解法谈起 | 2014－10 | 28.00 | 391 |
| 易学与数学奥林匹克 | 2014－10 | 38.00 | 392 |
| 生物数学趣谈 | 2015－01 | 18.00 | 409 |
| 反演 | 2015－01 | 28.00 | 420 |
| 因式分解与圆锥曲线 | 2015－01 | 18.00 | 426 |
| 轨迹 | 2015－01 | 28.00 | 427 |
| 面积原理:从常庚哲命的一道CMO试题的积分解法谈起 | 2015－01 | 48.00 | 431 |
| 形形色色的不动点定理:从一道28届IMO试题谈起 | 2015－01 | 38.00 | 439 |
| 柯西函数方程:从一道上海交大自主招生的试题谈起 | 2015－02 | 28.00 | 440 |

# 刘培杰数学工作室

## 已出版(即将出版)图书目录——高等数学

| 书　名 | 出版时间 | 定　价 | 编号 |
|---|---|---|---|
| 三角恒等式 | 2015—02 | 28.00 | 442 |
| 无理性判定:从一道 2014 年"北约"自主招生试题谈起 | 2015—01 | 38.00 | 443 |
| 数学归纳法 | 2015—03 | 18.00 | 451 |
| 极端原理与解题 | 2015—04 | 28.00 | 464 |
| 法雷级数 | 2014—08 | 18.00 | 367 |
| 摆线族 | 2015—01 | 38.00 | 438 |
| 函数方程及其解法 | 2015—05 | 38.00 | 470 |
| 含参数的方程和不等式 | 2012—09 | 28.00 | 213 |
| 希尔伯特第十问题 | 2016—01 | 38.00 | 543 |
| 无穷小量的求和 | 2016—01 | 28.00 | 545 |
| 切比雪夫多项式:从一道清华大学金秋营试题谈起 | 2016—01 | 38.00 | 583 |
| 泽肯多夫定理 | 2016—03 | 38.00 | 599 |
| 代数等式证题法 | 2016—01 | 28.00 | 600 |
| 三角等式证题法 | 2016—01 | 28.00 | 601 |
| 吴大任教授藏书中的一个因式分解公式:从一道美国数学邀请赛试题的解法谈起 | 2016—06 | 28.00 | 656 |
| 易卦——类万物的数学模型 | 2017—08 | 68.00 | 838 |
| "不可思议"的数与数系可持续发展 | 2018—01 | 38.00 | 878 |
| 最短线 | 2018—01 | 38.00 | 879 |
| 从毕达哥拉斯到怀尔斯 | 2007—10 | 48.00 | 9 |
| 从迪利克雷到维斯卡尔迪 | 2008—01 | 48.00 | 21 |
| 从哥德巴赫到陈景润 | 2008—05 | 98.00 | 35 |
| 从庞加莱到佩雷尔曼 | 2011—08 | 138.00 | 136 |
| 从费马到怀尔斯——费马大定理的历史 | 2013—10 | 198.00 | I |
| 从庞加莱到佩雷尔曼——庞加莱猜想的历史 | 2013—10 | 298.00 | II |
| 从切比雪夫到爱尔特希(上)——素数定理的初等证明 | 2013—07 | 48.00 | III |
| 从切比雪夫到爱尔特希(下)——素数定理 100 年 | 2012—12 | 98.00 | III |
| 从高斯到盖尔方特——二次域的高斯猜想 | 2013—10 | 198.00 | IV |
| 从库默尔到朗兰兹——朗兰兹猜想的历史 | 2014—01 | 98.00 | V |
| 从比勃巴赫到德布朗斯——比勃巴赫猜想的历史 | 2014—02 | 298.00 | VI |
| 从麦比乌斯到陈省身——麦比乌斯变换与麦比乌斯带 | 2014—02 | 298.00 | VII |
| 从布尔到豪斯道夫——布尔方程与格论漫谈 | 2013—10 | 198.00 | VIII |
| 从开普勒到阿诺德——三体问题的历史 | 2014—05 | 298.00 | IX |
| 从华林到华罗庚——华林问题的历史 | 2013—10 | 298.00 | X |
| 数学物理大百科全书.第 1 卷 | 2016—01 | 418.00 | 508 |
| 数学物理大百科全书.第 2 卷 | 2016—01 | 408.00 | 509 |
| 数学物理大百科全书.第 3 卷 | 2016—01 | 396.00 | 510 |
| 数学物理大百科全书.第 4 卷 | 2016—01 | 408.00 | 511 |
| 数学物理大百科全书.第 5 卷 | 2016—01 | 368.00 | 512 |
| 朱德祥代数与几何讲义.第 1 卷 | 2017—01 | 38.00 | 697 |
| 朱德祥代数与几何讲义.第 2 卷 | 2017—01 | 28.00 | 698 |
| 朱德祥代数与几何讲义.第 3 卷 | 2017—01 | 28.00 | 699 |

# 刘培杰数学工作室
# 已出版(即将出版)图书目录——高等数学

| 书　名 | 出版时间 | 定　价 | 编号 |
|---|---|---|---|
| 闵嗣鹤文集 | 2011—03 | 98.00 | 102 |
| 吴从炘数学活动三十年(1951~1980) | 2010—07 | 99.00 | 32 |
| 吴从炘数学活动又三十年(1981~2010) | 2015—07 | 98.00 | 491 |
| 斯米尔诺夫高等数学.第一卷 | 2018—03 | 88.00 | 770 |
| 斯米尔诺夫高等数学.第二卷.第一分册 | 2018—03 | 68.00 | 771 |
| 斯米尔诺夫高等数学.第二卷.第二分册 | 2018—03 | 68.00 | 772 |
| 斯米尔诺夫高等数学.第二卷.第三分册 | 2018—03 | 48.00 | 773 |
| 斯米尔诺夫高等数学.第三卷.第一分册 | 2018—03 | 58.00 | 774 |
| 斯米尔诺夫高等数学.第三卷.第二分册 | 2018—03 | 58.00 | 775 |
| 斯米尔诺夫高等数学.第三卷.第三分册 | 2018—03 | 68.00 | 776 |
| 斯米尔诺夫高等数学.第四卷.第一分册 | 2018—03 | 48.00 | 777 |
| 斯米尔诺夫高等数学.第四卷.第二分册 | 2018—03 | 88.00 | 778 |
| 斯米尔诺夫高等数学.第五卷.第一分册 | 2018—03 | 58.00 | 779 |
| 斯米尔诺夫高等数学.第五卷.第二分册 | 2018—03 | 68.00 | 780 |
| zeta 函数,q-zeta 函数,相伴级数与积分(英文) | 2015—08 | 88.00 | 513 |
| 微分形式:理论与练习(英文) | 2015—08 | 58.00 | 514 |
| 离散与微分包含的逼近和优化(英文) | 2015—08 | 58.00 | 515 |
| 艾伦·图灵:他的工作与影响(英文) | 2016—01 | 98.00 | 560 |
| 测度理论概率导论,第2版(英文) | 2016—01 | 88.00 | 561 |
| 带有潜在故障恢复系统的半马尔柯夫模型控制(英文) | 2016—01 | 98.00 | 562 |
| 数学分析原理(英文) | 2016—01 | 88.00 | 563 |
| 随机偏微分方程的有效动力学(英文) | 2016—01 | 88.00 | 564 |
| 图的谱半径(英文) | 2016—01 | 58.00 | 565 |
| 量子机器学习中数据挖掘的量子计算方法(英文) | 2016—01 | 98.00 | 566 |
| 量子物理的非常规方法(英文) | 2016—01 | 118.00 | 567 |
| 运输过程的统一非局部理论:广义波尔兹曼物理动力学,第2版(英文) | 2016—01 | 198.00 | 568 |
| 量子力学与经典力学之间的联系在原子、分子及电动力学系统建模中的应用(英文) | 2016—01 | 58.00 | 569 |
| 算术域(英文) | 2018—01 | 158.00 | 821 |
| 高等数学竞赛:1962—1991年的米洛克斯·史怀哲竞赛(英文) | 2018—01 | 128.00 | 822 |
| 用数学奥林匹克精神解决数论问题(英文) | 2018—01 | 108.00 | 823 |
| 代数几何(德文) | 2018—04 | 68.00 | 824 |
| 丢番图逼近论(英文) | 2018—01 | 78.00 | 825 |
| 代数几何学基础教程(英文) | 2018—01 | 98.00 | 826 |
| 解析数论入门课程(英文) | 2018—01 | 78.00 | 827 |
| 数论中的丢番图问题(英文) | 2018—01 | 78.00 | 829 |
| 数论(梦幻之旅):第五届中日数论研讨会演讲集(英文) | 2018—01 | 68.00 | 830 |
| 数论新应用(英文) | 2018—01 | 68.00 | 831 |
| 数论(英文) | 2018—01 | 78.00 | 832 |
| 测度与积分(英文) | 2019—04 | 68.00 | 1059 |
| 卡塔兰数入门(英文) | 2019—05 | 68.00 | 1060 |
| 多变量数学入门(英文) | 2021—05 | 68.00 | 1317 |
| 偏微分方程入门(英文) | 2021—05 | 88.00 | 1318 |
| 若尔当典范性:理论与实践(英文) | 2021—07 | 68.00 | 1366 |

# 刘培杰数学工作室
## 已出版（即将出版）图书目录——高等数学

| 书　名 | 出版时间 | 定　价 | 编号 |
|---|---|---|---|
| 湍流十讲(英文) | 2018-04 | 108.00 | 886 |
| 无穷维李代数:第3版(英文) | 2018-04 | 98.00 | 887 |
| 等值、不变量和对称性(英文) | 2018-04 | 78.00 | 888 |
| 解析数论(英文) | 2018-09 | 78.00 | 889 |
| 《数学原理》的演化:伯特兰·罗素撰写第二版时的手稿与笔记(英文) | 2018-04 | 108.00 | 890 |
| 哈密尔顿数学论文集(第4卷):几何学、分析学、天文学、概率和有限差分等(英文) | 2019-05 | 108.00 | 891 |
| 数学王子——高斯 | 2018-01 | 48.00 | 858 |
| 坎坷奇星——阿贝尔 | 2018-01 | 48.00 | 859 |
| 闪烁奇星——伽罗瓦 | 2018-01 | 58.00 | 860 |
| 无穷统帅——康托尔 | 2018-01 | 48.00 | 861 |
| 科学公主——柯瓦列夫斯卡娅 | 2018-01 | 48.00 | 862 |
| 抽象代数之母——埃米·诺特 | 2018-01 | 48.00 | 863 |
| 电脑先驱——图灵 | 2018-01 | 58.00 | 864 |
| 昔日神童——维纳 | 2018-01 | 48.00 | 865 |
| 数坛怪侠——爱尔特希 | 2018-01 | 68.00 | 866 |
| 当代世界中的数学.数学思想与数学基础 | 2019-01 | 38.00 | 892 |
| 当代世界中的数学.数学问题 | 2019-01 | 38.00 | 893 |
| 当代世界中的数学.应用数学与数学应用 | 2019-01 | 38.00 | 894 |
| 当代世界中的数学.数学王国的新疆域(一) | 2019-01 | 38.00 | 895 |
| 当代世界中的数学.数学王国的新疆域(二) | 2019-01 | 38.00 | 896 |
| 当代世界中的数学.数林撷英(一) | 2019-01 | 38.00 | 897 |
| 当代世界中的数学.数林撷英(二) | 2019-01 | 48.00 | 898 |
| 当代世界中的数学.数学之路 | 2019-01 | 38.00 | 899 |
| 偏微分方程全局吸引子的特性(英文) | 2018-09 | 108.00 | 979 |
| 整函数与下调和函数(英文) | 2018-09 | 118.00 | 980 |
| 幂等分析(英文) | 2018-09 | 118.00 | 981 |
| 李群、离散子群与不变量理论(英文) | 2018-09 | 108.00 | 982 |
| 动力系统与统计力学(英文) | 2018-09 | 118.00 | 983 |
| 表示论与动力系统(英文) | 2018-09 | 118.00 | 984 |
| 分析学练习.第1部分(英文) | 2021-01 | 88.00 | 1247 |
| 分析学练习.第2部分.非线性分析(英文) | 2021-01 | 88.00 | 1248 |
| 初级统计学:循序渐进的方法:第10版(英文) | 2019-05 | 68.00 | 1067 |
| 工程师与科学家微分方程用书:第4版(英文) | 2019-07 | 58.00 | 1068 |
| 大学代数与三角学(英文) | 2019-06 | 78.00 | 1069 |
| 培养数学能力的途径(英文) | 2019-07 | 38.00 | 1070 |
| 工程师与科学家统计学:第4版(英文) | 2019-06 | 58.00 | 1071 |
| 贸易与经济中的应用统计学:第6版(英文) | 2019-06 | 58.00 | 1072 |
| 傅立叶级数和边值问题:第8版(英文) | 2019-05 | 48.00 | 1073 |
| 通往天文学的途径:第5版(英文) | 2019-05 | 58.00 | 1074 |

# 刘培杰数学工作室
# 已出版(即将出版)图书目录——高等数学

| 书　　名 | 出 版 时 间 | 定　价 | 编号 |
|---|---|---|---|
| 拉马努金笔记.第1卷(英文) | 2019－06 | 165.00 | 1078 |
| 拉马努金笔记.第2卷(英文) | 2019－06 | 165.00 | 1079 |
| 拉马努金笔记.第3卷(英文) | 2019－06 | 165.00 | 1080 |
| 拉马努金笔记.第4卷(英文) | 2019－06 | 165.00 | 1081 |
| 拉马努金笔记.第5卷(英文) | 2019－06 | 165.00 | 1082 |
| 拉马努金遗失笔记.第1卷(英文) | 2019－06 | 109.00 | 1083 |
| 拉马努金遗失笔记.第2卷(英文) | 2019－06 | 109.00 | 1084 |
| 拉马努金遗失笔记.第3卷(英文) | 2019－06 | 109.00 | 1085 |
| 拉马努金遗失笔记.第4卷(英文) | 2019－06 | 109.00 | 1086 |
| 数论:1976年纽约洛克菲勒大学数论会议记录(英文) | 2020－06 | 68.00 | 1145 |
| 数论:卡本代尔1979:1979年在南伊利诺伊卡本代尔大学举行的数论会议记录(英文) | 2020－06 | 78.00 | 1146 |
| 数论:诺德韦克豪特1983:1983年在诺德韦克豪特举行的Journees Arithmetiques数论大会会议记录(英文) | 2020－06 | 68.00 | 1147 |
| 数论:1985－1988年在纽约城市大学研究生院和大学中心举办的研讨会(英文) | 2020－06 | 68.00 | 1148 |
| 数论:1987年在乌尔姆举行的Journees Arithmetiques数论大会会议记录(英文) | 2020－06 | 68.00 | 1149 |
| 数论:马德拉斯1987:1987年在马德拉斯安娜大学举行的国际拉马努金百年纪念大会会议记录(英文) | 2020－06 | 68.00 | 1150 |
| 解析数论:1988年在东京举行的日法研讨会会议记录(英文) | 2020－06 | 68.00 | 1151 |
| 解析数论:2002年在意大利切特拉罗举行的C.I.M.E.暑期班演讲集(英文) | 2020－06 | 68.00 | 1152 |
| 量子世界中的蝴蝶:最迷人的量子分形故事(英文) | 2020－06 | 118.00 | 1157 |
| 走进量子力学(英文) | 2020－06 | 118.00 | 1158 |
| 计算物理学概论(英文) | 2020－06 | 48.00 | 1159 |
| 物质,空间和时间的理论:量子理论(英文) | 即将出版 | | 1160 |
| 物质,空间和时间的理论:经典理论(英文) | 即将出版 | | 1161 |
| 量子场理论:解释世界的神秘背景(英文) | 2020－07 | 38.00 | 1162 |
| 计算物理学概论(英文) | 即将出版 | | 1163 |
| 行星状星云(英文) | 即将出版 | | 1164 |
| 基本宇宙学:从亚里士多德的宇宙到大爆炸(英文) | 2020－08 | 58.00 | 1165 |
| 数学磁流体力学(英文) | 2020－07 | 58.00 | 1166 |
| 计算科学:第1卷,计算的科学(日文) | 2020－07 | 88.00 | 1167 |
| 计算科学:第2卷,计算与宇宙(日文) | 2020－07 | 88.00 | 1168 |
| 计算科学:第3卷,计算与物质(日文) | 2020－07 | 88.00 | 1169 |
| 计算科学:第4卷,计算与生命(日文) | 2020－07 | 88.00 | 1170 |
| 计算科学:第5卷,计算与地球环境(日文) | 2020－07 | 88.00 | 1171 |
| 计算科学:第6卷,计算与社会(日文) | 2020－07 | 88.00 | 1172 |
| 计算科学.别卷,超级计算机(日文) | 2020－07 | 88.00 | 1173 |

# 刘培杰数学工作室
## 已出版(即将出版)图书目录——高等数学

| 书　名 | 出版时间 | 定价 | 编号 |
|---|---|---|---|
| 代数与数论:综合方法(英文) | 2020—10 | 78.00 | 1185 |
| 复分析:现代函数理论第一课(英文) | 2020—07 | 58.00 | 1186 |
| 斐波那契数列和卡特兰数:导论(英文) | 2020—10 | 68.00 | 1187 |
| 组合推理:计数艺术介绍(英文) | 2020—07 | 88.00 | 1188 |
| 二次互反律的傅里叶分析证明(英文) | 2020—07 | 48.00 | 1189 |
| 旋瓦兹分布的希尔伯特变换与应用(英文) | 2020—07 | 58.00 | 1190 |
| 泛函分析:巴拿赫空间理论入门(英文) | 2020—07 | 48.00 | 1191 |
| 典型群,错排与素数(英文) | 2020—11 | 58.00 | 1204 |
| 李代数的表示:通过gln进行介绍(英文) | 2020—10 | 38.00 | 1205 |
| 实分析演讲集(英文) | 2020—10 | 38.00 | 1206 |
| 现代分析及其应用的课程(英文) | 2020—10 | 58.00 | 1207 |
| 运动中的抛射物数学(英文) | 2020—10 | 38.00 | 1208 |
| 2—扭结与它们的群(英文) | 2020—10 | 38.00 | 1209 |
| 概率,策略和选择:博弈与选举中的数学(英文) | 2020—11 | 58.00 | 1210 |
| 分析学引论(英文) | 2020—11 | 58.00 | 1211 |
| 量子群:通往流代数的路径(英文) | 2020—11 | 38.00 | 1212 |
| 集合论入门(英文) | 2020—10 | 48.00 | 1213 |
| 酉反射群(英文) | 2020—11 | 58.00 | 1214 |
| 探索数学:吸引人的证明方式(英文) | 2020—11 | 58.00 | 1215 |
| 微分拓扑短期课程(英文) | 2020—10 | 48.00 | 1216 |
| 抽象凸分析(英文) | 2020—11 | 68.00 | 1222 |
| 费马大定理笔记(英文) | 2021—03 | 48.00 | 1223 |
| 高斯与雅可比和(英文) | 2021—03 | 78.00 | 1224 |
| π与算术几何平均:关于解析数论和计算复杂性的研究(英文) | 2021—01 | 58.00 | 1225 |
| 复分析入门(英文) | 2021—03 | 48.00 | 1226 |
| 爱德华·卢卡斯与素性测定(英文) | 2021—03 | 78.00 | 1227 |
| 通往凸分析及其应用的简单路径(英文) | 2021—01 | 68.00 | 1229 |
| 微分几何的各个方面.第一卷(英文) | 2021—01 | 58.00 | 1230 |
| 微分几何的各个方面.第二卷(英文) | 2020—12 | 58.00 | 1231 |
| 微分几何的各个方面.第三卷(英文) | 2020—12 | 58.00 | 1232 |
| 沃克流形几何学(英文) | 2020—11 | 58.00 | 1233 |
| 彷射和韦尔几何应用(英文) | 2020—12 | 58.00 | 1234 |
| 双曲几何学的旋转向量空间方法(英文) | 2021—02 | 58.00 | 1235 |
| 积分:分析学的关键(英文) | 2020—12 | 48.00 | 1236 |
| 为有天分的新生准备的分析学基础教材(英文) | 2020—11 | 48.00 | 1237 |

# 刘培杰数学工作室
## 已出版(即将出版)图书目录——高等数学

| 书　名 | 出 版 时 间 | 定 价 | 编号 |
|---|---|---|---|
| 数学不等式. 第一卷. 对称多项式不等式(英文) | 2021—03 | 108.00 | 1273 |
| 数学不等式. 第二卷. 对称有理不等式与对称无理不等式(英文) | 2021—03 | 108.00 | 1274 |
| 数学不等式. 第三卷. 循环不等式与非循环不等式(英文) | 2021—03 | 108.00 | 1275 |
| 数学不等式. 第四卷. Jensen 不等式的扩展与加细(英文) | 2021—03 | 108.00 | 1276 |
| 数学不等式. 第五卷. 创建不等式与解不等式的其他方法(英文) | 2021—04 | 108.00 | 1277 |
| 冯·诺依曼代数中的谱位移函数:半有限冯·诺依曼代数中的谱位移函数与谱流(英文) | 2021—06 | 98.00 | 1308 |
| 链接结构:关于嵌入完全图的直线中链接单形的组合结构(英文) | 2021—05 | 58.00 | 1309 |
| 代数几何方法. 第 1 卷(英文) | 2021—06 | 68.00 | 1310 |
| 代数几何方法. 第 2 卷(英文) | 2021—06 | 68.00 | 1311 |
| 代数几何方法. 第 3 卷(英文) | 2021—06 | 58.00 | 1312 |
| 代数、生物信息和机器人技术的算法问题. 第四卷, 独立恒等式系统(俄文) | 2020—08 | 118.00 | 1119 |
| 代数、生物信息和机器人技术的算法问题. 第五卷, 相对覆盖性和独立可拆分恒等式系统(俄文) | 2020—08 | 118.00 | 1200 |
| 代数、生物信息和机器人技术的算法问题. 第六卷, 恒等式和准恒等式的相等 问题、可推导性和可实现性(俄文) | 2020—08 | 128.00 | 1201 |
| 分数阶微积分的应用:非局部动态过程, 分数阶导热系数(俄文) | 2021—01 | 68.00 | 1241 |
| 泛函分析问题与练习:第 2 版(俄文) | 2021—01 | 98.00 | 1242 |
| 集合论、数学逻辑和算法论问题:第 5 版(俄文) | 2021—01 | 98.00 | 1243 |
| 微分几何和拓扑短期课程(俄文) | 2021—01 | 98.00 | 1244 |
| 素数规律(俄文) | 2021—01 | 88.00 | 1245 |
| 无穷边值问题解的递减:无界域中的拟线性椭圆和抛物方程(俄文) | 2021—01 | 48.00 | 1246 |
| 微分几何讲义(俄文) | 2020—12 | 98.00 | 1253 |
| 二次型和矩阵(俄文) | 2021—01 | 98.00 | 1255 |
| 积分和级数. 第 2 卷, 特殊函数(俄文) | 2021—01 | 168.00 | 1258 |
| 积分和级数. 第 3 卷, 特殊函数补充:第 2 版(俄文) | 2021—01 | 178.00 | 1264 |
| 几何图上的微分方程(俄文) | 2021—01 | 138.00 | 1259 |
| 数论教程:第 2 版(俄文) | 2021—01 | 98.00 | 1260 |
| 非阿基米德分析及其应用(俄文) | 2021—03 | 98.00 | 1261 |

# 刘培杰数学工作室
## 已出版(即将出版)图书目录——高等数学

| 书　名 | 出版时间 | 定　价 | 编号 |
|---|---|---|---|
| 古典群和量子群的压缩(俄文) | 2021—03 | 98.00 | 1263 |
| 数学分析习题集.第3卷,多元函数:第3版(俄文) | 2021—03 | 98.00 | 1266 |
| 数学习题:乌拉尔国立大学数学力学系大学生奥林匹克(俄文) | 2021—03 | 98.00 | 1267 |
| 柯西定理和微分方程的特解(俄文) | 2021—03 | 98.00 | 1268 |
| 组合极值问题及其应用:第3版(俄文) | 2021—03 | 98.00 | 1269 |
| 数学词典(俄文) | 2021—01 | 98.00 | 1271 |
| 确定性混沌分析模型(俄文) | 2021—06 | 168.00 | 1307 |
| 精选初等数学习题和定理.立体几何.第3版(俄文) | 2021—03 | 68.00 | 1316 |
| 微分几何习题:第3版(俄文) | 2021—05 | 98.00 | 1336 |
| 精选初等数学习题和定理.平面几何.第4版(俄文) | 2021—05 | 68.00 | 1335 |
| 曲面理论在欧氏空间 $E_n$ 中的直接表示 | 2022—01 | 68.00 | 1444 |
| 狭义相对论与广义相对论:时空与引力导论(英文) | 2021—07 | 88.00 | 1319 |
| 束流物理学和粒子加速器的实践介绍:第2版(英文) | 2021—07 | 88.00 | 1320 |
| 凝聚态物理中的拓扑和微分几何简介(英文) | 2021—05 | 88.00 | 1321 |
| 混沌映射:动力学、分形学和快速涨落(英文) | 2021—05 | 128.00 | 1322 |
| 广义相对论:黑洞、引力波和宇宙学介绍(英文) | 2021—06 | 68.00 | 1323 |
| 现代分析电磁均质化(英文) | 2021—06 | 68.00 | 1324 |
| 为科学家提供的基本流体动力学(英文) | 2021—06 | 88.00 | 1325 |
| 视觉天文学:理解夜空的指南(英文) | 2021—06 | 68.00 | 1326 |
| 物理学中的计算方法(英文) | 2021—06 | 68.00 | 1327 |
| 单星的结构与演化:导论(英文) | 2021—06 | 108.00 | 1328 |
| 超越居里:1903年至1963年物理界四位女性及其著名发现(英文) | 2021—06 | 68.00 | 1329 |
| 范德瓦尔斯流体热力学的进展(英文) | 2021—06 | 68.00 | 1330 |
| 先进的托卡马克稳定性理论(英文) | 2021—06 | 88.00 | 1331 |
| 经典场论导论:基本相互作用的过程(英文) | 2021—07 | 88.00 | 1332 |
| 光致电离量子动力学方法原理(英文) | 2021—07 | 108.00 | 1333 |
| 经典域论和应力:能量张量(英文) | 2021—05 | 88.00 | 1334 |
| 非线性太赫兹光谱的概念与应用(英文) | 2021—06 | 68.00 | 1337 |
| 电磁学中的无穷空间并矢格林函数(英文) | 2021—06 | 88.00 | 1338 |
| 物理科学基础数学.第1卷,齐次边值问题、傅里叶方法和特殊函数(英文) | 2021—07 | 108.00 | 1339 |
| 离散量子力学(英文) | 2021—07 | 68.00 | 1340 |
| 核磁共振的物理学和数学(英文) | 2021—07 | 108.00 | 1341 |
| 分子水平的静电学(英文) | 2021—08 | 68.00 | 1342 |
| 非线性波:理论、计算机模拟、实验(英文) | 2021—06 | 108.00 | 1343 |
| 石墨烯光学:经典问题的电解决方案(英文) | 2021—06 | 68.00 | 1344 |
| 超材料多元宇宙(英文) | 2021—07 | 68.00 | 1345 |
| 银河系外的天体物理学(英文) | 2021—07 | 68.00 | 1346 |
| 原子物理学(英文) | 2021—07 | 68.00 | 1347 |
| 将光打结:将拓扑学应用于光学(英文) | 2021—07 | 68.00 | 1348 |
| 电磁学:问题与解法(英文) | 2021—07 | 88.00 | 1364 |
| 海浪的原理:介绍量子力学的技巧与应用(英文) | 2021—07 | 108.00 | 1365 |

# 刘培杰数学工作室
## 已出版(即将出版)图书目录——高等数学

| 书 名 | 出 版 时 间 | 定 价 | 编号 |
|---|---|---|---|
| 多孔介质中的流体:输运与相变(英文) | 2021—07 | 68.00 | 1372 |
| 洛伦兹群的物理学(英文) | 2021—08 | 68.00 | 1373 |
| 物理导论的数学方法和解决方法手册(英文) | 2021—08 | 68.00 | 1374 |
| 非线性波数学物理学入门(英文) | 2021—08 | 88.00 | 1376 |
| 波:基本原理和动力学(英文) | 2021—07 | 68.00 | 1377 |
| 光电子量子计量学.第1卷,基础(英文) | 2021—07 | 88.00 | 1383 |
| 光电子量子计量学.第2卷,应用与进展(英文) | 2021—07 | 68.00 | 1384 |
| 复杂流的格子玻尔兹曼建模的工程应用(英文) | 2021—08 | 68.00 | 1393 |
| 电偶极矩挑战(英文) | 2021—08 | 108.00 | 1394 |
| 电动力学:问题与解法(英文) | 2021—09 | 68.00 | 1395 |
| 自由电子激光的经典理论(英文) | 2021—08 | 68.00 | 1397 |
| 曼哈顿计划——核武器物理学简介(英文) | 2021—09 | 68.00 | 1401 |
| 粒子物理学(英文) | 2021—09 | 68.00 | 1402 |
| 引力场中的量子信息(英文) | 2021—09 | 128.00 | 1403 |
| 器件物理学的基本经典力学(英文) | 2021—09 | 68.00 | 1404 |
| 等离子体物理及其空间应用导论.第1卷,基本原理和初步过程(英文) | 2021—09 | 68.00 | 1405 |
| 伽利略理论力学:连续力学基础(英文) | 2021—10 | 48.00 | 1416 |

| 拓扑与超弦理论焦点问题(英文) | 2021—07 | 58.00 | 1349 |
|---|---|---|---|
| 应用数学:理论、方法与实践(英文) | 2021—07 | 78.00 | 1350 |
| 非线性特征值问题:牛顿型方法与非线性瑞利函数(英文) | 2021—07 | 58.00 | 1351 |
| 广义膨胀和齐性:利用齐性构造齐次系统的李雅普诺夫函数和控制律(英文) | 2021—06 | 48.00 | 1352 |
| 解析数论焦点问题(英文) | 2021—07 | 58.00 | 1353 |
| 随机微分方程:动态系统方法(英文) | 2021—07 | 58.00 | 1354 |
| 经典力学与微分几何(英文) | 2021—07 | 58.00 | 1355 |
| 负定相交形式流形上的瞬子模空间几何(英文) | 2021—07 | 68.00 | 1356 |

| 广义卡塔兰轨道分析:广义卡塔兰轨道计算数字的方法(英文) | 2021—07 | 48.00 | 1367 |
|---|---|---|---|
| 洛伦兹方法的变分:二维与三维洛伦兹方法(英文) | 2021—08 | 38.00 | 1378 |
| 几何、分析和数论精编(英文) | 2021—08 | 68.00 | 1380 |
| 从一个新角度看数论:通过遗传方法引入现实的概念(英文) | 2021—07 | 58.00 | 1387 |

# 刘培杰数学工作室
## 已出版(即将出版)图书目录——高等数学

| 书　　名 | 出版时间 | 定　价 | 编号 |
|---|---|---|---|
| 动力系统:短期课程(英文) | 2021—08 | 68.00 | 1382 |
| 几何路径:理论与实践(英文) | 2021—08 | 48.00 | 1385 |
| 广义斐波那契数列及其性质(英文) | 2021—08 | 38.00 | 1386 |
| 论天体力学中某些问题的不可积性(英文) | 2021—07 | 88.00 | 1396 |
| 对称函数和麦克唐纳多项式:余代数结构与 Kawanaka 恒等式 | 2021—09 | 38.00 | 1400 |
| 杰弗里·英格拉姆·泰勒科学论文集:第 1 卷.固体力学(英文) | 2021—05 | 78.00 | 1360 |
| 杰弗里·英格拉姆·泰勒科学论文集:第 2 卷.气象学、海洋学和湍流(英文) | 2021—05 | 68.00 | 1361 |
| 杰弗里·英格拉姆·泰勒科学论文集:第 3 卷.空气动力学以及落弹数和爆炸的力学(英文) | 2021—05 | 68.00 | 1362 |
| 杰弗里·英格拉姆·泰勒科学论文集:第 4 卷.有关流体力学(英文) | 2021—05 | 58.00 | 1363 |
| 非局域泛函演化方程:积分与分数阶(英文) | 2021—08 | 48.00 | 1390 |
| 理论工作者的高等微分几何:纤维丛、射流流形和拉格朗日理论(英文) | 2021—08 | 68.00 | 1391 |
| 半线性退化椭圆微分方程:局部定理与整体定理(英文) | 2021—07 | 48.00 | 1392 |
| 非交换几何、规范理论和重整化:一般简介与非交换量子场论的重整化(英文) | 2021—09 | 78.00 | 1406 |
| 数论论文集:拉普拉斯变换和带有数论系数的幂级数(俄文) | 2021—09 | 48.00 | 1407 |
| 挠理论专题:相对极大值,单射与扩充模(英文) | 2021—09 | 88.00 | 1410 |
| 强正则图与欧几里得若尔当代数:非通常关系中的启示(英文) | 2021—10 | 48.00 | 1411 |
| 拉格朗日几何和哈密顿几何:力学的应用(英文) | 2021—10 | 48.00 | 1412 |
| 时滞微分方程与差分方程的振动理论:二阶与三阶(英文) | 2021—10 | 98.00 | 1417 |
| 卷积结构与几何函数理论:用以研究特定几何函数理论方向的分数阶微积分算子与卷积结构(英文) | 2021—10 | 48.00 | 1418 |
| 经典数学物理的历史发展(英文) | 2021—10 | 78.00 | 1419 |
| 扩展线性丢番图问题(英文) | 2021—10 | 38.00 | 1420 |
| 一类混沌动力系统的分歧分析与控制:分歧分析与控制(英文) | 2021—11 | 38.00 | 1421 |
| 伽利略空间和伪伽利略空间中一些特殊曲线的几何性质(英文) | 2022—01 | 48.00 | 1422 |

# 刘培杰数学工作室
# 已出版(即将出版)图书目录——高等数学

| 书　　名 | 出版时间 | 定　价 | 编号 |
|---|---|---|---|
| 一阶偏微分方程:哈密尔顿—雅可比理论(英文) | 2021－11 | 48.00 | 1424 |
| 各向异性黎曼多面体的反问题:分段光滑的各向异性黎曼多面体反边界谱问题:唯一性(英文) | 2021－11 | 38.00 | 1425 |
| 项目反应理论手册.第一卷,模型(英文) | 2021－11 | 138.00 | 1431 |
| 项目反应理论手册.第二卷,统计工具(英文) | 2021－11 | 118.00 | 1432 |
| 项目反应理论手册.第三卷,应用(英文) | 2021－11 | 138.00 | 1433 |
| 二次无理数:经典数论入门(英文) | 即将出版 | | 1434 |
| 数,形与对称性:数论,几何和群论导论(英文) | 即将出版 | | 1435 |
| 有限域手册(英文) | 2021－11 | 178.00 | 1436 |
| 计算数论(英文) | 2021－11 | 148.00 | 1437 |
| 拟群与其表示简介(英文) | 2021－11 | 88.00 | 1438 |
| 数论与密码学导论:第二版(英文) | 2022－01 | 148.00 | 1423 |
| 几何分析中的柯西变换与黎兹变换:解析调和容量和李普希兹调和容量、变化和振荡以及一致可求长性(英文) | 2021－12 | 38.00 | 1465 |
| 近似不动点定理及其应用(英文) | 即将出版 | | 1466 |
| 局部域的相关内容解析:对局部域的扩展及其伽罗瓦群的研究(英文) | 2022－01 | 38.00 | 1467 |
| 反问题的二进制恢复方法(英文) | 2022－03 | 28.00 | 1468 |
| 对几何函数中某些类的各个方面的研究:复变量理论(英文) | 2022－01 | 38.00 | 1469 |
| 覆盖、对应和非交换几何(英文) | 2022－01 | 28.00 | 1470 |
| 最优控制理论中的随机线性调节器问题:随机最优线性调节器问题(英文) | 2022－01 | 38.00 | 1473 |
| 正交分解法:涡流流体动力学应用的正交分解法(英文) | 2022－01 | 38.00 | 1475 |
| 芬斯勒几何的某些问题(英文) | 2022－03 | 38.00 | 1476 |
| 受限三体问题(英文) | 即将出版 | | 1477 |
| 希腊人使用马利亚万微积分的计算:连续过程、跳跃过程中的马利亚万微积分和金融领域中的希腊人(英文) | 即将出版 | | 1478 |
| 经典分析和泛函分析的应用:分析学的应用(英文) | 即将出版 | | 1479 |
| 特殊芬斯勒空间的调查研究(英文) | 即将出版 | | 1480 |
| 某些图形的施泰纳距离的细谷多项式:细谷多项式与图的维纳指数(英文) | 即将出版 | | 1481 |
| 图论问题的遗传算法:在新鲜与模糊的环境中(英文) | 即将出版 | | 1482 |
| 多项式映射的渐近簇(英文) | 即将出版 | | 1483 |

**联系地址:**哈尔滨市南岗区复华四道街 10 号　哈尔滨工业大学出版社刘培杰数学工作室
网　　址:http://lpj.hit.edu.cn/
邮　　编:150006
**联系电话:**0451－86281378　　13904613167
E-mail:lpj1378@163.com